第3版 —— 下卷

HANDBOOK OF THE MAMMALS OF CHINA

刘少英 吴毅 李晟 / 主编

偶蹄目

Artiodactyla Owen, 1848

偶蹄目的祖先出现于古近纪的早始新世，在新近纪的中新世快速适应辐射，并演化繁盛至今。现生偶蹄类动物分为4个亚目，即胼足亚目（Tylopoda）（包括骆驼科1科）、猪形亚目（Suina）（包括猪科、西猯科2科）、反刍亚目（Ruminantia）（包括鼷鹿科、麝科、鹿科、牛科、叉角羚科、长颈鹿科6科）、河马形亚目（Hippoptama）（包括河马科1科），共10科89属240种（Vaughan et al., 2015）。偶蹄目下许多类群的分类仍有待厘清，例如麝类、马鹿族、盘羊族等；在不同文献和名录中，各级分类阶元，尤其是科以下阶元的数量常常存在较多差异。同时，较新的研究基于分子生物学、古生物学和形态学的综合证据，指出水生的鲸类（鲸目Cetacea）为从偶蹄类中分化出的特化类群，与传统上被列为偶蹄目一支的河马类（河马形亚目）为姊妹群，具有更近的亲缘关系。鲸类与偶蹄类为具有共同起源、分别成功适应水生与陆生环境的两个支系，因此二者有时被并称为鲸偶蹄类或鲸偶蹄目（Cetartiodactyla）。

偶蹄目是大部分物种营草食性生活的动物类群，头骨具眶后突，眶前部较长，许多物种头顶具角，长在扩大的额骨上，角骨化或具骨质角心。上门齿常退化或消失，臼齿咀嚼面结构复杂，以适应草食性。四肢相对比例通常较为细长，为蹄行性，末端第1指（趾）消失，第2、5指（趾）呈现不同程度退化，而以第3、4指（趾）最为发达，指（趾）端有蹄，用以承受身体主要重量。大多数物种具复胃，反刍。

我国的偶蹄目物种多样性水平较高，在《中国哺乳动物多样性（第2版）》（蒋志刚等，2017）中，列有6科28属64种。本书以此名录为参考，根据最新的分类研究进展和物种记录进行修订，共收录在我国有确认分布记录的偶蹄目哺乳动物计6科60种，其中：红鬣羚（*Capricornis rubidus*）和缅甸斑羚（*Naemorhedus evansi*）为我国兽类新记录种；麋鹿（*Elaphurus davidianus*）为“野外灭绝EW”种，被部分重引入至历史分布区并建立野化种群；高鼻羚羊（*Saiga tatarica*）为“野外灭绝EW”种，目前正在开展重引入和野化放归；豚鹿（*Axis porcinus*）在我国境内已消失，但还未被列为“区域灭绝RE”；驯鹿（*Rangifer tarandus*）与大额牛（*Bos frontalis*）仅存半野化或半驯养种群。

野猪

Sus scrofa Linnaeus, 1758
Wild Boar

偶蹄目 / Artiodactyla > 猪科 / Suidae

四川王朗自然保护区 / 罗春平

形态特征：身体壮实的猪科动物，体型与家猪相似而头吻部更长，体表被毛长而浓密。体色变化较大，从深灰色、棕色至灰黑色。成年个体背及颈部有长鬃毛。成年雄性下犬齿显著延长且粗壮外翻，形成“獠牙”。幼崽体表有棕色和浅黄色相间的纵向条纹，并随年龄增长在第1年中逐渐消失。

地理分布：是全世界所有陆生兽类中分布范围最广的物种之一，广泛分布于欧亚大陆、近陆岛屿及非洲西北部一隅，并被人为引入到除南极洲以外的各大陆。国内广泛分布于除青藏高原、蒙古高原及西北荒漠以外的东北、华北至华中、华东、华南、西南的广大地区（通常海拔低于3500m）。

物种评述：具极强的适应能力，可以生活在多种类型的栖息地内，包括森林、灌丛、种植园、草地，以及森林、农田交界生境。杂食性，可以取食所遇到的几乎所有可吃的食物，包括植物根茎、枝叶、浆果、坚果、农作物、无脊椎动物、小型脊椎动物等，是重要的植物种子传播者。它们也会取食动物尸体残骸（食腐）。野猪通常群居，但社会结构松散，独居个体、母幼群或混合群都可以经常见到。野猪具有较强的繁殖力，窝仔数通常5-10只以上，成年雌性每年可繁殖2窝。在其分布区内，是大型食肉动物（例如虎、豹和豺）的重要猎物物种。是大部分（而非全部）家猪品系的野生祖先，与家猪可以杂交，在部分山区可以见到人工繁育的杂交后代。在农、林交界地区，会频繁在农田或种植园内取食，是引发人兽冲突的主要物种之一。

吉林长白山自然保护区 / 朴龙国

陕西长青自然保护区 / 李晟

新疆天山 / 荒野新疆

野骆驼

Camelus ferus Przewalski, 1878
Bactrian Camel

偶蹄目 / Artiodactyla > 骆驼科 / Camelidae

新疆若羌罗布泊 / 李迪强

形态特征：是体型巨大、身形独特的有蹄类。头体长 320-350cm，体重 450-680kg。整体体型比家骆驼小而纤瘦。背上具两个高耸的驼峰，与家骆驼相比较小且尖，呈圆锥形；驼峰顶部具短毛丛，与家骆驼相比短而稀疏。头相对身体比例较小，双耳小而圆，颈部长而向上弯曲。四肢细长，蹄宽大。整体毛色为沙褐色至棕褐色，背腹毛色差别较小。冬毛长而密实，颈部和驼峰处尤为发达，形成蓬松毛丛。夏毛短而色浅。5-6 月开始换毛，旧的冬毛呈片状披附在体表，至秋季才逐渐全部褪掉。尾相对身体比例较短，长有较短的绒毛。

地理分布：历史上分布在从河套地区经蒙古高原南部的荒漠戈壁，至新疆和哈萨克斯坦的广大地区。当前，仅有数个相互隔离的种群，分布在蒙古大戈壁地区和相邻的我国内蒙古部分区域以及我国的甘肃西北部、青海西北部、新疆的阿尔金山和塔克拉玛干沙漠等地区。

物种评述：亦称野生双峰驼，文献中有时记为 *C. bactrianus*，而后者目前专指双峰驼的驯化种即家养双峰驼（或称家骆驼）。亦有学者把野骆驼（*ferus*）列为 *C. bactrianus* 的亚种，即 *C. b. ferus*。野骆驼与单峰驼（*C. dromedarius*）可杂交，但杂交后代雄性不育。

野骆驼主要生活在干旱草原、半干旱至干旱荒漠生境，以多种荒漠植物为食，包括荒漠灌丛和盐生植物，活动区域可上至海拔 4000m。可在体内储存大量水与脂肪，极耐干旱、饥饿与严寒。会访问固定的水源地，并可饮用低浓度咸水。夏季常以家庭群活动，冬季偶尔会结为大群，长距离游荡。它们善于奔跑，极具耐力；同时嗅觉灵敏，警惕性高，敏感惧人，常在远距离上见到人类活动即迅速逃逸。自然环境中，狼与豺是野骆驼的主要天敌。野骆驼可与家骆驼杂交，而这种杂交与人类猎杀、栖息地变化一起被认为是对野骆驼种群的最主要威胁。

保护级别：国家一级重点保护野生动物。

新疆若羌罗布泊 / 李迪强

云南西双版纳 / 王昌大

小鼷鹿

Tragulus kanchil (Raffles, 1821)
Lesser Oriental Chevrotain, Lesser Mouse Deer

偶蹄目 / Artiodactyla > 鼷鹿科 / Tragulidae

形态特征：是中国境内体型最小的有蹄类动物。头体长 40-50cm，体重 2.5-4.5kg，仅依据体型大小就可以与我国其他有蹄类相区别。它们四肢纤细，头吻部尖长，两眼大而圆，背部向上拱起。前肢短于后肢，因此在平地上肩高低于臀高。背部为红棕色，颈部背面通常毛色更深。腹部白色至浅黄色。从喉部向下至胸部分布有 3 条明显的白色纵纹。雌雄个体均不具角。雄性上犬齿发达，向下延伸形成尖利且略弯的“獠牙”。

地理分布：鼷鹿属（*Tragulus*）分布于印缅地区至加里曼丹岛，其分类仍有待深入研究，可能仍存在尚未被描述的多个物种。国内小鼷鹿仅见于云南南部的西双版纳傣族自治州澜沧江（即湄公河）以西的区域，以及相连的印缅区北部，但其确切分布范围未知。

物种评述：国内小鼷鹿的具体分类地位尚有待确定。有研究者认为澜沧江以西的小鼷鹿为威氏小鼷鹿（*Tragulus williamsoni*）。该物种以前被认为是鼷鹿（Java Mouse Deer, *T. javanicus*）的一个亚种 *T. j. williamsoni*，后来被从鼷鹿属中分出作为独立种。但由于标本数有限，威氏小鼷鹿的分类地位尚存争议。

我们对于小鼷鹿的生态所知甚少。有限的信息显示，它们栖息于热带常绿林及热带雨林生境，主要取食地面的落果，有时也取食植物嫩芽。通常单独或成对活动（雌雄对或母幼对）。以白天活动为主，但在夜晚也非常活跃。性情胆小机警，活动隐秘。当受惊或被追赶，它们逃跑时表现出四肢僵直、快速跳跃的独特步态。与其他许多亚洲的热带有蹄类动物一样，栖息地丧失、捕猎和野生动物贸易是小鼷鹿面临的最主要威胁。

保护级别：国家一级重点保护野生动物。

云南西双版纳 / 王昌大

云南西双版纳自然保护区尚勇片区 / 中国科学院西双版纳热带植物园动物行为与环境变化研究组供图

云南西双版纳自然保护区尚勇片区 / 中国科学院西双版纳热带植物园动物行为与环境变化研究组供图

云南西双版纳自然保护区尚勇片区 / 中国科学院西双版纳热带植物园动物行为与环境变化研究组供图

吉林延边汪清 / 冯利民

原麝

Moschus moschiferus Linnaeus, 1758

Siberian Musk Deer

偶蹄目 / Artiodactyla > 麝科 / Moschidae

形态特征：头体长65-95cm，体重8-12kg。前肢比后肢短，肩部明显低于臀部。体毛深棕色，头颈部偏灰，腰臀两侧有密集浅棕色斑点，背部斑点不清晰。颈前部两侧各有一条白带纹延长至胸部。两性均无角，下颌白色。雄性上犬齿发达，形成突出口外的獠牙。无眶下腺。下腹部有麝香腺囊。蹄端两趾窄尖，悬蹄发达。

地理分布：主要分布在东亚从蒙古高原至远东西伯利亚和朝鲜半岛的广大地区。国内主要分布于东北至华北地区的黑龙江、吉林、辽宁、内蒙古、河北、山西、陕西和新疆部分地区。国外分布于哈萨克斯坦、蒙古、朝鲜半岛、俄罗斯。

物种评述：分类较为复杂。历史上麝类曾被归为鹿科下的麝亚科，现普遍列为单独的麝科，其下仅麝属1个属。历史上有观点认为麝属为单型属，包括若干类群与亚种，各地理种群之间存在形态特征的渐变；而现在多认为其下应包括3-6个独立物种，但在具体种和亚种的划分上仍存在争议。原麝是麝属中最先被命名的物种，林麝（*M. berezovskii*）、高山麝（马麝）（*M. chrysogaster*）与安徽麝（*M. anhuiensis*）等都曾被列为原麝的亚种。

原麝胆小而隐秘，喜单独活动，有稳定的家域活动范围和行走路线，线路多为反复踩踏形成的兽径，并有固定的排便场所。栖息于多岩石山地的针叶林或针阔混交林中，原生针阔混交林最为其喜好，阔叶林和人工林中极为罕见。活动区离水源地近，远离人类活动区域。晨昏活动，白天躲避在岩石或大树倒木下休息，也会寻找相对开阔处晒太阳。取食地衣、石蕊、针叶树嫩芽、果实、蘑菇以及禾本科植物。发情期间的雄性争斗激烈，雌性孕期约6个月，每胎1-2只，偶有3只。所产的麝香被用作香水原料和中药材，因而承受有来自人类的较大捕猎压力。

保护级别：国家一级重点保护野生动物。

内蒙古汗马自然保护区 / 郭玉民

黑麝

Moschus fuscus Li, 1981

Black Musk Deer

偶蹄目 / Artiodactyla > 麝科 / Moschidae

形态特征：头体长 70-100cm，体重 10-15kg。无角。耳朵、眼睛大。被毛浓密、棕黑色。雄性上犬齿演化为长獠牙。面部腺体无。后腿比前腿长、粗。成年雄性在肚脐和生殖器之间有 1 个麝香腺，雌性有 2 个乳头。

地理分布：国内主要分布于西藏东南部到云南西北部。国外分布于不丹、印度、缅甸、尼泊尔。

物种评述：黑麝是 20 世纪 80 年代初我国学者发现并命名的种。黑麝多栖息于海拔 2700-4200m 的高山暗针叶林、针阔混交林、高山杜鹃灌丛和草甸中，在西藏东南部分布在 4200m 以上冰雪覆盖山坡上。晨昏活动较为频繁。通常单独活动。通过尾、趾间腺体以及排尿、排便进行标记。听觉和视力敏锐。主要以杜鹃、高山柳的枝叶、松萝、苔藓、禾本科植物等为食物。发情交配期多在 10 月，孕期 6 个月，次年 7 月产仔，通常产 1-2 仔。雄性与多个雌性交配。雄性气味在繁殖季节标记并保卫领土。圈养寿命可达 20 年。

保护级别：国家一级重点保护野生动物。

西藏卡久寺 / 关翔宇

西藏卡久寺 / 关翔宇

林麝

Moschus berezovskii Flerov, 1929

Forest Musk Deer

偶蹄目 / Artiodactyla > 麝科 / Moschidae

形态特征：林麝为小型有蹄类动物，头体长63-80cm，体重6-9kg。林麝前肢较后肢为短，因此肩部明显低于臀部。林麝雌雄个体均没有角，但雄性上犬齿发达，形成长而尖利的“獠牙”，向下伸出嘴外。成体背部为暗棕黄色至棕褐色，臀部毛色更深至棕黑色，腹部浅黄至浅棕色。喉部有两条明显的浅黄色条纹，平行向下延伸至胸部相连。幼崽和幼体的背部有边缘模糊的浅色斑点。两耳较大，且耳尖黑色，耳郭内部密布较长的白毛。

地理分布：林麝分布区大部分位于中国境内，向南部分延伸至越南北部以及老挝北部。在我国，林麝广泛分布于华中至华南，包括河南、陕西南部、甘肃南部、四川中西部、云南大部、贵州、重庆、广西、广东以及江西。在其分布区西缘的甘肃南部、四川西部与云南西北部，林麝与马麝的栖息地在高海拔接近林线的区域部分重叠。

物种评述：林麝曾被认为与原麝（*M. moschiferus*）为同一物种，后被分开作为独立种。分布在安徽、湖北、河南三省交界的大别山区域的 *anhuiensis* 曾被作为原麝或林麝的亚种，现已被分出作为独立种安徽麝（*M. anhuiensis*）。

林麝活动分布的海拔跨度较大，从低地丘陵可上至海拔3800m的高山针叶林和灌丛地带。林麝通常独居或成对活动，性情害羞且机警灵敏。借助其强壮的后肢，它们跳跃能力极佳。受惊后，林麝通常快速跳跃逃离，并在逃跑的过程中不断变换其跳跃前进方向。林麝的蹄狭长而尖，悬蹄发达，因而可以借助其张开的悬蹄和极佳的跳跃能力，攀爬到灌木或树木较低的枝丫上取食或逃避敌害。林麝是其栖息地内多种食肉动物的猎物，包括豹、亚洲金猫、狐狸、黄喉貂、亚洲黑熊等，经常可以在这些食肉动物的粪便内发现林麝毛发。雄性林麝的腹部下方具一大型腺体，可分泌并存储麝香。麝香被广泛应用于香水产业与中医药。成年林麝拥有固定的家域和活动路径，雄性会用其粪便和麝香腺分泌物标记其领地。利用此特性，偷猎者往往在其固定路径上设置猎套（脚套或脖套）进行捕捉。林麝是神经较为紧张、应激反应强烈的动物，一旦陷入猎套，高度的应激反应会使得它们身体的生理功能快速衰竭，导致死亡。来自香水工业和中医药产业的大量需求，使得林麝面临着严重的偷猎压力。在过去半个世纪内，在林麝整个分布区内，各地种群均出现严重下降，甚至已从部分区域内消失（局域性绝灭）。

保护级别：国家一级重点保护野生动物。

四川唐家河自然保护区 / 马文虎

四川唐家河自然保护区 / 巫嘉伟

四川王朗自然保护区 / 李晟

四川绵阳平武 / 张铭

四川鞍子河自然保护区 / 李晟

陕西长青自然保护区 / 李晟

安徽麝

Moschus anhuiensis Wang *et al.*, 1982

Anhui Musk Deer

偶蹄目 / Artiodactyla > 麝科 / Moschidae

安徽金寨天马自然保护区 / 安徽大学张保卫研究组

形态特征：头体长69-77cm，体重7.1-9.7kg，体型稍小于原麝，与林麝相近。其形态特征亦与林麝相似，毛色棕褐至棕红，具两条清晰的白色颈纹，沿颈部两侧延伸向下，在胸前连接成环状。颊后方颈侧具两个浅色斑点。成体背部两侧具3行浅黄色至橘黄色斑点，在腰部与臀部尤为密集。

地理分布：为中国特有种。分布区范围狭窄，仅见于安徽、湖北、河南三省交界处的大别山地区。

物种评述：曾被列为原麝（*M. moschiferus*）或林麝（*M. berezovskii*）的亚种，后被分出作为独立种。

对安徽麝的生态习性了解较少，推测与林麝相似。历史上大别山地区的安徽麝曾经受巨大的捕猎压力，现有野生种群规模非常小，在中国麝类诸物种中可能为濒危程度最高者。

保护级别：国家一级重点保护野生动物。

安徽 / 李德益

马麝

Moschus chrysogaster Hodgson, 1839
Alpine Musk Deer

偶蹄目 / Artiodactyla > 麝科 / Moschidae

四川神仙山自然保护区 / 刘洋

形态特征：与其他麝类物种相比，马麝体型较大且壮实。头体长80-90cm，体重9-13kg，明显大于与其分布区部分重叠的近亲物种林麝（体重6-9kg）。前肢短于后肢，因而体型显得臀高于肩，这也是所有麝类物种的共有特征之一。蹄狭长而前端较尖，前后蹄的后趾（即“悬蹄”）均发达。成体背部毛色灰色至灰棕色，而腹部毛色较浅。四肢下半部为较浅的黄色或棕黄色。毛发质地干硬粗糙，冬毛相较夏毛更为浓密且色深。从喉部开始有两条颜色较浅的污白色至污黄色纵纹，向下延伸至胸部相接；部分个体两条纵纹从喉至胸完全相连，而形成一整块较宽的浅色区域。相比于林麝，马麝的喉胸部条纹颜色更浅，在野外观察时不明显甚至几乎观察不到。幼崽和幼体的背部具浅色斑点。在马麝颈部的背面，具有漩涡状的毛丛，从而形成独特的横斑状斑纹（通常有3-4条横斑），是区别于相似的林麝的主要特征之一。马麝两耳较大且长，耳郭内部密布长毛。眼周具明显的橙色眼环。成年雄性具有一对较长的锋利“獠牙”（即延长的上犬齿），明显易见。

地理分布：国内分布于青藏高原的东北缘至西南缘以及部分邻近山区的高海拔区域。如甘肃西部、四川西部、云南西北部、青海东部和西藏东部，以贺兰山为其分布北界。其分布区大部分位于中国境内，并部分延伸至周边的不丹、印度、尼泊尔。

物种评述：马麝（*sifanicus*）亚种曾被归入原麝（*M. moschiferus*），或作为独立种（*M. sifanicus*）（亦称马麝，常见于中文文献）。另有 *leucogaster* 曾被作为马麝的亚种，现被列为独立种即喜马拉雅麝（*M. leucogaster*）。部分研究者和文献把黑麝（*M. fuscus*）也作为马麝的亚种。

马麝亦称高山麝，通常生活在海拔2000-5000m的高山生境中，包括高山草甸、草地、灌丛和杜鹃林、高山栎林与针叶林的林缘。在甘肃南部、四川西部和云南东北部的部分区域，马麝与林麝在高海拔的林线附近重叠分布，通常马麝的活动区域海拔比林麝更高。主要取食草与灌木叶子，其食谱也包括苔藓与地衣。通常独居，也经常能观察到母子成对活动。是典型的晨昏活动型动物，但在白天也可以比较活跃。习性羞怯机警，强壮的后肢赋予它们较强的跳跃能力。成年个体拥有固定的家域范围，其中雄性个体会使用其粪便和腺体分泌物标记其领地。雄性个体的家域较雌性为大，通常会与多个雌性的家域相交。交配发生在冬季（11月至12月），雌性则在来年晚春至初夏（4月至6月）产仔，通常为单胎。在其栖息地内，马麝被多种食肉动物捕食，包括豹、狼、赤狐、猞猁、黄喉貂等。成年雄性可分泌麝香，被广泛用于传统中医药和香水生产。相关产业中对麝香持续、大量的需求，使得马麝和其他麝类物种均面临严重的偷猎压力。在过去半个世纪中，马麝的种群下降严重。在其分布区内传统的藏族文化区，由于受到当地居民基于传统文化和宗教信仰的保护，马麝的种群仍较为稳定，局域密度较高。

保护级别：国家一级重点保护野生动物。

青海三江源自然保护区 / 董磊

四川甘孜雅江 / 邹滔

喜马拉雅麝

Moschus leucogaster Hodgson, 1839
Himalayan Musk Deer

偶蹄目 / Artiodactyla > 麝科 / Moschidae

尼泊尔 / Konstantin Mikhailov (naturepl. com)

形态特征：喜马拉雅麝整体形态特征与马麝相近，为体型较大的麝类，头体长 80-100cm，体重 11-16kg。整体毛色比马麝更深，呈灰褐色至棕褐色；臀部、颈部毛色稍浅，头部灰褐色至深灰色，眼圈不明显，颈部后方具旋毛。喉部以下至胸具浅色带（颈纹），但不甚明显甚至缺失。双耳大而直立，内缘具灰白色长毛。

地理分布：喜马拉雅麝分布于喜马拉雅山脉的中段至西段的狭长地带，包括不丹、印度（包括锡金）、尼泊尔与中国。该物种在中国为边缘分布，仅见于西藏西南部少数地区。

物种评述：喜马拉雅麝有时被作为马麝（*M. chrysogaster*）的亚种，即 *M. c. leucogaster*，但其头骨测量值与马麝有所差异，因而被列为独立种。

喜马拉雅麝野外数量稀少，自然史与生态信息极为缺乏，据推测可能与马麝相近，栖息于海拔 2500-4500m 的亚高山生境中。与其他麝科物种一样，喜马拉雅麝也面临着人类捕猎（以获取麝香和肉食）的巨大压力。

保护级别：国家一级重点保护野生动物。

西藏日喀则陈塘 / 李振宇

獐

Hydropotes inermis Swinhoe, 1870
Chinese Water Deer

偶蹄目 / Artiodactyla > 鹿科 / Cervidae

形态特征：獐为小型鹿类，头体长 90-105cm，体重 14-17kg。四肢粗壮，尾极短。浑身体毛为棕黄色，浓密粗长，腹部、颈部、臀部毛色较浅。两性均无角。雄性上犬齿长而侧扁，向下突出口外形成明显的獠牙。

地理分布：獐当前的分布区分为相互隔离的南北两片，北部位于朝鲜半岛西部至我国辽宁半岛，南部位于我国华东地区。在中国，獐分布于辽宁、浙江、上海、江苏、安徽、江西。此外，獐还人为引入欧洲的英国和法国。

物种评述：獐属（*Hydropotes*）为单型属，种下包括 2 个亚种，分别对应于其南北两片分布区，北部的为 *H. i. argyropus*，南部的为 *H. i. inermis*。

獐亦称河麂，史前上曾经广泛分布于黄河流域及其以北的广大区域，后因气候变迁导致的自然环境变化，以及人类开垦和狩猎等因素，向北退缩至黄海沿岸的辽宁半岛、朝鲜半岛，向南退居到现在亚热带的长江中下游和东部沿海一带。獐主要栖息在坡度平缓、临近江湖的河流下游和海岸沼泽生境中。栖息地选择随环境水位变化而不同，丰水期多在浅丘稀树灌丛中，枯水期则选择沼泽湿地、高草丛、芦苇丛。主食植物嫩叶，也会进入农田采食作物叶片。独居生活，偶尔成对活动，行动轻快，常跳跃前进。獐的家域较小，仅 20-50ha。由于人类捕猎和栖息地变化，现有分布区相当破碎，种群数量稀少。

保护级别：国家二级重点保护野生动物。

江西鄱阳湖 / 林剑声

辽宁丹东 / 郭亮

辽宁丹东 / 郭亮

毛冠鹿

Elaphodus cephalophus Milne-Edwards, 1872
Tufted Deer

偶蹄目 / Artiodactyla > 鹿科 / Cervidae

形态特征：头体长85-170cm，体重15-28kg，为小型鹿类动物，整体毛色黑色至棕黑色。四肢毛色比身体更深，而头颈部稍浅。在头顶正中有一簇明显的浓密黑色冠毛。两耳宽而圆，上部外缘与基部外侧边缘为白色，耳尖背部为白色，形成独特的耳部黑白斑纹，是与同域分布的其他小型有蹄类动物（例如麂与麝）的典型区别特征之一。尾巴外缘及腹面为纯白色。当毛冠鹿受惊时，会在奔跑或跳跃逃离时，快速地上下摆动尾巴，显露出其尾巴腹面和尾下十分显眼的白色区域。成年雄性头顶具两只短小的角，隐藏在头顶冠毛中；角尖一般超出冠毛不足2cm，通常不易观察到。成年雄性的上犬齿发达，形成突出嘴外的“獠牙”，近距离可见。

地理分布：毛冠鹿基本上为中国特有种，中国境外仅在缅甸东北部接近中缅边境的地方有数个历史记录。它们广泛分布于中国西南至东南的大片区域，见于陕西南部、甘肃南部、四川大部、云南大部、贵州、重庆、广西北部、浙江、福建、江西、湖南等地。

物种评述：毛冠鹿属（*Elaphodus*）为单型属。毛冠鹿栖息于山地森林环境中，活动的海拔范围很广，可上至4000m。其栖息地类型多样，包括天然的森林、灌木和各种次生植被以及部分人工林。尽管毛冠鹿分布区面积广大，但迄今对其研究较少，对其生态所知非常有限。毛冠鹿以日行性活动为主，通常独居，偶尔可见到成对活动。其食性较广，包括各类草本植物、树叶、竹子与菌类。在其活动范围内，毛冠鹿会规律性地访问天然或人工盐井，通过舔盐来补充矿物质。它们会在不同季节进行沿海拔梯度的垂直迁移，在夏季时待在高海拔，而在冬季时下至低海拔的森林或开阔灌木林地带，以避开高海拔的深厚积雪并寻找食物。在西南地区，毛冠鹿种群数量较大；但在华中至华东地区，毛冠鹿的野生种群密度较低（尤其是分布在东部沿海诸省的华东亚种*E. c. michianus*），保护形势严峻。

保护级别：国家二级重点保护野生动物。

四川贡嘎山自然保护区 / 邹滔

江西上饶武夷山 / 林剑声

四川唐家河自然保护区 / 朱晖

四川唐家河自然保护区 / 王昌大

四川唐家河自然保护区 / 马文虎

四川卧龙自然保护区 / 李晟

四川王朗自然保护区 / 李晟

黑麂

Muntiacus crinifrons (Sclater, 1885)
Black Muntjac

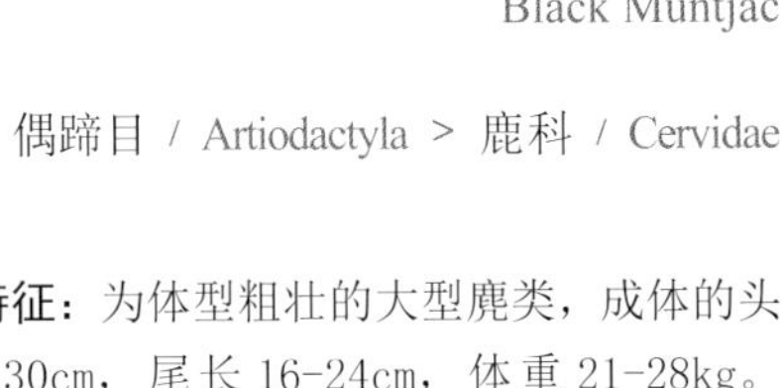

偶蹄目 / Artiodactyla > 鹿科 / Cervidae

安徽皖南野生动物救助中心 / 李晟

形态特征：为体型粗壮的大型麂类，成体的头体长 100-130cm，尾长 16-24cm，体重 21-28kg。整体毛色为棕黑色至黑色，颈部毛色稍浅，头顶、耳基与两颊为浅而亮的棕黄色或橙黄色。尾较长且为黑色，尾下为亮白色，从后侧看形成白色的“外缘”，与黑色尾巴对比明显。雌雄个体额头顶部均具上竖的毛丛。雄性具较短的双角，角柄较长且覆有长毛，角尖通常隐于毛丛中不可见。角基前部被毛形成两条黑线，向下延伸至前额两眼正中，形成一个明显的黑色“V”字形。

地理分布：为中国特有种。仅分布于华东地区的浙江西部、江西东部、安徽南部和福建北部的山区，分布范围狭小。

物种评述：历史文献中来自云南、缅甸北部的黑麂（*M. crinifrons*）记录，后确定为独立物种贡山麂（*M. gongshanensis*）；其中可能也有部分记录为菲氏麂（*M. feae*）（Fea's Muntjac）等深色麂类的误判。

黑麂栖息于海拔 1000m 左右的山地森林，尤其偏好干扰较少的原始亚热带常绿阔叶林与常绿、落叶阔叶混交林。当与小麂同域共存时，黑麂往往分布的海拔更高，且种群密度远远低于小麂。黑麂采食植物嫩叶、嫩芽，以及掉落的果实。它们通常性情机警，活动隐秘，对人为活动干扰极为敏感。野生黑麂通常为独居或成对活动，春季至夏初的 4-7 月产仔，每胎 1 只。

保护级别：国家一级重点保护野生动物。

安徽皖南野生动物救助中心 / 李晟

浙江钱江源国家公园 / 申小莉

浙江钱江源国家公园 / 申小莉

贡山麂

Muntiacus gongshanensis Ma, 1990

Gongshan Muntjac

偶蹄目 / Artiodactyla > 鹿科 / Cervidae

形态特征：头体长95-105cm，体重16-24kg，是中等体型的鹿类。背面为深棕色，腹面和四肢接近黑色。尾巴为黑色，但尾的腹面为亮白色。成年雄性长有两个简单的角（单支或具两叉），角柄短而粗壮。角柄前端覆盖有黑毛。两角的角柄向下延伸成头骨上的脊状骨质突起，在前额呈“V”字形相交。双角长度7-8cm，较赤麂为小。雌性个体不具角，但前额上的“V”字形黑纹同样明显。雌雄个体头顶均不具明显的冠毛簇，从而与黑麂（*M. crinifrons*）（分布于华东皖、浙、赣、闽交界山区的极小范围）相区别。

地理分布：贡山麂分布于云南西北部的高黎贡山以及西藏自治区东南部（墨脱、波密等），并可能延伸至缅甸北部（克钦邦）。

物种评述：贡山麂是中国迄今了解最少的有蹄类物种之一，极度缺乏研究。由于标本及信息匮乏，关于此物种的分类地位仍存在争议。在早期，贡山麂曾被认为是黑麂（*M. crinifrons*）的西部种群，在部分历史文献中被记做黑麂，至20世纪90年代始被列为独立物种。同时，在这片区域内及周边，还分布有其他毛色较深的相似麂类物种（例如菲氏麂*M. feae*），甚至可能包括尚未被描述过的新物种或亚种，在野外仅凭目视观察可能较难区分识别。部分贡山麂的历史记录可能实际为菲氏麂的误判。关于贡山麂的分类地位和野外分布范围均有待进一步研究，而对其自然史及生态亦所知甚少。根据数量极少的标本和红外相机记录显示，贡山麂可能分布在海拔900-3000m范围内的多种类型栖息地，包括亚热带山地阔叶林、温性山地阔叶林、针叶林与高山灌丛。

保护级别：国家二级重点保护野生动物。

西藏林芝墨脱 / 李成

小麂

Muntiacus reevesi (Ogilby, 1839)
Reeves' Muntjac

偶蹄目 / Artiodactyla > 鹿科 / Cervidae

四川唐家河自然保护区 / 王昌大

形态特征：小麂头体长64-90cm，体重11-16kg，为小型鹿类，背部毛色为黄色至棕黄色，腹部毛色较浅。冬毛较夏毛颜色更深，被毛更长且密。尾巴浅棕色，尾部腹面为亮白色。雄性长有一对小型鹿角，角端较尖，近基部具一个短分叉。角基前部被毛为黑色，并向下延伸至前额，形成一个明显的黑色“V”字形。与赤麂相比，雄性小麂的角基甚短。雌性小麂不具角，在前额中央有一菱形的黑色斑块。初生幼崽体表有不明显的浅色斑点，随着年龄增长而逐渐消失。

地理分布：为中国特有种。广泛分布于中国大陆西南部至东南部，以及台湾，见于陕西南部、甘肃东南部、四川中部至东部、云南东部、贵州、重庆、广西、广东、浙江、江西、安徽、湖北、湖南、河南、江苏及台湾。在中国大陆，其分布区南界不甚明了，大致在广东及广西北部。

物种评述：小麂又名黄麂、麂子，在台湾被称为山羌（小麂台湾亚种*M. r. micrurus*）。小麂通常栖息在亚热带与热带森林中，也可以利用人工针叶林和灌丛生境。尽管小麂常见于山地环境，但通常分布在海拔低于2700m的中低山区，偶可上至海拔3000m附近。小麂营独居或成对活动。成年个体的家域小于100ha，且活动范围较为固定。小麂的繁殖没有明显的季节性，雌性在一岁时即可达到性成熟。在树木果实成熟季节，小麂通常会频繁到结果的乔灌树下取食地面落果，是森林生态系统中重要的植物种子传播者。它们会定期访问家域范围内的天然或人工盐井，舔舐矿物盐。小麂平时高度警觉，受惊时会迅速逃离威胁，在奔跑跳跃时快速上下摆动尾巴，间断性露出尾下及臀部的白色区域。小麂同时具有较强的好奇心，在逃离出一定距离后通常会停下，并回头仔细观察。在其分布区内，小麂是人类偷猎的主要对象之一，以获取其肉食和皮张。

四川唐家河自然保护区 / 马文虎

四川唐家河自然保护区 / 巫嘉伟

四川广元 / 李锦昌

台湾 / 袁屏

四川唐家河自然保护区 / 董磊

四川老河沟自然保护区 / 李晟

赤麂

Muntiacus vaginalis (Boddaert, 1785)
Northern Red Muntjac

偶蹄目 / Artiodactyla > 鹿科 / Cervidae

形态特征：头体长 95-120cm，体重 17-40kg，为大型麂类，与小麂相比体型更为壮实，整体毛色为较亮的砖红色至红棕色。它们身体背面暗红色至锈红色，腹面浅灰色至白色，尾巴的腹面为明亮显眼的白色。赤麂面部两侧有大型的眶下腺，雄性个体中尤为显眼。成年雄性个体长有两支结构简单的角，末端略弯，角尖尖利，接近基部处有一个非常短的分叉。双角每年均会脱落再重新长出。与小麂相比，雄性赤麂的角柄更长也更为粗壮，两个角柄间距更宽。角柄的前部一般覆有深色的毛。两支角柄向下延伸为头骨上的两条脊状凸，相交于前额下部，在额部形成一个明显的“V”字形。雌性个体没有角，在头顶中央长有一簇毛丛，但有时不甚明显。幼崽体表有模糊的浅色斑点，随着年龄增长而逐渐消失。

地理分布：赤麂是亚洲分布范围最广的鹿类动物，广泛分布于印度次大陆（包括印度、巴基斯坦、尼泊尔、不丹、斯里兰卡、孟加拉国）至东南亚北部（包括缅甸、泰国、老挝、越南、柬埔寨）以及中国南部、东南部和海南。在我国，赤麂历史上曾分布于云南、贵州、广西、西藏南部、四川南部、广东、海南等，但其当前实际分布范围人们了解甚少，可能已严重退缩至呈现高度破碎化的少数区域。

物种评述：赤麂亦称北方赤麂，曾被作为 *M. muntjak* 的一个亚种，而后者目前专指仅分布于巽他 Sunda 地区的南方赤麂。赤麂族内部的分类仍有待厘清，部分研究者认为北方赤麂（*M. vaginalis*）中可能存在多个近缘物种。赤麂的标本数量及标本采集的覆盖区域均较为有限，是导致其目前分类地位不清的主要原因。后续仍迫切需要开展进一步的分类学研究，以探明赤麂族内各物种与亚种的分类地位。

赤麂在我国南方部分地区被称为黄猄，栖息于从低地雨林到山地落叶林的多种森林生境中，有时也见于开阔生境或种植园附近。赤麂的食物包括树芽、嫩叶、掉落的果实和种子等。在森林生态系统中，它们是植物种子传播的重要媒介。赤麂通常为独居，偶尔可以见到雌雄成对活动以及母幼一起活动。不同地区的研究结果显示，赤麂的日活动节律可以在夜行、日行或晨昏活动型之间转变，显示出较高的灵活性与适应性。赤麂全年均可繁殖，特定区域的局域种群中可能存在季节性的出生高峰。雌性通常每胎 1 仔。无论白天或晚上，成年的雌雄个体均可发出响亮的叫声。在其分布区内，赤麂是虎、豹、豺等大型食肉动物的重要猎物。同时，赤麂也常常被人类大量捕猎，取其肉作为野味，取其皮作为皮张，因此，在过去数十年间，赤麂的总体种群数量持续下降，许多局域种群可能已经消失。

西藏林芝墨脱 / 李成

云南德宏盈江 / 郑山河

印度 / Sylvain Cordier (naturepl. com)

印度 / Sylvain Cordier (naturepl. com)

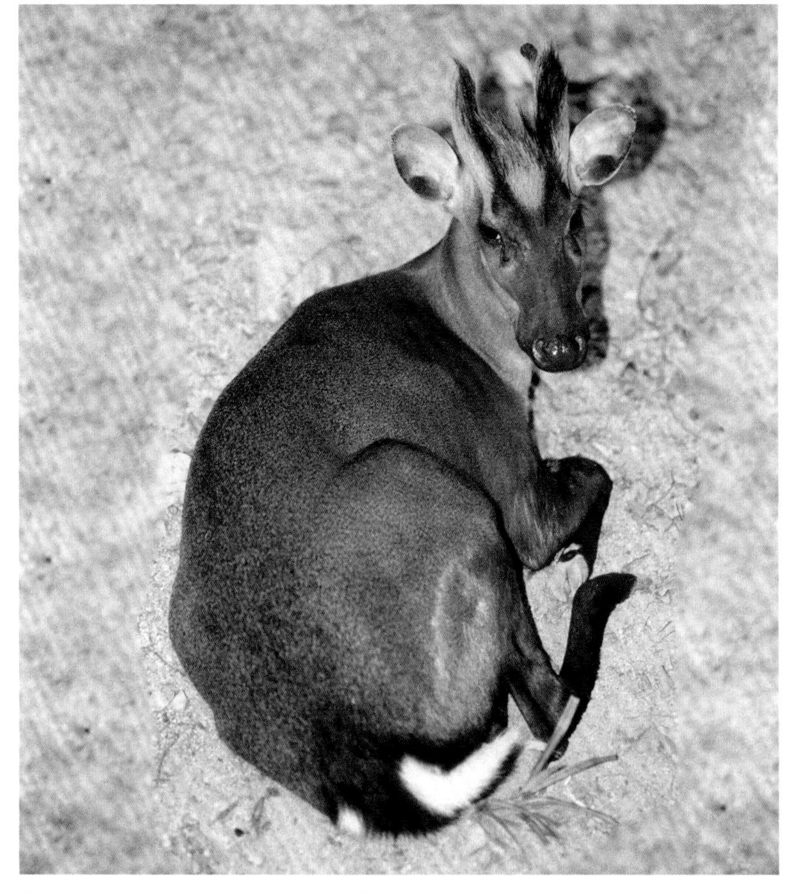

捕自亚洲 / Roland Seitre (naturepl. com)

菲氏麂

Muntiacus feae (Thomas & Doria, 1889)
Fea's Muntjac

偶蹄目 / Artiodactyla > 鹿科 / Cervidae

形态特征：与黑麂相似。体毛棕黑色，颈部、头顶、耳基与两颊被毛亮棕黄色或橙黄色。雌雄头顶部均具棕黑色毛丛。雄性具角，角柄较长且覆长毛，角尖隐于毛丛中。角基前部被毛形成两条黑带，从前额向下延伸至两眼正中，形成"V"字形。尾长，尾背毛黑色，尾下毛长，白色，尾巴边缘白色。齿式 0. 1. 3. 3/3. 1. 3. 3=34。

地理分布：国内分布于西藏东南部、云南西部。国外分布于缅甸、泰国。

物种评述：属热带和亚热带湿润阔叶林生物群系。生活于森林。

捕自亚洲 / Roland Seitre (naturepl. com)

豚鹿

Axis porcinus (Zimmermann, 1780)
Hog Deer

偶蹄目 / Artiodactyla > 鹿科 / Cervidae

印度 / 李锦昌

形态特征：为小型鹿类，头体长 105-150cm，体重 36-50kg，外貌圆润粗壮，四肢短小，中英文名字均以“猪”的形态冠名。整体毛色为浅褐色，背部偏棕，腹部灰色。雌性背部和体侧多有小白斑，幼体白斑更多且更明显。夏毛背部两侧有成行小白斑，体侧也有不规则白斑；冬毛主要为黄褐色。雄性头部有小型三叉角，分枝也很短小。雌性不具角。

地理分布：豚鹿分布于南亚次大陆至东南亚的中南半岛，但在许多历史分布区已经绝迹（例如越南、老挝、缅甸），如今可见于柬埔寨、印度、孟加拉国、尼泊尔、不丹与巴基斯坦。中国为豚鹿的边缘分布区，历史上记录于云南西南部的部分低海拔河谷，20 世纪 60 年代后已在我国境内绝迹（局域绝灭）。豚鹿也被人类引种至斯里兰卡、澳大利亚、美国、南非等地。

物种评述：豚鹿曾被列入鹿属（*Cervus*）之下（即 *C. porcinus*），也有研究者提议应归入 *Hyelaphus* 属，即为 *H. porcinus*。传统认为豚鹿可分为两个亚种，即主要分布在南亚至中南西北部的指名亚种（*A. p. porcinus*），和主要分布在中南半岛中部和北部的 *A. p. annamiticus* 亚种，其中后者为曾在我国境内分布的亚种。近年有新的研究认为这两个亚种均应作为独立种，但该意见还未被广泛接受。

豚鹿偏好的栖息地较为独特，主要是海拔低于 1000m 的河岸芦苇沼泽区，不进入森林中，为典型的热带、亚热带鹿类。晨昏和深夜活动，因人类狩猎压力而更偏向于夜晚活动，以芦苇和水草为主食，也刨取植物根茎。雄性通常有 50-80ha 的领域，常用 2-3 只的家庭群活动。雄性更倾向于独居。

保护级别：国家一级重点保护野生动物。

印度 / 张永

水鹿

Rusa unicolor (Kerr, 1792)

Sambar

偶蹄目 / Artiodactyla > 鹿科 / Cervidae

形态特征：水鹿是身体壮实的大型鹿科动物，头体长 180-200cm，体重 185-260kg。水鹿整体毛色通常为暗棕红色至棕色或黑色。在我国，与同区域内分布的其他体型相近的大型鹿类（例如西部的白唇鹿和马鹿，东部的梅花鹿）相比，水鹿的毛色更深，因此在部分地区被当地人称为“黑鹿”。水鹿的四肢通常毛色较浅，唇下为白色。双耳较大且圆，耳郭内部白色，外缘深色，基部长有较长毛丛。尾巴黑色，尾毛长而蓬松，尾巴腹面白色。成年雄性颈部具有长而粗糙的浓密鬣毛。与其他很多鹿类物种不同，水鹿的幼崽体表没有斑点。成年雄性长有一对粗壮的鹿角，通常分为三叉，最大长度可达 80cm。未成年雄鹿（小于 3 岁）的鹿角较短较细，呈直棒状，通常不具分叉或仅有一个小分叉。

地理分布：水鹿广泛分布于东亚的热带与亚热带地区（包括海南与台湾），并向南延伸至印缅地区与东南亚（包括柬埔寨、印度尼西亚、文莱、老挝、马来西亚、缅甸、泰国、越南），向西沿喜马拉雅山脉南麓延伸至印度次大陆（包括孟加拉国、不丹、印度、尼泊尔、斯里兰卡）。在我国，水鹿主要分布于广西、西藏东南部、四川西部和南部、贵州、云南、江西、湖南、海南和台湾等地。

物种评述：水鹿有时被归入鹿属（*Cervus*），有时也被归入单独的水鹿属（*Rusa*），即 *R. unicolor*。有研究者把中国南方至东南亚（包括印度东北部）的水鹿列为独立物种（*C. equinus*），而以 *C. unicolor* 专指分布在南亚次大陆的水鹿；该分类意见还未获广泛认同。

水鹿典型的栖息地为热带与亚热带森林，但也对其他多种多样的栖息地类型具有高度适应性，分布地海拔跨度巨大，从海拔低于 200m 的低地雨林和沼泽森林，一直到海拔超过 4200m 的高山针叶林和高山灌丛。水鹿也会经常在人类居民点周围的农田和种植园活动，有时会由于采食或践踏给农作物或经济作物带来巨大的破坏，从而引发严重的人兽冲突。水鹿通常为独居，但也常常可观察到小的家庭群。它们以晨昏和夜间活动为主，在黄昏到黎明之间

四川喇叭河自然保护区 / 王昌大

四川喇叭河自然保护区 / 王昌大

觅食，而在白天时段不活跃。水鹿是食性广泛的草食动物，食物种类包括草类、蕨类、灌木、树木幼叶、果实等。成年水鹿能够以后足为支撑，竖直站立起来采食树木高处枝条上的幼叶与嫩芽。水鹿具有舔盐习性，会周期性地访问天然或人工布设的盐井与硝塘，尤其是在雄鹿鹿角生长的季节。交配季节通常在晚秋至冬季（10月至12月），雄鹿在此期间会频频低吼并相互打斗。雌鹿在次年晚春至初夏季节（5月至7月）生产，通常为单胎。就猎食所获取的生物量而言，水鹿是虎、豹、豺等大型食肉动物的最重要猎物物种之一。但水鹿同时也被人类大量地猎杀。过去50年间，来自人类的严重偷猎压力，已经使得中国境内尤其是华东、华中、华南地区水鹿的种群数量急剧下降，分布区范围急剧收缩。

保护级别：国家二级重点保护野生动物。

四川格西沟自然保护区 / 李晟

西藏山南 / 李锦昌

四川卧龙自然保护区 / 李晟

四川卧龙自然保护区 / 李晟

四川喇叭河自然保护区 / 王昌大

梅花鹿

Cervus nippon Temminck, 1838
Sika Deer

偶蹄目 / Artiodactyla > 鹿科 / Cervidae

形态特征：梅花鹿是体表特征独特的大中型鹿类，头体长 105-170cm，雄性（60-150kg）体型明显大于雌性（45-60kg）。鹿类动物中幼仔体表普遍存在浅色斑点，而梅花鹿是成体仍保留有这些斑点的少数鹿类之一。其整体毛色为亮红色至红棕色，在背部和体侧具显眼的白色斑点。腹面白色。在背部中央有一条较宽的黑色或深色纵纹，纵纹两侧各有一条或两条白色斑点紧密排列所形成的条带。雌雄个体均具有一块面积不大但非常显眼的白色臀斑，臀斑上缘具较宽的深色带，与背部中央的深色纵纹相接。尾巴较短，边缘和尾下为白色。成年雄性的颈部有长而蓬松的鬃毛。冬毛厚实而色深；夏毛较短，毛色更亮，体表的白色斑点更为明显。成年雄性长有一对大型鹿角，每支具 3-5 个分支；与这片区域内其他大型鹿类（例如水鹿、马鹿、白唇鹿）相比，其鹿角更短，较为纤细。鹿角的尺寸随着个体的年纪增长而增大，成年雄鹿的鹿角长度（从角基至最远端角尖）可达 80cm 以上。雌性不长角。

地理分布：广泛分布于东亚，从俄罗斯远东经中国东北，至朝鲜半岛和华北（目前已局域灭绝），并延伸至华南与西南，同时也见于日本列岛。国内分布于东北的吉林，西南的四川、甘肃，和华东的江西、台湾等地，当前分布区高度破碎化。

物种评述：梅花鹿包含诸多亚种和区域种群，其中部分已局域灭绝，例如山西亚种（*C. n. grassianus*）与华北亚种（*C. n. mandarinus*）。现存部分野生种群和亚种有时被列为独立种，例如在我国大陆南方分布的两个地理种群：（1）四川梅花鹿（*C. n. sichuanicus*）（有时被作为独立种 *C. sichuanicus*），分布在四川北部和甘肃西南部的小种群，种群数量约 500 头；（2）华南梅花鹿（*C. n. kopschi*）（有时被作为独立种 *C. pseudaxls*），分布在江西、广西（这个区域性种群目前是否仍存在以及其现状需要进一步确认）等地。台湾的梅花鹿（*C. n. taiouanus*）有时也被列为独立种，即台湾梅花鹿（*C. taiouanus*）。整个东亚大陆上的种群有时也被合并作为同一个物种 *C. hortulorum*（蒋志刚等《中国哺乳动物多样性（第 2 版）》中即采用此分类意见）。尽管其野生种群相互间高度隔离且分布范围极其有限，但梅花鹿在中国被广泛地人工饲养，并被引入到全世界众多国家和地区。

梅花鹿栖息于林下植被较丰富的落叶林与针叶林，但喜欢到林中的小片空地或林缘觅食。栖息在山地环境的

四川铁布梅花鹿自然保护区 / 王昌大

梅花鹿可沿海拔梯度季节性迁移，在冬季下至河谷而在夏季返回较高处。梅花鹿为典型的晨昏活动的动物，但在白天和夜间均可保持活跃。它们取食地面的草本植物、灌木、乔木嫩叶，有时也吃各类植物果实。梅花鹿为独居或同性别个体集为小群活动，群的规模一般不超过20只个体。在冬季，偶尔可见到规模更大的集群。发情期通常在秋季至初冬（9-11月）。发情期的成年雄性具领域性，会用蹄子在地面刨出浅坑并用尿液标记领地。每头成年雄鹿会维持一个小的雌性交配群，并为保护其雌鹿而与前来挑战的其他雄鹿打斗。雄鹿之间的打斗会比较激烈，甚至导致其中一方伤重死亡。雌鹿在次年春季（4-5月，有时延至7月）生产，通常单胎，偶尔双胎。雄鹿的鹿角在冬季脱落，并在次年秋季重新长至全长。在自然状态下，虎、豹、豺与熊与豹是梅花鹿的主要捕食者。在历史上，梅花鹿被人类广泛捕猎，以获取其鹿肉、皮张和用作传统中药的身体器官（例如鹿茸、鹿鞭等）。沉重的捕猎压力导致其原有分布区和野生种群急剧缩减，现有分布区高度破碎化且相互隔离，野生种群规模较小。

保护级别：国家一级重点保护野生动物（仅限野外种群）。

四川铁布梅花鹿自然保护区 / 董磊

四川铁布梅花鹿自然保护区 / 董磊

吉林长白山 / 程斌

四川若尔盖 / 董磊

东北马鹿

Cervus canadensis Erxleben, 1777

Wapiti

偶蹄目 / Artiodactyla > 鹿科 / Cervidae

内蒙古赛罕乌拉自然保护区 / 何超

内蒙古 / 张永

形态特征：是大型鹿类动物，身体壮实，足蹄宽大。雄性个体（体长175-265cm，体重200-320kg）明显大于雌性（体长160-210cm，体重110-135kg）。东北马鹿夏季毛色为红棕色，冬季毛色为棕灰色至暗棕色。夏毛短而粗糙，冬毛长而厚密。腹部及四肢毛色较浅，在背部中央有一条深色背中线。在仲夏至秋季的发情求偶期，成年雄性的颈部可见长而蓬松的鬃毛。雌雄个体均具有一块大型的臀斑，毛色浅黄至锈棕，与其身体毛色对比明显，远距离可见。臀斑上缘为深色，与背中线相接。尾巴长度较短，毛色与臀斑一致。双耳大且长。幼崽毛色为较亮的红棕色，体表散布有白色或浅色的斑点，在第一个夏季结束前逐渐消失。成年雄性长有强壮的大型鹿角。与白唇鹿鹿角相比，东北马鹿鹿角的第一与第二分支间的距离明显更短，鹿角分叉处通常为圆柱状而非扁平状。鹿角的长度和分叉数随着年龄增长而增大。成年雄性的单支鹿角可达115cm长（从角基至最远端分支角尖），重达5kg，包括6-8个分支。老年个体鹿角顶部分叉处有时会扁平化形成杯状或扇状。雌性不具角。

地理分布：马鹿族是全世界分布范围最广的鹿科动物，广泛分布于北半球，包括欧洲、亚洲、北美洲和北非局部，也被人类广泛引入到其他大陆作为狩猎物种。东北马鹿（*C. canadensis*）分布于中亚、东亚至北美洲，包括哈萨克斯坦、俄罗斯、蒙古、中国、加拿大与美国。在我国，马鹿见于北方多个省区，包括

新疆阿尔泰山 / 邢睿

黑龙江、吉林、内蒙古、宁夏、新疆（天山与阿尔泰山）等。

物种评述：马鹿族广布于北半球大陆，传统上被认为是同一个物种 *Cervus elaphus*，包含分布于不同地区的诸多亚种，但其种下分类一直存在较多争议，多个亚种都曾被不同的分类学家提议应作为独立种，并普遍存在亚种、种之间合并与拆分的情况。在《世界自然保护联盟濒危物种红色名录》（Red List）最新一轮评估（2016-2017）中，把全世界的马鹿分为3个独立种，分别是：（1）*C. elaphus*，英文名 Red Deer，分布于欧洲；（2）*C. hanglu*，英文名 Tarim Red Deer，分布于中亚至我国新疆；（3）*C. canadensis*，英文名 Wapiti，分布于中亚至东亚的亚洲大陆及北美洲。其中，后2个物种在中国境内有分布。*C. canadensis* 下有4个亚种在中国有分布。*C. c. alashanicus*，分布于华北至东北；*C. c. sibiricus*，分

贺兰山国家级自然保护区 / 武亦乾

布于哈萨克斯坦、新疆北部至西伯利亚南部和蒙古北部；*C. c. macneilli*（有时被作为独立种即四川马鹿 *C. macneilli Lydekker*, 1909），分布于中国中部至西南的四川西部、甘肃、青海北部和西藏东部；*C. c. wallichii*（即西藏马鹿），分布于西藏东南部至不丹。

在蒋志刚等（2017）《中国哺乳动物多样性（第2版）》名录中，把中国的马鹿分为3个种，即（1）西藏马鹿*C. wallichii*；（2）东北马鹿*C. canadensis*（文献中误记为*C. candanesis*）；（3）马鹿*C. yarkandensis*。分布于四川、甘肃等地的*macneilli*被归入西藏马鹿*C. wallichii*。

东北马鹿为典型的寒温带兽类，适应多种栖息地环境，主要生活在针阔混交森林中，有垂直海拔迁徙习性。常集群活动，由数头或数十头组成，为母系社会群体，伴有年轻雄性跟随。采食植物多达200余种，春季以草本植物为主，冬季则更多取食木本植物。每年夏秋季发情，期间雄性回到传统的求偶场所，用蹄刨土，用角顶树干，与其他雄性个体争斗而保卫领地，争取雌性的青睐。雌性孕期240天左右，每胎仅1仔。狼、熊、虎和豹是东北马鹿的主要天敌。同时，它们历史上也被人类大量捕猎以获取肉食、毛皮，尤其是捕杀雄鹿以获取鹿角作为战利品，鹿茸和其他身体器官作为传统中药。

保护级别：国家二级重点保护野生动物（仅限野外种群）。

新疆乌鲁木齐天山 / 邢睿

新疆乌鲁木齐天山 / 邢睿

西藏马鹿

Cervus wallichii G. Cuvier, 1823
Tibetan Shou

偶蹄目 / Artiodactyla > 鹿科 / Cervidae

形态特征：为大型鹿类，头体长165-265cm，整体形态与东北马鹿相似。雄性明显大于雌性，雄性体重160-240kg，雌性体重75-170kg。整体毛色为棕色至棕黄色，腰部呈橘红色，体侧和腹部交界处有暗色线纹，背脊中央有一条深色纵纹。具明显的大型臀斑，毛色为白色至污白色，尾部为橘色。冬毛长且有厚实绒毛，色浅，而夏短毛，色深。蹄印宽大，前端圆钝。雄性有角，眉支在角基部向前长出，几乎与主干垂直。雌性不具角。

地理分布：西藏马鹿分布于青藏高原东部、南部，包括中国与不丹。在我国，西藏马鹿分布在西藏东南部、四川西部、青海、甘肃、陕西等。

物种评述：西藏马鹿为马鹿族下分类阶元。马鹿族的分类较为复杂，详见"东北马鹿*C. canadensis*"中的相关评述。在部分文献中，西藏马鹿有时被列为*C. elaphus*的亚种（即*C. e. wallichii*）或东北马鹿*C. canadensis*的亚种（即*C. c. wallichii*）。分布在四川、甘肃的*macneilli*有时被列为*C. elaphus*的亚种（即*C. e. macneilli*）或独立种（即四川马鹿*C. macneilli*），在这里被合并入西藏马鹿作为其亚种。

西藏马鹿栖息地于海拔2500-5000m之间的开阔落叶林、针叶林、高山灌丛、草原与草甸生境中。马鹿是晨昏活动为主的动物，但在全天都会保持活跃。它们取食地面的草本植物、苔藓、地衣、灌木枝条以及乔木嫩芽和树皮。西藏马鹿通常集小群活动，一般为不多于20头，由1至多头成年雌性和它们不同年龄段的幼崽组成。在冬季，多个鹿群有时会汇合形成50头个体以上的大群。成年雄鹿在非繁殖季单独活动或结为小的全雄群。发情季节一般在仲夏至秋季（8月底至10月），成年雄性相互打斗以争夺雌性。怀孕雌鹿在来年晚春至初夏季节（6-7月）生产，通常每胎1仔。初生幼仔在发现威胁或接到报警时，会采取卧倒地面、静止不动的隐蔽策略，而不是主动逃离。雄鹿的鹿角在冬季脱落，在次年夏季前再次完全长成。

保护级别：国家二级重点保护野生动物。

西藏山南 / 郭亮

西藏山南 / 郭亮

青海果洛 / 吴岚

青海三江源自然保护区 / 何兵

塔里木马鹿

Cervus yarkandensis Blanford, 1892
Tarim Red Deer

偶蹄目 / Artiodactyla ＞ 鹿科 / Cervidae

形态特征：塔里木马鹿为大型鹿类，体型与整体特征均与其他马鹿族物种相似。头体长 115-140cm，雄性体重 230-280kg，雌性体重 195-220kg。整体毛色为沙褐色，冬毛色浅而夏毛色深。具白色至灰白色大型臀斑。

地理分布：为中国特有种，仅分布在我国新疆南部塔里木盆地的塔里木河、孔雀河与车尔臣河区域。

物种评述：《中国哺乳动物多样性（第 2 版）》中把 *C. yarkandensis* 列为独立种，使用“马鹿”作为的中文名；该中文名容易引起混淆，应改为“塔里木马鹿”为妥。*C. yarkandensis* 曾被作为 *C. elaphus* 的塔里木亚种，即 *C. e. yarkandensis*。近年有研究者基于分子生物学的研究结果提出，分布在塔里木至中亚地区的马鹿原有的 3 个亚种，即分布在叶尔羌 - 塔里木区域的 *C. e. yarkandensis*，分布在现乌兹别克斯坦布哈拉区域及周边数国的 *C. e. bactrianus*，与分布在帕米尔高原的 *C. e. hanglu*，应合并为一个独立物种，并根据命名的优先次序使用 *C. hanglu* Wagner, 1844 作为正式物种名，英文名为 Tarim Red Deer（直译为“塔里木马鹿”）。分子生物学的证据显示，该物种与欧洲马鹿（*C. elaphus*）早在更新世中期即发生了分化，跟梅花鹿（*C. nippon*）与东北马鹿（*C. canadensis*）之间分化的时间大致相同。*yarkandensis* 应作为 *C. hanglu* 的亚种或地理种群，是否足以成为亚种仍有待商榷。该分类意见在《世界自然保护联盟濒危物种红色名录》（Red List）新一轮评估（2017）中被采纳，*C. hanglu* 被列为马鹿族下 3 个物种之一。

塔里木马鹿主要栖息在塔里木盆地河流两岸的胡杨林、灌丛、草地与半干旱荒漠生境。对其生活史、野外生态和种群现状了解甚少。野外种群数量稀少，可能被隔离为 3 个局域种群，濒危程度高。它们性情机警，通常集小群活动。在新疆地区有较大的圈养种群，主要用于采割鹿茸以做药用。在圈养种群中广泛存在与其他马鹿物种、亚种和梅花鹿的杂交现象。

保护级别：国家一级重点保护野生动物。

新疆阿克苏 / 马光义

新疆阿克苏 / 马光义

新疆阿克苏 / 马光义

白唇鹿

Przewalskium albirostris (Przewalski, 1883)
White-lipped Deer

偶蹄目 / Artiodactyla > 鹿科 / Cervidae

形态特征：白唇鹿为大型鹿类，头体长155-210cm，雄性体重180-230kg，雌性体重100-180kg。白唇鹿身体壮实，四肢相对较短，蹄子大而宽，四足的悬蹄均发达。白唇鹿毛色通常为红棕色至灰棕色，毛发质地粗糙。身体腹面、喉部和四肢毛色为浅棕色。头部和颈部通常比身体其他部分毛色更深，尤其是在远距离观察时对比更为明显。与夏毛相比，冬毛更为浓密，毛色更浅。白唇鹿具有显眼的白色唇部（因此而得名），鼻子周围也为白色。它们的双耳较长，近顶端处具有白色边缘。白唇鹿具有一块浅色至锈红棕色的大型臀斑，中央为相对较短的尾巴。成年雄鹿具有一对粗大、强壮的鹿角。白唇鹿鹿角在沿主干的分叉处较为扁平，这是区别于同域分布的马鹿鹿角的典型特征之一，后者的鹿角在分叉处通常为圆柱形。白唇鹿另一个区别于马鹿的特征是，其鹿角的第2分叉与第1分叉（从鹿角基部算起）之间的距离远远大于马鹿。成年雄性白唇鹿的鹿角长度（从基部到最顶端分叉末梢）可达140cm以上，单支鹿角的分叉数可达8-9个。白唇鹿鹿角的所有分叉大致都在同一空间平面上，这是与马鹿鹿角相比的第3个显著区别特征。雌性白唇鹿不具鹿角。初生幼鹿体表有浅色斑点，这些斑点通常在出生后的2-3个月时间内逐渐消失。

地理分布：为中国特有种，分布于青藏高原东部。其分布区包括甘肃西南部、青海中部至东南部、四川西部、云南西北部部分地区，以及西藏东部。

物种评述：部分文献中认为白唇鹿与马鹿族同属一支，应归入鹿属（*Cervus*），即*C. albirostris*。种下无亚种分化。

白唇鹿主要栖息在海拔3500-5100m之间的针叶林、高山灌丛、高山草甸与草原生境中，有时也会出现在林线之上的高山裸岩区。与其他大型鹿类动物（例如马鹿、水鹿和梅花鹿）相比，白唇鹿偏好更为开阔的生境。它们善于在陡峭、复杂的高山地形中跳跃攀爬，从而可以快速逃离大型猎食者（主要是狼与雪豹）的追捕。白唇鹿是晨昏活动为主的动物，在白天也较为活跃。它们通常聚集为不足20只个体的小群活动，但偶尔也可以观察到拥有100只

青海玉树囊谦 / 黄秦

以上个体的大群（规模可达200-300只）。发情季节通常从9月下旬至11月，在此期间成年雄鹿会相互竞争、打斗以争夺雌鹿。在发情季节，每头在打斗中获胜的成年雄鹿通常会控制一小群雌鹿并紧紧跟随。雌鹿在次年春末夏初（5-6月）生产，通常为单胎。在非繁殖季节，成年雄鹿与雌鹿往往相互分离，分别活动。雄鹿的鹿角每年早春脱落，并在夏末之前（8月下旬至9月）重新长至全长。雄性白唇鹿曾被广泛地猎杀，以获取其干鹿角和新生鹿茸作为装饰品和传统药材。

保护级别：国家一级重点保护野生动物。

青海玉树 / 吴岚

四川甘孜白玉 / 王昌大

青海玉树扎多 / 李彬彬

西藏林芝 / 李锦昌

海南 / 唐万玲

坡鹿

Rucervus eldii (McClelland, 1842)
Eld's Deer

偶蹄目 / Artiodactyla > 鹿科 / Cervidae

形态特征：坡鹿为中等体型的鹿类动物，头体长150-170cm，雄性体重70-100kg，雌性体重50-70kg。颈部细长，双耳大而圆。整体为红褐色至棕红色，腹面与四肢内侧毛色稍浅，喉部白。背部中央具一条深色纵纹，从颈部一直延伸至尾部，两侧散布不甚明显的浅色斑点。冬毛更长更厚，浅色斑点几不可见。尾短，尾下白。雄性具壮观、优雅的双角，长度可达100cm以上。角的眉叉向前平伸然后上弯，与主干相连形成一个连续的弧形；主干向后、向外延伸，角尖又朝内、朝前弯转；主干上端具3-6个尖细的小叉。雌性不具角。

地理分布：当前零散分布于东南亚的中南半岛至海南，包括柬埔寨、老挝、越南与中国。国内目前仅见于海南西部的东方大田，并被重引入至白沙邦溪等地。

物种评述：亦称东方坡鹿，有时被列入*Cervus*或*Panolia*属。在部分文献中，*eldii*常被误记为*eldi*。中国海南分布的坡鹿有时被作为一个单独的亚种，即*R. e. hainanus*（海南坡鹿）。

坡鹿主要栖息在低海拔开阔度较高的季节性森林和林缘草地生境，历史上曾大量分布于海南的外围低地，但其原生的适宜栖息地几乎已被破坏殆尽。坡鹿在我国野外曾几近绝灭，数量最低时仅存26头，后被以半散养的方式在东方大田保护区和白沙邦溪保护区保护起来，种群得到缓慢恢复。坡鹿常集小群活动，性情机警敏感。雄性在非繁殖期单独聚群，在繁殖期时相互打斗以争夺雌性。在打斗中占据优势地位的雄鹿会建立并守护由数只雌鹿组成的“后宫”群。雄性鹿角每年夏季6-7月脱落。

保护级别：国家一级重点保护野生动物。

海南邦溪级自然保护区 / 李飞（嘉道理农场暨植物园）

麋鹿

Elaphurus davidianus Milne-Edwards, 1866
Père David's Deer

偶蹄目 / Artiodactyla > 鹿科 / Cervidae

形态特征：为大型鹿类，头体长150-200cm，雄性体重150-250kg，雌性体重120-180kg。麋鹿身体壮实，颈部较粗，面部长而窄。冬毛灰棕色，夏毛红棕色为主，腹部和四肢浅黄色。雄性具大型鹿角，角型独特，无眉叉，老年鹿角的次级分叉复杂无规律，且左右不对称。蹄适应湿地行走而宽大扁平，趾间有皮蹼膜，尾长而尖端成簇。

地理分布：为中国特有种，自然分布区应为长江中下游区域，但近代之前已野外绝灭，仅存圈养种群。目前中国境内在北京南海子麋鹿苑有圈养种群，并在20世纪80年代起以半散养形式重引入至江苏大丰、湖北石首等多地。20世纪末至今部分种群已逸为野生，可见于湖南洞庭湖区等地。

物种评述：麋鹿属（*Elaphurus*）起源于晚上新世的中国和日本地区，目前为单型属。野生麋鹿早已在野外绝灭，历史上仅有少量圈养种群留存于皇家猎苑。在19世纪60年代由法国博物学家兼传教士大卫神父发现于清王朝在北京南海子的皇家猎苑，并正式命名。后有少量个体被运至欧洲建立起圈养种群，而中国皇宫中的种群则在19世纪末覆灭。20世纪80年代由英格兰重引入至我国东部，并逐步在北京南苑、江苏大丰和湖北石首等地生长繁衍。

麋鹿生活在平原、草地和草丛沼泽地带，生活中大量的时间待在水里，极善游泳，可穿越河流与湖泊。麋鹿取食禾本科植物、苔类和树叶等，白日和黄昏较为活跃。发情交配期为5月底至8月，期间成年雄鹿性情暴躁，时常吼叫，以双角挑举青草藤蔓等植物以示炫耀，并跟随和追逐雌鹿。雄鹿之间以对峙或双角顶撞的方式进行优势地位的争夺，打斗不甚激烈，通常不会致命。雌性孕期250-315天，每胎仅产1仔。

保护级别：国家一级重点保护野生动物。

江苏大丰 / 杜卿

江苏大丰麋鹿自然保护区 / 李东明

江苏大丰麋鹿自然保护区 / 李东明

江苏大丰麋鹿自然保护区 / 李东明

狍

Capreolus pygargus (Pallas, 1771)
Siberian Roe Deer

偶蹄目 / Artiodactyla > 鹿科 / Cervidae

形态特征：狍是一种体型较小但体格结实的鹿类动物，头体长 95-140cm，体重 20-40kg。具有独特的头部特征——头吻部黑色，颊部白色。喉部和胸部中央色浅，可形成较为明显的块状浅色区。狍冬毛为深灰色至棕灰色，夏毛为较亮的红棕色。腹面为浅黄色。幼崽体表有模糊的浅色斑点，在第一年中随着年龄增长而逐渐消失。狍具有一块显眼的白色臀斑，尾巴较短，隐于臀斑中央。雄性个体的臀斑为肾形，而雌性个体臀斑为心形。成年雄性长有一对竖直生长的短角，通常三叉，表面粗糙。双角在每年冬季脱落，然后再重新长出。雄性亚成体的双角较短，不分叉。雌性个体不长角。

地理分布：狍广泛分布于古北界，从亚洲远东经中亚一直到欧洲东部。在中国，狍广泛分布于东北、华北、西北，以及青藏高原东北部，见于黑龙江、吉林、辽宁、内蒙古、河北、北京、山西、四川西部、青海东南部、甘肃、陕西部分地区以及新疆。

物种评述：亦称东方狍或西伯利亚狍，是欧洲狍（*C. capreolus*）（分布于欧洲至小亚细亚）的姊妹种，曾经被作为后者的一个亚种，即 *C. c. pygargus* 。

狍栖息于多种森林以及森林－草地镶嵌分布的生境，但一般会避开林下层植被茂密、较难通行的环境。在其分布区的西南部（四川西部与青海东南部），狍可见于上至 4000m 的高海拔地区。狍是性情警觉、害羞的动物。当警惕张望或受到惊扰时，它们的尾巴会翘起，臀斑区的白色长毛也会蓬起。当看到或发觉有人接近时，它们通常会在远距离外就迅速逃离。狍在夏季通常为独居（母幼群除外），在冬季时可聚为 20-30 只的小群集体觅食和活动。狍通常在晨昏和晚上最为活跃。狍的繁殖模式为一雄多雌制，但雄兽并不同时占有一群雌兽。它们的繁殖交配季节为夏季（7-9 月），雌性在次年晚春（5-6 月）产仔，通常每胎 1 仔或 2 仔。在其分布区内，狍是多种大中型食肉动物（例如豹和狼）最重要的猎物之一。

吉林珲春 / 冯利民

山西太行山 / 宋大昭

内蒙古赤峰克什克腾旗 / 牛蜀军

吉林长白山自然保护区 / 朴龙国

新疆巴州和静 / 马光义

新疆巴州和静 / 马光义

驼鹿

Alces alces (Linnaeus, 1758)
Moose

偶蹄目 / Artiodactyla > 鹿科 / Cervidae

形态特征：是世界上现生最大的鹿科动物，头体长200-310cm。雄性明显大于雌性，雄性体重320-600kg，雌性体重270-400kg。驼鹿体型壮硕，颈部短而粗，肩部高耸，明显高于臀。四肢粗壮而尾短，蹄宽大。头部窄长，唇膨大似驼，双耳宽大。雄性喉部具明显的肉垂，上着生有深色长毛。整体毛色为红褐色至黑褐色，四肢内侧为较浅的灰褐色至灰色。冬毛更为厚实，颜色偏灰。成年雄性长有壮观的双角，除前叉（眉枝）外，角的主干形成扁平掌状或铲状，外侧又分出若干向上的小叉；双角宽度可达2m。鹿角每年2月前后脱落，间隔1个月后新角开始生长，至9月骨化完全。雌性不具角。

地理分布：广泛分布于北半球的欧亚大陆北部和北美洲大陆北部。国内为边缘分布，数量稀少，见于西北地区新疆的阿尔泰山，以及东北地区内蒙古和黑龙江北部的大、小兴安岭。

物种评述：驼鹿的分类尚有待进一步研究。部分研究者把全世界的驼鹿分为 2 个独立种，即主要分布在欧洲至西伯利亚西部的欧亚驼鹿（*A. alces*）（英文名 Eurasian Elk），和主要分布西伯利亚东部至北美洲的美洲驼鹿（*A. americanus*）（英文名 Moose）。亦有研究者认为以上 2 个区域的驼鹿均应作为驼鹿（*A. alces*）的亚种，即 *A. a. alces* 和 *A. a. americanus*。在我国新疆和东北地区分布的驼鹿应分属以上 2 个分类单元。2 个分类单元之间可能缺乏清晰的地理分界线，相互之间在西伯利亚地区存在广泛的基因交流，形态差异亦不显著。

驼鹿在我国东北地区被称为堪达罕或犴，较为依赖森林，主要生活在亚寒带针叶林、针阔混交林，以及林间和接近林缘的草地、沼泽与苔原生境中。它们以各种乔木、灌木的树叶、枝芽、树皮，以及多种草本植物和水生植物为食，食量巨大。常以 4-8 只的家庭群活动，活动范围较大（家域面积最高可达 200km^2 以上），可在沼泽和深厚的积雪中自如活动。具较强的游泳能力，可横穿河流与湖泊。夏季天气炎热时会利用树荫和水体来躲避阳光暴晒。驼鹿会访问天然的盐井，尤其在初夏季节，以补充盐分和矿物质。

保护级别：国家一级重点保护野生动物。

内蒙古汗马自然保护区 / 郭玉民

黑龙江中央站黑嘴松鸡自然保护区 / 李国富

新疆阿尔泰山 / 喀纳斯国家级自然保护区

驯鹿

Rangifer tarandus (Linnaeus, 1758)
Reindeer

偶蹄目 / Artiodactyla > 鹿科 / Cervidae

形态特征：头体长120-220cm，体重90-270kg。适应寒冷气候而鼻部被毛，短耳，短尾，喉下部具胡须状长毛。主蹄圆而大，中裂深，悬蹄发达可触及地面。冬毛多为灰色或棕灰色，长而浓密，具有绒毛，夏毛深棕色，短而无绒毛。毛色也有花白或纯白的个体。驯鹿雌雄均有角，通常左右不对称；角的分枝复杂，且具有较大变异；角前叉较长，向前平伸，端部为扁平掌状。

地理分布：广布于北半球欧亚大陆、北美洲大陆的寒带与格陵兰岛。国内的驯鹿历史上主要分布在内蒙古北部大兴安岭北端的局部地区；如今完全野生的驯鹿在中国境内已绝迹（区域性绝灭），仅保留有部分半散养的种群。

物种评述：驯鹿在欧洲被称为Reindeer，而在美洲被称为Caribou。驯鹿主要栖息在寒温带针叶林、针阔混交林、灌丛和苔原生境中。偏好食用石蕊和苔藓类植物，也取食树木嫩枝。驯鹿为社会性动物，常集大群活动，是世界上少数进行长距离迁徙的大型哺乳动物之一。驯鹿原为野生动物，后经人类驯化而被称作驯化之鹿，作为运输工具，散养于林地中。我国东北大兴安岭北部的鄂温克族是我国唯一以驯养驯鹿为生的民族。

内蒙古根河 / 汤亮

野牦牛

Bos mutus (Przewalski, 1883)
Wild Yak

偶蹄目 / Artiodactyla > 牛科 / Bovidae

形态特征：体型硕大，头体长 300-385cm，为青藏高原体型最大的野生动物。雄性明显大于雌性，成年雄性体重 500-1000kg，雌性体重 300-350kg。野牦牛整体黑色至棕黑色，具粗糙而蓬松的长毛，尤以体侧下部、胸腹部和颈部的长毛最为发达，在腹部下方几可垂至地面。尾长，具发达、蓬松的长毛。野牦牛肩部高耸，四肢强壮，蹄大而圆。头部硕大，口鼻周围毛色灰白，双耳小而圆，额部宽而平，两侧具粗壮的双角，色黑至灰黑或灰白，先向外侧长出，然后向上弯转，角尖向后。雄性双角明显大于雌性。在西藏北部阿里地区的部分野牦牛种群中，存在黄色的色型变异个体，全身毛发变为黄色至金黄色，被称为金色野牦牛或金丝野牦牛，较为罕见。

地理分布：为青藏高原特有种，主要分布在我国的青藏高原及周边等。国内主要见于西藏北部、新疆南部、青海西部和甘肃西北部；四川西部历史上亦有野牦牛分布记录，现恐已绝迹。

物种评述：部分文献中把野牦牛记为 *B. grunniens*，或列为 *B. grunniens* 的亚种，即 *B. g. mutus*。现 *B. grunniens* 多用来专指野牦牛的驯化型即家牦牛。野牦牛无亚种分化。有学者提议，分布在西藏北部阿里地区的金丝野牦牛可能为野牦牛的独特亚种，但尚缺乏分子、生态等方面证据的有力支持，其应为野牦牛的一种色型变异。

野牦牛栖息于海拔 3500-6000m 的草原、草甸和高寒荒漠生境，主要以禾本科草类为食。成年雌性和幼体、亚成体常集为 10-200 只的群体活动，而成年雄性常单独活动或集为 2-12 只的全雄群。野牦牛对高原气候和环境具有极好的适应能力，极耐严寒，但惧热；具有季节性垂直迁移习性：在夏季会向上移动至冰川基部融水丰富、草被茂盛的地方，而在冬季向下移动至沟谷下部。成年雄性，尤其是单独活动的独牛，脾气暴躁，在受到惊吓或移动路线被阻断时，会低头、喷气、尾巴上竖，短距离冲刺以示威吓，甚至直接顶撞、冲击。野牦牛通常在 9-11 月交配，次年夏季 6-7 月产仔，每胎 1 只。野牦牛可与家牦牛杂交繁殖，并被人们作为改善家牦牛种质的重要手段之一，但同时可能给野牦牛种群带来基因污染和疫病传播的风险。

保护级别：国家一级重点保护野生动物。

青海格尔木乌图美仁 / 廖小青

青海果洛玛多 / 多却 · 班玛叁志

青海可可西里自然保护区 / 邢睿

西藏阿里措勒 / 许明岗

新疆阿尔金山 / 初雯雯

印度野牛

Bos gaurus C. H. Smith, 1827

Gaur

偶蹄目 / Artiodactyla > 牛科 / Bovidae

形态特征：头体长170-220cm，体重700-1000kg，体型硕大，形似家牛，四肢短而粗壮。成年个体，尤其是雄性，肩部具有发达的肌肉，高高耸起，成为其显著的外观特征。体表被毛短而密，整体毛色为深棕色至黑色，四肢下部为反差明显的白色或污黄色，形成独特的“白袜子”模式。印度野牛没有白色臀斑，这是与历史上曾经在中国南部有分布的爪哇野牛（*B. javanicus*，英文名Banteng）的最显著区别。印度野牛雌雄个体均具一对粗壮的角，从头侧长出，并向上、向内弯曲，双角角尖的指向近乎相对。双角基部为黄色至浅黄色，近角尖处为黑色。双角之间的头顶与前额隆起，长有灰色至白色的长毛。鼻子通常也是灰色或白色。印度野牛长有与家牛类似的长尾，尾尖具有蓬松的长毛。

云南纳板河保护区 / 曹光宏

地理分布：分布范围从印度经东喜马拉雅南坡的部分区域（印度、不丹、尼泊尔），至东南亚（缅甸、老挝、泰国、越南、马来西亚）。国内见于云南南部，在西藏东南部可能也有分布。

物种评述：印度野牛可以与其他多种牛科动物杂交，因此在野外和家养状态下，均可能见到这类杂交个体。在西藏东南部与云南西北部（独龙江与怒江河谷），半家养的印度野牛（英文名Gayal或Mithan）比较常见，其分布区向外延伸至缅甸北部和印度东北部以及孟加拉国。在这片区域中，半家养的印度野牛及其逸为野生的种群，有时被列为单独的物种（*B. frontalis*），在中国称为大额牛。

云南纳板河保护区 / 曹光宏

印度野牛主要栖息在平坦的低海拔（通常低于1000m）热带森林中。它们取食草本植物、树灌嫩叶、植物果实和竹子。印度野牛通常集成包括3-12只个体的小群活动，群内包括一只或多只成年雌性以及它们不同年龄段的后代（亚成体与幼体）；而成年雄性个体则多为独居，有时形成小的全雄群。偶尔也可以见到超过40只个体的大群。印度野牛以日行性活动为主，但也可全天保持活跃。在中午前后，牛群经常在树荫下休息以躲避阳光。它们会规律性地到水源地饮水，以及到盐井（硝塘）处舔盐。交配发生在旱季的11月至次年3月，在此期间成年雄性之间通过打斗和竞争，来争夺对雌性群的统治权。雌性经过9-10个孕期后产仔，每胎1仔。以捕猎取食的生物量计，印度野牛是其栖息地内虎与豹最重要的猎物之一。然而，在其整个分布区内，来自人类的猎杀才是其面临的首要威胁。不管是在中国还是其他地方，针对印度野牛的偷猎都十分严重，以获取其肉作为食物，身体器官作为药物（例如牛肚），或是头骨与角作为战利品与装饰物。

保护级别：国家一级重点保护野生动物。

大额牛

Bos frontalis (Lambert, 1804)
Gayal

偶蹄目 / Artiodactyla > 牛科 / Bovidae

形态特征：头体长约250cm，雄性体重400-500kg，雌性体重350-400kg。整体形态与印度野牛相似，但体型相对较小，肩部隆起也不甚明显，双角弯曲程度较低，从而形成更宽、更平的额头。相比于野生印度野牛，大额牛的悬蹄也更长，成年雄性喉部的肉垂往往也更大、更明显。与野生的印度野牛相比，大额牛根据其杂交程度的不同，毛色更加多变。

地理分布：大额牛分布于我国西藏东南部与云南西北部（独龙江与怒江河谷），并向外延伸至缅甸北部和印度东北部以及孟加拉国。

物种评述：虽然大额牛在部分研究中被列为单独的物种，例如在《中国生物多样性红色名录—脊椎动物卷》中被列为“极危（CR）”物种，但其作为独立物种的地位存在争议。在《世界自然保护联盟濒危物种红色名录》（Red List）中，对大额牛未予收录评估，而是把它作为印度野牛的家养类型。从起源上来说，大额牛应为半家养的印度野牛及其逸为野生的种群，中间还可能存在与其他家养牛科动物不同程度的杂交。

大额牛的生态习性与印度野牛相似，主要栖息在平坦的低海拔（通常低于1000m）热带森林与次生林中，常见于人类村庄附近，集小群活动。在我国，“野生”的大额牛已多年未见报道，仅有少量家养种群仍分布在藏东南与滇西北独龙江地区。

西藏林芝墨脱 / 程斌

蒙原羚

Procapra gutturosa (Pallas, 1777)
Mongolian Gazelle

偶蹄目 / Artiodactyla > 牛科 / Bovidae

形态特征：为中等体型的羚羊，是我国原羚属（*Procapra*）中体型最大的物种，头体长 100-160cm，体重 20-45kg。吻部短而钝，颈部粗壮。背部毛色沙黄至橙黄，腹部、喉部毛色白。体侧下部可见背腹毛色分界线，但有时较为模糊。冬毛更长，更为浓密，毛色更浅。具显眼的心形白色臀斑，尾短。雄性具较短的双角，向后弯曲，角尖略外翻后向上向内弯曲，角尖间距为角基间距的 6-10 倍；角中部和下部具明显的横棱。雌性不具角。雄性在发情期时喉部肿大，具类似鹅喉羚的凸起。

地理分布：主要分布于蒙古的中部和东部，并向东、向北延伸至中国、俄罗斯部分地区。国内当前主要分布在内蒙古中部和北部靠近中蒙边界的部分区域，在祁连山亦留存有一个小的种群。

物种评述：亦称蒙古原羚或黄羊，历史上曾广泛分布与我国华北北部至蒙古高原地区，在我国曾见于甘肃、陕西、陕西、河北北部、吉林西部和内蒙古大部，但由于人类长期以来的捕杀，在我国大部分历史分布区内均已绝迹，现在仅偶见于接近中蒙边境的内蒙古锡林郭勒等部分区域，且多为从蒙古迁移入境群体。

蒙原羚主要栖息在蒙古高原及周边的草原、荒漠等半干旱生境中，以草为食。蒙原羚为群居动物，集大群生活，具有长距离迁徙习性。在春季和秋季可集成数千至上万只的大群，随降水和牧草生长情况的变化进行大规模迁徙，是亚洲地区少有的集群迁徙的大型哺乳动物之一。蒙原羚善奔跑，时速可达 65km/h 以上，且耐力较好，不甚惧人。一般在冬季发情交配，初夏 6 月至 7 月初前后产仔，每胎 1-2 只。人类的捕杀、利用、栖息地退化、栖息地片段化是蒙原羚面临的主要威胁；同时，草场围栏、公路铁路护栏、边境铁丝网的存在，也不同程度地阻碍或隔断了其传统迁徙路线，成为其重要的致危因素之一。

保护级别：国家一级重点保护野生动物。

内蒙古呼伦贝尔新巴尔虎右旗 / 双龙

内蒙古呼伦贝尔新巴尔虎右旗 / 双龙

内蒙古锡林郭勒盟东乌珠穆沁旗 / 和平

内蒙古锡林浩特 / 和平

藏原羚

Procapra picticaudata Hodgson, 1846
Tibetan Gazelle

偶蹄目 / Artiodactyla > 牛科 / Bovidae

形态特征：为我国原羚属（*Procapra*）中体型最小的物种，头体长90-105cm，体重13-16kg。头吻部短而钝，四肢细长，体型矫健，行动敏捷。背部为浅棕色至棕灰色，腹面白色。冬毛比夏毛厚实、蓬松，毛色更浅。雌雄均具一块大型的心形白色臀斑，在远距离观察亦非常显眼。尾甚短，黑色。成年雄性长有一对细长的角（总长26-32cm），略显侧扁，下部具有众多环纹。角从头顶上部长出，先朝后方弯曲，至角尖处再次向上弯曲。双角的上部（包括角尖）近乎平行，这是与近似种普氏原羚相比最显著的区别特征。雌性不具角。

地理分布：为青藏高原的特有种，广泛分布于这一区域内，其分布区大部分位于中国境内，并部分延伸至印度。国内分布于四川西部、甘肃南部、青海大部、西藏北部以及新疆东南部。

物种评述：在我国原羚属（*Procapra*）的3个物种中，藏原羚为分布区面积最大、种群数量最多的物种。藏原羚栖息在青藏高原海拔3000-5750m的开阔生境中，包括草原、草甸、高山灌丛和半荒漠。它们是社会性的食草动物，通常集2-20只的小群活动，偶尔也可见到多达50只的大群。藏原羚性情警觉，在开阔环境中对任何移动的物体都表现出高度的警惕。在受到惊吓时，它们会快速地逃离，但常常在逃出一定距离后停下，然后回头张望。藏原羚是日行性动物，主要取食高原上的各类草本植物。在非繁殖季节，成年雌性与

青海玉树 / 吴岚

西藏 / 张明

雄性个体几乎完全分开各自活动。求偶交配通常发生在冬季（12月前后）。雌性在次年夏季（7-8月）产仔，每胎1只，偶尔2只。狼是藏原羚最主要的捕食者。在中国西部，牧民为管理草场而设立的围栏，是对藏原羚的主要威胁之一，这些围栏会阻碍其移动和躲避食肉动物的捕食。

保护级别：国家二级重点保护野生动物。

西藏 / 张永

青海玉树 / 吴岚

青海海西 / 李斌

青海玉树 / 杜卿

普氏原羚

Procapra przewalskii (Büchner, 1891)
Przewalski's Gazelle

偶蹄目 / Artiodactyla > 牛科 / Bovidae

形态特征：头体长110-160cm，体重17-32kg，为中等体型的羚羊。头吻部短而钝，四肢修长，行动敏捷。它们的整体毛色与其近亲藏原羚相似，但体型更大更壮实。普氏原羚背部毛色为沙黄色至灰棕色，腹部和喉为白色。冬毛比夏毛更为厚实浓密，毛色也更浅。雌雄个体均具有显眼的白色臀斑，可以在远距离外观察到。与藏原羚整体呈心形的白色臀斑不同，普氏原羚的臀斑被一条位于中央的竖直深色线分为左右两块，臀斑上部中央为其深色的尾巴，长度较短。雄性长有一对黑色至棕黑色的角（长度约30cm），表面密布环纹，与藏原羚双角形态相似，但更为粗壮，且双角角尖对向相指（藏原羚双角角尖大致平行）。雌性个体不具角。

地理分布：为中国特有种，历史上分布在中国西北的广大地区，包括现在的青海北部、甘肃、宁夏和内蒙古，但其分布范围在过去一个世纪里急剧缩减。普氏原羚当前的分布区仅局限于青海的青海湖周边以及天骏、共和的部分区域。

物种评述：曾被作为藏原羚（*P. picticaudata*）的亚种，但分子生物学研究结果显示它可能与蒙原羚（*P. gutturosa*）的演化关系更近。

普氏原羚为中国特有种，是中国乃至世界上最为濒危的野生有蹄类动物之一。其栖息在青海湖周边海拔3200-3400m的开阔高原环境中，活动范围包括草地、沙丘、草甸和半荒漠等多种生境。分布区极其狭小，最新调查显示其种群总数量在2000只左右。普氏原羚的野生种群被青海湖周边的公路、铁路、草场围栏等分隔为15个以上的局域小种群，各自生活在极度破碎化的栖息地斑块中。在其分布区西部的天骏县，普氏原羚与藏原羚的分布区部分重叠，但普氏原羚通常见于海拔较低、地形较平缓的区域，而藏原羚多见于海拔较高的山地。普氏原羚集群活动，常见2-20只个体组成的小群，偶尔也可见到包括30只以上个体的大群。它们为日行性，主要采食高原草地植物。在非繁殖季，成年雌性与雄性通常分开各自活动，发情交配则集中在冬季（11-12月）。雌性在次年初夏（5-7月）产仔，每胎1仔（偶见2仔）。狼是捕食普氏原羚的主要天敌，但来自家畜的竞争冲突以及人为设置的草场围栏的阻碍也是普氏原羚当前面临的主要威胁。

保护级别：国家一级重点保护野生动物。

青海 / 张永

青海青海湖 / 刘佳子

青海海北刚察 / 王昌大

藏羚

Pantholops hodgsonii (Abel, 1826)
Tibetan Antelope

偶蹄目 / Artiodactyla > 牛科 / Bovidae

形态特征：中等体型的羚羊，头体长120-130cm，雄性（体重35-42kg）体型明显大于雌性（体重24-30kg）。双角形态独特，口鼻部前伸，身体被毛柔软密实。其总体毛色为沙棕色至土黄色，腹面毛色较浅。成年雄性面部有显眼的黑色面罩，眼圈和上唇则为对比鲜明的浅色。雄性四肢的正面也为明显的黑色。冬毛光滑且色浅，远观近白色；夏毛则质地粗糙，呈土黄色至棕黄色。成年雄性具细长尖利的双角（总长50-70cm），从头顶垂直向上长出，角尖略弯而前倾。从正前方看，藏羚的双角呈“V”字形，朝前的一面具粗壮的环纹。雌性个体不具角。尾巴蓬松且长，在尾下有一片白色的臀斑。

地理分布：主要分布于中国的青藏高原，并延伸至印度西北部。国内见于青海南部、西藏北部和新疆南部。

物种评述：藏羚属（*Pantholops*）为单型属。藏羚通常栖息于青藏高原海拔3700-5500m范围内的开阔生境，包括草原、草甸和荒漠等。以苔草、地衣等各种地面植被为食。藏羚是高度警觉的动物。它们一般集为10-20只个体的小群，但成年雄性在非繁殖季则通常独居活动。藏羚是全球少数几种具有长距离迁徙习性的大型哺乳动物之一。在集群迁徙时，藏羚会聚集形成数百只至数千只的大群。雌性可以从越冬地迁徙300-400km，在5-6月间到达产仔地生产（通常每胎1仔）。在迁徙时，雌性与雄性个体完全分离，雄性可能离开越冬地仅移动较短的距离。部分局域种群常年在同一区域活动，不具迁徙习性。发情交配发生在冬季（11-12月），期间1只成年雄性会守护10-20只雌性，并与其他雄性个体打斗。雄性之间的打斗十分激烈，包括互相追逐与近身顶斗，其尖利的双角可以给对方带来致命的创伤。幼仔早成，可在出生1小时后就可以跟随母兽移动。幼仔受惊或是发现有其他动物接近时，会趴在地面保持一动不动的隐蔽策略。狼是藏羚首要的天敌。在过去20世纪中后期，藏羚被人类大量偷猎捕杀，以获取其纤细柔软的底绒用于制作昂贵的沙图什（shatoosh）织物，由此使得整个分布区内藏羚的种群数量经历了急剧下降。2000年后，随着保护力度的加大，藏羚的种群数量开始逐步恢复。

保护级别：国家一级重点保护野生动物。

西藏羌塘 / 严学峰

西藏羌塘 / 严学峰

西藏羌塘 / 严学峰

青海可可西里自然保护区 / 邢睿

西藏阿里改则 / 曹枝清

西藏阿里 / 那兴海

鹅喉羚

Gazella subgutturosa (Güldenstädt, 1780)
Goitered Gazelle

偶蹄目 / Artiodactyla > 牛科 / Bovidae

形态特征：为中等体型的羚羊，头体长90-110cm，体重20-30kg。身体背面为棕灰色至沙黄色，腹部和四肢内侧为白色，在体侧下方背腹之间具清晰的毛色分界线。喉部色浅。脸部有不甚明显的浅棕色纹路，额部有明显的棕褐色斑块。具明显的白色臀斑。尾常上翘，长10-15cm，深色，与身体其他部分毛色对比明显。耳朵较长而大，雌雄均有角，雄性角更长，略微后弯，角尖向上向内弯曲，表面有粗大明显的横棱。

地理分布：国内分布于新疆、内蒙古、甘肃、青海和陕西北部。国外分布于阿富汗、阿塞拜疆、伊

新疆卡拉麦里自然保护区 / 牛蜀军

新疆卡拉麦里自然保护区 / 邢睿

朗、哈萨克斯坦、吉尔吉斯斯坦、蒙古、巴基斯坦、塔吉克斯坦、土库曼斯坦、乌兹别克斯坦。

物种评述：鹅喉羚全球共有3个亚种，其中分布于中国的塔里木亚种（或称叶尔羌亚种）*yarkandensis*有时被列为独立种，即*Gazella yarkandensis* Blanford, 1875，模式产地为中国新疆西部，称为塔里木鹅喉羚。

鹅喉羚是生活于荒漠和半荒漠环境中，擅长快速奔跑的羚羊，也出现在临近的丘陵或高山草地上。白天以单个个体或集10只以内的小群在开阔地觅食矮草，冬季可集20只以上的大群。冬季为求偶交配期，半年孕期，每胎多为1只。

保护级别：国家二级重点保护野生动物。

新疆卡拉麦里自然保护区 / 邢睿

新疆卡拉麦里自然保护区 / 邢睿

新疆卡拉麦里自然保护区 / 韦晔

高鼻羚羊

Saiga tatarica (Linnaeus, 1766)
Saiga Antelope

偶蹄目 / Artiodactyla > 牛科 / Bovidae

甘肃威武 / 蒋志刚

形态特征：头体长 100-140cm，耳长 7-12cm。体重 26-69kg。鼻部膨大、隆起，鼻孔紧密间隔、肿胀向下。鬃毛长 12-15cm。雄性具角，长 28-38cm；角半透明，琥珀色，角基直径 25-33mm，角有 12-20 个环棱。夏毛沙黄色，长 18-30mm。冬毛呈浅灰棕色，长 40-70mm。腹部和颈部毛发白色。一年春秋季换毛。尾长 6-12cm。

地理分布：我国新疆地区曾是该种分布区，但 20 世纪 60 年代绝灭，1987 年重引入甘肃武威濒危动物繁育中心。国外分布于哈萨克斯坦、俄罗斯和蒙古。

物种评述：栖息在草原和半荒漠地区，群居，随季节性迁移，植食性。奔跑速度时速可达 100km/h。发情期从 11 月下旬开始，发情期间，雄性的鼻子膨胀起来，且不进食，雄性间会发生激烈的角斗，4 月份为繁殖高峰期，雌性每胎产 2 仔。疾病死亡率极高。中国重引入种群增长缓慢。IUCN 红色名录将其列为极危物种（CR）。

保护级别：国家一级重点保护野生动物。

甘肃威武 / 蒋志刚

秦岭羚牛

Budorcas bedfordi Thomas, 1911
Golden Takin

偶蹄目 / Artiodactyla > 牛科 / Bovidae

形态特征：是身体壮硕的大型有蹄类动物，头体长 170-220cm，体重 150-350kg，部分成年雄性可达 500kg。雌性体型小于雄性。秦岭羚牛侧面轮廓可见肩高于臀，头部硕大，面部的侧面轮廓为明显的弧形凸起。雌雄个体均长有一对黑色至棕黑色的角，在一岁幼崽时呈竖直状长出，然后随着年龄的增长而急剧向后弯曲，角尖略显上翘。成年雄性的双角较雌性更为粗壮，两角间距更大。羚牛身披浓密的长毛，毛质粗糙，通常背部中央毛色更深。成年个体的毛色通常为金黄色至棕黄色，但存在较大变异。亚成体和雌性成体的毛色通常比雄性成体更浅。成年雄性个体的颈部有明显的长鬃毛，在发情季节（夏季）呈现暗红色或红棕色。所有亚种的幼崽均为深棕色，在背部中央有一条明显的黑色纵纹。羚牛足掌宽大，悬蹄发达，使得它们可以在陡峭的山地环境中灵活自由移动。

地理分布：为中国特有种，仅分布在陕西南部的秦岭山脉。

物种评述：秦岭羚牛历史上被认为是羚牛（*B. taxicolor*）的秦岭亚种（*B. t. bedfordi*），后被基于分子系统发生、形态和地理分布的分类学研究提升为独立种。近期有基于基因组分析的研究认为，扭角羚属 *Budorcas* 下应分为 2 个独立种，即喜马拉雅扭角羚 *Budorcas taxicolor* Hodgson, 1850（包括贡山羚牛与不丹羚牛）与中华扭角羚 *Budorcas tibetana* Milne-Edwards, 1874（包括秦岭羚牛与四川羚牛）。

秦岭羚牛栖息于秦岭山系的温性山地森林、灌丛与亚高山草甸生境中。它们是身手敏捷的攀爬者，虽然大多数时候行动缓慢，但在攻击对手和躲避威胁时，可以在陡峭复杂的山地环境中快速跑动。羚牛的分布可以纵跨 1000-3000 多 m 的海拔范围。秦岭羚牛具有沿海拔梯度进行季节性垂直迁移的习性。羚牛取食多种多样的植物，包括草本植物、竹笋、竹茎、树木嫩枝、乔灌新叶以及树皮。在觅食时，羚牛会使用身体把树木或灌木压弯，以取食其顶部的嫩叶和枝条，因此有可能会给灌木和幼树带来严重的破坏。羚牛会规律性地访问天然或人工盐井来舔食盐分，补充矿物质。它们一般集为 10-30 只的小群活动，群内包括多头成年雌性和它们的幼崽，以及不同性别的亚成年个体。成年雄性会在繁殖季（6 月至 7 月末或 8 月初）短暂地加入群内，在非繁殖季则大多单独活动。在发情期，成

陕西 / 严学峰

年雄性之间会发生激烈的打斗，包括近距离低头冲撞和挤压。这类争斗有时可导致一方严重受伤（通常由尖利的角尖戳刺造成）甚至死亡。在夏季树线之上的开阔草甸中，偶尔可以见到多达 300 头的大群聚集，但通常维持时间较短，集群不稳定。雌性一般在春季（3-4 月）产仔，每胎 1 只，偶见 2 只。兽群移动时，群内所有的幼崽会聚集在一起，跟随其中一头成年雌性活动。无论什么季节，羚牛每天的活动规律都大致相同，在早晨和黄昏前为觅食高峰，而在一天的其他时间内休息、反刍。在夜间，它们有时也会较为活跃。单独活动的成年雄性（独牛）具有较强攻击性，在感觉到威胁的时候会主动攻击人；带仔的成年雌性也具攻击性。在羚牛的分布区域内，其原有的天敌捕食者（例如豺）已大大减少。每年春季，在山谷、溪流等低海拔区域常可见到死亡羚牛的尸体，往往会吸引野猪、黑熊和其他中小型食肉动物前来取食（食腐）。

保护级别：国家一级重点保护野生动物。

陕西长青自然保护区 / 李晟

陕西长青自然保护区 / 李晟

四川羚牛

Budorcas tibetanus Milne-Edwards, 1874
Sichuan Takin

偶蹄目 / Artiodactyla > 牛科 / Bovidae

四川 / 张永

形态特征：头体长170-220cm，体重150-350kg，部分成年雄性可达500-600kg。整体形态与秦岭羚牛相似，唯毛色存在较大不同，为棕黄色并夹杂大量的黑色斑块。即使在同一种群内部，四川羚牛的毛色也存在较大差异。成年雄性在发情期时毛色更深，两颊至颈部呈深棕红色。幼崽毛色棕黑至黑色，在背脊中央有一条明显的黑色纵纹。

地理分布：为中国特有种，分布于青藏高原东缘的山地，包括甘肃南部和四川北部至中部。

物种评述：四川羚牛历史上被认为是羚牛（*B. taxicolor*）的四川亚种（*B. t. tibetana*），后被基于分子系统发生、形态和地理分布的分类学研究提升为独立种。在羚牛属 *Budorcas* 的 4 个物种中，四川羚牛的野外种群数量和分布范围面积均为最大。

四川羚牛分布的海拔可纵跨 1000-4200m 的范围，与秦岭羚牛一样也具有季节性垂直迁徙行为。在四川北部岷山地区给四川羚牛佩戴 GPS 定位颈圈的研究结果显示，大部分个体在夏季上移至树线之上的高山草甸，然后在秋季高海拔植被霜冻枯萎之后，下移至河谷与中低山森林地带。在冬季，它们大多待在中等海拔段长有茂密箭竹的森林中，在早春下至海拔最低的河谷地带以觅食最早返青的植物。尽管大多数个体都遵循上述的季节性迁移模式，但也有部分个体全年都在林下有竹子的森林中活动。对那些生活在竹子分布范围之外环境（例如杜鹃林）中的羚牛，其季节性迁移模式还未为人知。其余习性与秦岭羚牛相似。

保护级别：国家一级重点保护野生动物。

四川唐家河自然保护区 / 李晟

四川鞍子河自然保护区 / 李晟

四川唐家河自然保护区 / 李晟

贡山羚牛

Budorcas taxicolor Hodgson, 1850
Mishmi Takin

偶蹄目 / Artiodactyla > 牛科 / Bovidae

形态特征：头体长170-220cm，体重150-350kg。整体形态与四川羚牛相似，唯毛色更深，整体为棕黑色，头部、四肢尤甚，而肩背部至颈部为相对较浅的棕黄色至暗金黄色，背脊中央有一条明显的深色中线。在同一种群内部，毛色也存在较大差异。幼崽毛色棕黑至黑色，在背脊中央有一条明显的黑色纵纹。

地理分布：贡山羚牛分布于青藏高原东南缘的山地，包括我国云南西北部怒江以西的高黎贡山、独龙江流域，以及西藏东南部雅鲁藏布江大拐弯以东的部分地区，并向南延伸至缅甸北部部分地区。

物种评述：贡山羚牛亦称高黎贡羚牛或米什米羚牛（英文名 Mishmi Takin），历史上被认为是羚牛（*B. taxicolor*）的指名亚种（*B. t. taxicolor*），后被基于分子系统发生、形态和地理分布的分类学研究提升为独立种。在羚牛属（*Budorcas*）的4个物种中，贡山羚牛的分布区位于四川羚牛（*B. tibetana*）和不丹羚牛（*B. whitei*）之间，但与不丹羚牛之间的地理界线尚缺乏系统研究，可能大致位于雅鲁藏布江附近：贡山羚牛分布于雅鲁藏布江以北、以东，而不丹羚牛分布于雅鲁藏布江以南、以西。

贡山羚牛的野外研究与监测较为缺乏，对于其生态习性、分布范围和种群现状均了解较少。有限的资料显示，贡山羚牛分布的海拔可纵跨1000-3000m的范围，可能与其他羚牛一样也具有季节性垂直迁徙行为。由于长期以来受到较为严重的栖息地丧失与偷盗猎威胁，贡山羚牛的濒危程度可能远高于北部的秦岭羚牛与四川羚牛。

保护级别：国家一级重点保护野生动物。

云南怒江贡山 / 董磊

西藏林芝墨脱 / 刘务林

不丹羚牛

Budorcas whitei Lydekker, 1907

Bhutan Takin

偶蹄目 / Artiodactyla > 牛科 / Bovidae

形态特征：头体长170-220cm，体重150-350kg。整体形态与贡山羚牛相似，而毛色更深，整体为黑色，头部、四肢尤甚，而颈部与肩部稍浅。背脊具黑色中线，但有时不明显。幼崽毛色棕黑至黑色，在背脊中央有一条明显的黑色纵纹。

地理分布：不丹羚牛分布于喜马拉雅山脉南麓，包括我国西藏东南部雅鲁藏布江大拐弯以西、以南的部分地区，并延伸至不丹。

物种评述：不丹羚牛历史上被认为是羚牛的不丹亚种（*B. t. whitei*），后被基于分子系统发生、形态和地理分布的分类学研究提升为独立种。在羚牛属（*Budorcas*）的4个物种中，不丹羚牛的分布区位于最西部，与贡山羚牛（*B. taxicolor*）相邻，但二者之间的地理界线尚有待研究，可能大致位于雅鲁藏布江附近：贡山羚牛分布于雅鲁藏布江以北、以东，而不丹羚牛分布于雅鲁藏布江以南、以西。

与贡山羚牛相比，我国不丹羚牛的野外研究与监测更为缺乏，对于其生态习性、分布范围和种群现状均了解极少。来自国外的研究显示，不丹羚牛主要栖息在海拔2000-3500m之间的亚热带至亚高山山地森林，偶尔可下至海拔1500m或上至林线附近。栖息地丧失与偷盗猎可能是对其野生种群的最大威胁。

保护级别：国家一级重点保护野生动物。

西藏林芝雅鲁藏布江 / 董磊

长尾斑羚

Naemorhedus caudatus (Milne-Edwards, 1867)
Long-tailed Goral

偶蹄目 / Artiodactyla > 牛科 / Bovidae

形态特征：为斑羚属中体型较大者。体型与喜马拉雅斑羚相近。头体长 81-129cm，尾长 14-18cm，成年雄性体重 28-47kg，雌性体重 22-45kg。被毛较喜马拉雅斑羚更长，整体毛色为浅灰褐色至灰黑色，冬毛较夏毛更为厚实。四肢上部前侧毛色深，为棕黑色至黑色；下部为浅沙黄色。额部至头部正面毛色较深为灰黑色。喉部为对比明显的亮白色，毛柔长而蓬松。背部中央有一条明显的深色脊线。尾较长，基部为灰色至黑灰色，下部毛长而蓬松，常为白色。雌雄均具一对黑色的角（全长 12-18cm），角形纤细，略向后弯曲。双角基部密布环状脊，而中上部表面光滑，末端较尖锐。雌性个体的双角与雄性相比更短更细。

地理分布：国内分布于东北吉林、黑龙江三江平原以东。国外分布于朝鲜半岛和远东南部，包括俄罗斯、朝鲜、韩国。

物种评述：亦称西伯利亚斑羚，曾被列为斑羚 *N. goral* (Hardwicke, 1825) 的亚种，现通常认为该物种为独立种，无亚种分化。部分文献把分布于华北山地（河北、北京、山西、内蒙古）的斑羚（或称华北山羚）也归为长尾斑羚。

栖息在海拔 500-2000m 的温带山地，多见于阔叶林、针阔混交林以及山脊附近的小片开阔生境。主要以草、嫩叶、嫩枝为食，也采食坚果和其他植物果实。它们行动灵活敏捷，常在相对陡峭的多岩环境中活动，在有遮蔽的森林或岩窝下休息。以日行性为主，晨昏相对更为活跃，也会在夜晚活动。常独居，或聚为 4-12 只个体的小群活动。成年雄性个体具有领域性，繁殖期家域范围约 25ha。3 岁左右性成熟，寿命约 15 年。早冬发情交配，孕期约 6 个月，雌性每胎产 1-2 仔。野外种群数量少，密度低。栖息地退化、人为偷盗猎、农牧民散放家畜的干扰是其面临的主要威胁。

保护级别：国家二级重点保护野生动物。

东北虎豹国家公园 / 东北虎豹国家公园管理局东宁分局供图

缅甸斑羚

Naemorhedus evansi (Lydekker, 1905)
Burmese Goral

偶蹄目 / Artiodactyla > 牛科 / Bovidae

形态特征：与喜马拉雅斑羚和中华斑羚相比，缅甸斑羚体型明显较小，毛更短，且毛色更浅。成体头体长 50-70cm，体重 20-30kg。整体毛色浅，为灰白色至铅灰色或浅棕灰色，腹部毛色更浅。身体背部中央有 1 道明显的黑色纵纹。四肢上部为浅棕黄色，下部毛色较体色更浅，为污白色至浅乳黄色。喉部有明显的白色喉斑，与身体其他部分毛色形成明显对比。额部中央为棕黑色。尾长而蓬松，为黑色或棕黑色。雌雄均具双角，角形纤细、尖利，略呈弧形向后弯曲。角下部具明显的横棱（环纹），上部光滑。

地理分布：国内主要分布于云南南部。国外主要分布于中南半岛北部的泰国、缅甸并延伸至中国。

物种评述：在部分文献中被认为是喜马拉雅斑羚 *N. goral* 或中华斑羚 *N. griseus* 的亚种。近年有基于线粒体全序列分析的研究认为，华南（长江以南）地区的斑羚亦同属于 *N. evansi*。

通常在地形陡峭复杂的森林或开阔栖息活动，行动敏捷、动作灵活。它们家域范围较小，视力发达，警惕性高。在白昼和夜晚均活跃，活动高峰在晨昏时分。可独居或成对活动，或集 2-6 只的小群活动。成年雄性常独居。它们取食多种多样的草本植物、灌木与树木嫩叶。冬季 11-12 月发情交配，孕期约 6 个月，每胎 1 仔，偶见 2 仔。幼仔 1 岁左右离开母亲，约 3 岁性成熟。

保护级别：国家二级重点保护野生动物。

云南纳板河流域自然保护区 / 中国科学院西双版纳热带植物园动物行为与环境变化研究组供图

云南纳板河流域自然保护区 / 中国科学院西双版纳热带植物园动物行为与环境变化研究组供图

云南纳板河流域自然保护区 / 中国科学院西双版纳热带植物园动物行为与环境变化研究组供图

中华斑羚

Naemorhedus griseus (Milne-Edwards, 1871)
Chinese Goral

偶蹄目 / Artiodactyla > 牛科 / Bovidae

四川王朗自然保护区 / 李晟

陕西长青自然保护区 / 李晟

形态特征：体型与山羊类似的牛科食草动物。头体长80-130cm，体重20-35kg。整体毛色为棕黄色至灰白色，变异较大，包括较浅的灰色，至棕黄色以及较深的灰黑色。身体背部中央有1道黑色纵纹。四肢下部毛色浅于体色，为污黄色。喉部有明显的白色或黄白色喉斑，与身体其他部分毛色形成明显对比。具有1条黑色蓬松的长尾巴。雌雄均具双角，角形纤细、尖利，略呈弧形向后弯曲。角下部具明显的横棱（环纹），上部光滑。

地理分布：广泛分布于中国中部与西南部，并延伸至东南亚印缅地区（印度、缅甸、泰国、越南）。国内分布于陕西南部、甘肃南部、四川西部、云南、贵州、广西北部、西藏东部、重庆部分区域、湖北、湖南、安徽、江西、浙江、福建、山西、河北等地。

物种评述：中华斑羚（*N. griseus*）在部分文献中被称作川西斑羚，曾经与喜马拉雅斑羚（*N. goral*）被认为是同一个物种，使用*N. goral*这一学名。现在二者被分开各自成为单独的物种，在分布范围上几乎没有重叠。在我国的历史文献中，常可见到中华斑羚（西南、华南、华中至华北）被记录为*N. goral*。

通常在地形陡峭复杂的森林或开阔栖息地内活动，分布范围海拔跨度较大，可从1000-4400m。它们在山地中行动敏捷、动作灵活，常可在远距离观察到它们在悬崖或山脊上活动。在白昼和夜晚均活跃，白天常可在陡峭地形中觅食。可独居活动、成对活动或集小群活动。它们取食多种多样的草本植物，包括竹子和低矮灌木。在春季（3-5月），野外的中华斑羚会出现死亡率较高的情况，在接近河流或溪流的地方可以发现较多的死亡个体残骸。

保护级别：国家二级重点保护野生动物。

陕西长青自然保护区 / 向定乾

四川巴郎山 / 牛蜀军

喜马拉雅斑羚

Naemorhedus goral (Hardwicke, 1825)
Himalayan Goral

偶蹄目 / Artiodactyla > 牛科 / Bovidae

形态特征：形似山羊的中等体型有蹄类，头体长 82-120cm，体重 35-42kg，为斑羚属中体型较大者。整体毛色为暗棕红色至棕黑色，粗糙的针毛毛尖为黑色。腹面毛色较浅，四肢下部为浅锈红色至沙黄色。喉部和颌部为对比明显的亮白色。冬毛较夏毛更为蓬松，下层具有密实的绒毛。背部中央有一条明显的深色脊线。成年与老年雄性个体的颈后部中央，有半立起的黑色鬣毛，比中华斑羚的稍短。尾巴较长，末端黑色，但不蓬松。雌雄均具一对黑色的角（长 12-18cm），角形细长而向后弯曲。双角基部密布环状棱，而中上部表面光滑，末端较尖锐。雌性个体的双角与雄性相比更短更细。

地理分布：喜马拉雅斑羚分布于沿喜马拉雅山脉的狭长地带，包括中国、印度、不丹、尼泊尔和巴基斯坦的部分地区。在我国，喜马拉雅斑羚仅见于西藏南部的部分地区。

物种评述：在部分文献中被列为苏门羚或中华鬣羚的亚种。喜马拉雅斑羚亦称喜马拉雅棕斑羚（英文名 Himalayan Brown Goral），以与分布于喜马拉雅西段的喜马拉雅灰斑羚（*N. bedfordi*）（英文名 Himalayan Gray Goral，见于印度和巴基斯坦，在我国没有分布）相区别。喜马拉雅斑羚（*N. goral*）曾经与中华斑羚（*N. griseus*）被认为是同一个物种，共同使用 *N. goral* 这一学名。历史文献中西南、华南、华中至华北地区被记做 *N. goral* 的绝大多数应为中华斑羚（*N. griseus*）。

喜马拉雅斑羚栖息在陡峭的喜马拉雅山地，分布的海拔跨度较大（1000-4000m），在开阔或有林灌遮蔽的生境中均可见到。它们主要以草、嫩叶、嫩枝和植物果实为食。它们可以灵活敏捷地在岩石上活动，在野外经可见到在陡峭的岩壁、山脊、悬崖等处觅食。它们一般会在有遮蔽的森林或岩窝下休息。喜马拉雅斑羚以日行性为主，但在夜晚也常常活动。它们或独居，或聚为 2-5 只个体的小群活动。成年雄性个体具有领域性。雌雄均在 3 岁时达到性成熟，雌性每胎 1-2 只。在野外环境中，喜马拉雅斑羚的捕食者主要是豺、豹与虎。

保护级别：国家一级重点保护野生动物。

西藏山南 / 郭亮

西藏 / 关翔宇

西藏日喀则樟木 / 董磊

西藏林芝 / 郭亮

赤斑羚

Naemorhedus baileyi Pocock, 1914

Red Goral

偶蹄目 / Artiodactyla > 牛科 / Bovidae

形态特征：头体长95-105cm，体重20-30kg，为斑羚属中体型最小的物种。整体形态与中华斑羚相似，但毛色为亮棕红色至棕红色。四肢下部与喉部毛色稍浅。口鼻周围与头部其他区域相比颜色更深。背脊中央有一条狭窄的暗色中线，但有时不甚清晰。尾巴为暗棕色至黑色，与中华斑羚相比尾长较短。赤斑羚雌雄个体均具尖细的双角，略呈弧形向后弯曲。

地理分布：分布于喜马拉雅山脉东段的狭窄区域内。国内见于西藏东南部与云南西北部（贡山县）。

物种评述：亦称红斑羚，分布区狭小，数量稀少，全球野外种群据评估不足10000只，且呈下降趋势。其典型生境为海拔2000-4500m之间的陡峭山地，比斑羚属其他大部分物种的分布海拔更高。它们偏好原始的针叶林，但也可见于附近的高山草甸与灌丛生境。赤斑羚行动敏捷，极善在山地环境中攀爬，经常可见于悬崖峭壁和山脊。它们多为日行性，独居，偶尔可见数只集为小群活动，多为家庭群。与许多其他栖息于山地生境的有蹄类动物一样，赤斑羚每年随季节变化有沿海拔梯度的季节性垂直迁移习性。它们通常在夏季向上移动到林线附近，而在冬季下移到低海拔区域以避开较深的积雪，搜寻食物。

保护级别：国家一级重点保护野生动物。

西藏林芝 / 郭亮

西藏林芝墨脱 / 郭亮

西藏林芝 / 郭亮

中华鬣羚

Capricornis milneedwardsii David, 1869
Chinese Serow

偶蹄目 / Artiodactyla > 牛科 / Bovidae

形态特征：形似山羊的壮实有蹄类动物，头体长140-190cm，体重50-100kg。四肢较长，体型明显大于斑羚（体重是后者的3-6倍）。毛色以黑色为主，但四肢下部和臀部毛色为对比明显的棕红色至锈红色。腹部毛色较背部为浅。颈部背面具有特征性的长鬣毛，通常为白色至污白色。全身毛发较为粗糙。喉部常常为白色至浅棕黄色，形成一块较浅的喉斑。其双耳较长较大，形似驴耳，因此在许多地区被当地人称为山驴。雌雄均长有一对与斑羚相似的角，但双角更为粗壮，外形较直，角基部环纹更为发达。

地理分布：广泛分布于华中、华东、华南与西南地区，并向西、向南延伸至喜马拉雅山脉东部和印缅地区（老挝、缅甸、越南、泰国和柬埔寨）。国内见于陕西南部、甘肃南部、青海东南部、四川西部、云南、贵州、广西、西藏东部、重庆、湖北、江西、浙江、福建、广东等地。

物种评述：鬣羚属（*Capricornis*）属内的物种分类仍有待厘清。中华鬣羚（*C. milneedwardsii*）曾被认为与 *C. sumatraensis*（英文名 Sumatran Serow）为同一物种或为其亚种，现 *C. sumatraensis* 专指分布于印度尼西亚、马来西亚与泰国南部的苏门羚。因此，在历史文献中，中国大陆（包括华中、华东、华南和西南部分地区）的“苏门羚”记录中，绝大多数均应为中华鬣羚。在部分中文文献中，中华鬣羚亦被称为甘南鬣羚。

中华鬣羚见于多种类型的森林栖息地中，分布的海拔跨度较大，从低海拔的低地雨林与喀斯特森林（海拔低至200m），直至海拔4500m的高山针叶林。对于这个物种的自然史与生态所知甚少。与同域分布的其他牛科动物（例如羚牛与斑羚）相比，中华鬣羚可能在自然状态下种群密度就比较低。它们是活动隐秘、性情羞怯的独居动物，拥有比较固定的家域，会沿着固定的路径定期巡视家域范围的各片区域。与其他许多种山地有蹄类动物一样，生活在大横断山区域（青藏高原东缘）的中华鬣羚可能具有季节性垂直迁徙的习性，在夏季时向上移动到接近林线的针叶林栖息地，然后在冬季向下移动到海拔较低的阔叶林和针阔混交林栖息地。与中华斑羚类似，中华鬣羚在春季（3-5月）常常会出现较高的死亡率，在此期间，经常可以在接近河道与溪流的地方发现其尸体。

保护级别：国家二级重点保护野生动物。

陕西长青自然保护区 / 胡万新

福建南平武夷山 / 林剑声

四川卧龙自然保护区 / 李晟

四川康定 / 牛蜀军

喜马拉雅鬣羚

Capricornis thar Hodgson, 1831

Himalayan Serow

偶蹄目 / Artiodactyla > 牛科 / Bovidae

形态特征：形似山羊、体型壮实的大型有蹄类动物，四肢强壮，头体长140-170cm，体重60-90kg。整体形态特征类似于中华鬣羚。其身体背部毛色黑，背部中央有一条深色中线。腹部毛色略浅，四肢和臀部毛色为对比明显的红棕色至锈红色。喉部为米黄色至浅棕色，唇部白色。成年个体的颈部背面具较长的鬣毛，通常为米黄色至灰黑色；相比于中华鬣羚，其鬣毛长度较短且颜色较深。尾巴较短，黑色。双耳大且长，形似驴耳，耳郭内缘有白毛。喜马拉雅鬣羚的雌雄个体均具一对与中华鬣羚相似的角，但比中华鬣羚的角更直、更粗壮，角尖直指后方并略向两侧分开。相比于中华鬣羚，喜马拉雅鬣羚的双角表面更为光滑，环纹较浅。

地理分布：分布在沿喜马拉雅山脉南坡的狭长区域（中国、孟加拉国、不丹、印度、尼泊尔），并向南延伸至印度东北部以及缅甸西部。国内仅分布于西藏南部。

物种评述：在部分文献中被列为苏门羚或中华鬣羚的亚种。对喜马拉雅鬣羚的基本生物学与生态学信息所知甚少。有限的信息显示，这个物种栖息在喜马拉雅南坡的山地森林环境中，分布海拔上至3000m。它们经常被观察到在陡峭的悬崖和岩石山脊区域中活动。自然环境中，豺可能是喜马拉雅鬣羚主要的捕食者。尽管其种群现状和变化趋势仍属未知，但喜马拉雅鬣羚长期以来均被当地人作为重要的捕猎对象，以作为食用肉类来源之一。

保护级别：国家一级重点保护野生动物。

西藏雅鲁藏布大峡谷 / 董磊

红鬣羚

Capricornis rubidus Blyth, 1863

Red Serow

偶蹄目 / Artiodactyla > 牛科 / Bovidae

云南泸水片马 / 陈奕欣

形态特征：头体长 140-155cm，体重 110-160kg，为体型壮实的大型有蹄类动物。整体体型特征与中华鬣羚相似，而整体毛色为棕红色，额头、颈部、肩部及体侧下部棕红色尤显。毛发基部为黑色。颈部背面鬣毛较短，为棕红色至棕色，不甚明显。肩以后的背部显棕黑色，背脊中央具一条明显的黑色中线。四肢下部及腹部毛色稍浅，前肢上部的正面为黑色至棕黑色。口下部至颌下为白色。尾甚短，仅 5cm 左右，为棕红色至棕黑色。雌雄个体均具一对与喜马拉雅鬣羚相似的角，但不及后者粗壮，略显尖细，且基部环纹更为明显。双耳大且长，耳郭外缘具黑色毛，而耳内部为白色至污白色。

地理分布：红鬣羚的具体分布范围缺乏系统研究。传统上认为其分布区极为狭窄，仅分布在缅甸北部与西北部靠近中国、印度边界的地区，近年来的调查显示在我国云南西部高黎贡山脉（例如怒江州泸水县）及周边区域也有分布。

物种评述：曾被认为是苏门羚（*C. sumatraensis*）的一个亚种，即 *C. s. rubidus*，后与中华鬣羚（*C. milneedwardsii*）一起被列为独立物种。在中国、印度、缅甸交界区域及周边，鬣羚属物种的分类仍有待厘清，有可能还分布有鬣羚属下其他未被描述的形态特征部分相似的物种或亚种。同时，在该区域内，红鬣羚与其分布区以东的中华鬣羚和以西的喜马拉雅鬣羚（*C. thar*）均有重叠，同域分布的两两物种之间可能存在自然杂交。

在《世界自然保护联盟濒危物种红色名录》（Red List）的上一轮评估中（评估日期 2008 年 6 月 30 日），红鬣羚的分布区描述中未包括中国；在蒋志刚等（2017）《中国哺乳动物多样性（第 2 版）》中，该物种也未予收录。在我国，红鬣羚于 2016-2017 年在云南高黎贡山自然保护区的红外相机调查中多次被记录到，并于 2017 年下半年被正式确认，成为中国兽类新记录种。

红鬣羚的自然史和生态方面的信息极度匮乏，其分布现状与种群现状亦亟须调查。

保护级别：国家二级重点保护野生动物。

云南泸水片马 / 陈奕欣

台湾 / 江华章

台湾鬣羚

Capricornis swinhoei (Gray, 1862)
Taiwan Serow

偶蹄目 / Artiodactyla > 牛科 / Bovidae

形态特征： 头体长90-110cm，体重18-30kg，为鬣羚属中体型最小者。整体体型和形态特征与斑羚（例如中华斑羚*Naemorhedus griseus*）更为相似，但具有斑羚属*Naemorhedus*所没有的明显眶下腺，成为其与斑羚属物种最明显的区别特征。整体毛色为棕色至棕黑色，四肢上部和颈肩部更深。颈部背面鬃毛不明显。两颌至喉部为浅黄色至沙黄色，与整体毛色对比明显。背部中央具一条狭窄的暗色纵纹，不甚明显。尾短小，不甚明显。雌雄均具双角，与鬣羚属其他物种相比较为尖细。角基部有明显的环纹凸起，中上部相对光滑，略呈弧形，角尖向后。双耳大而长，耳郭内为浅色。

地理分布： 为中国特有种。仅分布于台湾。

物种评述： 台湾鬣羚是台湾唯一的野生牛科哺乳动物，在当地被称为长鬃山羊。在全球鬣羚属（*Capricornis*）物种中，台湾鬣羚的分布范围最小。历史上，其分类地位有过不同的记述，曾被作为日本鬣羚（*C. crispus*）的亚种，即 *C. c. swinhoei*，也有文献曾将其归入斑羚属记为 *Naemorhedus swinhoei*。

台湾鬣羚主要栖息在台湾中央山脉及两侧的低山区域，可上至海拔 3900m。栖息地类型多样，包括低地雨林、亚热带常绿阔叶林、针阔混交林、针叶林和高山灌丛、草甸。与其他鬣羚和斑羚一样，台湾鬣羚也极善攀爬，常可见于多岩的陡峭山坡、悬崖与山脊。对其野外生态了解较少，有限的信息显示该物种以独居为主，具有固定的排便位点，可能具领域性。

保护级别： 国家一级重点保护野生动物。

台湾 / 江华章

岩羊

Pseudois nayaur (Hodgson, 1833)
Blue Sheep

偶蹄目 / Artiodactyla > 牛科 / Bovidae

青海果洛玛多 / 严学峰

形态特征： 头体长100-155cm，是身体壮实、形似山羊的有蹄类动物，具有外形独特的双角和非常短的黑色尾巴。雄性（50-80kg）体型比雌性（32-51kg）大很多，且颈部更为粗壮。成年个体背面为棕灰色至青灰色，腹面和臀部为白色至浅灰色。四肢内侧为白色，而前缘则有显眼的黑色纵纹。成年雄性的胸部、前额为黑色，在体侧有一条明显的水平黑色条纹。幼崽体表没有成体的各种黑色条纹和斑纹。冬毛远比夏毛更为浓密厚实。雌雄均具一对表面光滑的角，但雄性的双角更长更粗壮，可达90cm以上。双角从头顶先朝后弯曲，然后再旋转向外侧翻转。悬蹄较为发达。

地理分布： 主要分布在青藏高原以及周边的山地，分布区包括中国、巴基斯坦、印度、不丹、尼泊尔、缅甸。国内可见于在四川西部、云南西北部、青海、甘肃、西藏、新疆东南部，以及宁夏和内蒙古交界区域。

物种评述： 分布在四川、西藏交界的金沙江河谷生境中的岩羊种群，曾被认为是独立种矮岩羊（*P. sharferi*）（英文名Dwarf Bharal），但近年来基于分子生物学的研究显示其与岩羊之间不存在物种级别的差异，因此仍被归入岩羊。

岩羊通常见于海拔3000-6500m开阔、陡峭的高山环境中。它们主要栖息于高山草甸、草地、裸岩和流石滩生境，但偶尔也会出现在高山灌丛、杜鹃林和针叶林等生境，可下至海拔2500m。岩羊主要取食草本植物和地衣等，在白天夜晚均较为活跃。它们是群居性食草动物，通常集为10-40只的小群活动，但偶尔也可见到多达300只的大群。在非繁殖季节，雄性个体往往会聚成全雄群单独活动。岩羊在陡峭的裸岩环境中行动敏捷，具有优异的跳跃和攀爬能力，其毛色在高山裸岩、流石滩生境中具有良好的伪装效果。在其栖息地中，分布有数种大型捕食者，包括雪豹与狼，而岩羊则是雪豹的主要猎物。岩羊在冬季交配，母羊在次年初夏产仔，每胎1仔。尽管岩羊的总体种群数量被认为比较稳定，但在中国西南的部分地区，当地的岩羊野外种群面临着较高的偷猎和毒杀风险，以获取其肉、皮毛和头骨（长有巨大双角的成年公羊）。

保护级别： 国家二级重点保护野生动物。

青海 / 张永

四川卧龙自然保护区 / 李晟

西藏山南 / 邢睿

西藏 / 张明

贺兰山国家级自然保护区 / 安文平

贺兰山国家级自然保护区 / 安文平

四川卧龙自然保护区 / 李晟

贺兰山国家级自然保护区 / 王志芳

北山羊

Capra sibirica (Pallas, 1776)
Siberian Ibex

偶蹄目 / Artiodactyla > 牛科 / Bovidae

形态特征：身体壮实的大型山羊，头体长115-170cm。雄性体型明显大于雌性，成年雄性体重80-100kg，雌性体重30-56kg。整体毛色为棕褐色至黄褐色，腹部毛色稍浅，背部中央具一条深色背脊纵纹，前肢正面为深色。冬毛更为厚实，毛色更浅，背腹差别变小，雄性臀部至肩后的体侧上部呈灰白色至浅沙黄色。尾短，色深，与白色的尾下形成明显对比。雄性颌下具棕色长须，雌性亦具须但甚短。雌雄均具双角，尤以雄性双角更为粗大壮观，长度可达100cm以上，呈弧形向后弯曲；角前宽后窄，截面近三角形；正面具发达的横棱。雌性双角较小，也更为纤细。

地理分布：分布于中亚帕米尔高原至蒙古戈壁的陡峭山地，以及周边的喜马拉雅山脉西段、昆仑山、天山、喀喇昆仑山、阿尔泰山等山脉。国内分布于内蒙古中部、甘肃西北部，以及新疆西部和北部。

物种评述：亦称西伯利亚北山羊，其分类地位尚有待明确，在部分文献中被作为*C. ibex*（称为羱羊、北山羊或阿尔卑斯野山羊，英文名Alpine Ibex，主要分布在欧洲阿尔卑斯山）的同物异名，或记为*C.* [ibex] *sibirica*。*C. sibirica*下共记录有5个亚种。（1）*C. s. sibirica*，西伯利亚北山羊（英文名Siberian Ibex或Altai Ibex），分布于阿尔泰山脉；（2）*C. s. hagenbecki*，戈壁北山羊或蒙古北山羊（英文名Gobi Ibex或Mongolian Ibex），分布于蒙古高原及周边；（3）*C. s. alaiana*，天山北山羊（英文名Tian Shan Ibex），分布于天山山脉；（4）*C. s. dementievi*，昆仑北山羊（英文名Kunlun Ibex），分布于接近喀喇昆仑和帕米尔的昆仑山脉；（5）*C. s. sakeen*，喜马拉雅北山羊（英文名Himalayan Ibex），分布于中亚帕米尔高原、兴都库什山脉和喀喇昆仑山脉。其中前4个亚种在中国境内有分布，各亚种分类地位的有效性还有待进一步研究。

北山羊栖息于海拔3000-6700m之间的草地、草甸、流石滩、裸岩和半荒漠生境，在冬季会下至海拔较低的地方。

新疆天山 / 严学峰

它们以晨昏活动为主，极善攀爬，可在陡峭的多岩区域自如活动，以躲避捕食者的威胁。北山羊常集4-30只的小群活动，偶尔亦可见包含数十只乃至上百只个体的大群。成年雄性常集为全雄群。发情期为冬季10月至1月；期间，成年雄性使用巨大的双角，主要以“对撞”的形式通过打斗确立优势地位。成年雄性之间的打斗颇为剧烈、壮观，但通常不会致命；获胜的健壮雄性会建立和守护由5-15只雌性个体组成的“后宫”，直至交配期结束。北山羊是雪豹、狼等高原大型食肉动物的主要猎物之一，被捕食后剩余的残骸和死亡个体也为多种食腐动物提供了重要的食肉来源。人类猎杀和来自家畜的竞争是北山羊野生种群面临的主要威胁。在内蒙古、甘肃、青海和昆仑山东段的部分地区，一些北山羊的局域种群已经消失或接近绝灭。

保护级别：国家二级重点保护野生动物。

新疆阿勒泰 / 初雯雯

新疆塔城沙湾 / 王瑞

新疆天山 / 严学峰

塔尔羊

Hemitragus jemlahicus (C. H. Smith, 1826)
Himalayan Tahr

偶蹄目 / Artiodactyla > 牛科 / Bovidae

绒辖沟 / 彭建生

形态特征：形似山羊、体型中等的山地有蹄类，头体长 90-155cm，雄性体重 70-148kg，雌性体重 30-50kg。整体毛色红褐至深褐，腹面、颈下至喉部毛色稍浅，四肢色深。雌性毛色较雄性稍淡。冬毛更长更厚实，毛色更深，其中成年雄性在冬季由环绕颈部至肩部的长毛形成蓬松的鬃毛，可下垂遮挡前肢上部。在冬季时，雄性头部和四肢的毛色也更深，近黑。头部相对身体比例较小，毛较短，双耳短小，颌下无须。雌雄均具角，双角向上、向后弯曲，角尖略朝内弯；角侧扁，截面为三角形。角长可达 45cm，雌性较雄性略小。

地理分布：分布范围极为狭窄，仅见于喜马拉雅山脉中段至西段的南坡，分布于尼泊尔、印度和中国，并被人为引入至新西兰和南非。国内仅分布在西藏南部和西部的部分地区。

物种评述：亦称喜马拉雅塔尔羊，在我国为边缘分布，数量稀少，且分布地点较少。它们主要栖息于喜马拉雅南坡海拔 2200-4000m 的山地生境中，多见于有林木生长的陡峭悬崖与山脊。常集为 3-20 只的小群活动，偶见数十只的大群。老年雄性个体通常独居。在晨昏比较活跃，日中则多于陡峭岩石处卧息。塔尔羊具有极强的攀爬与跳跃能力，可在陡峭岩壁上自由活动。极为警觉，惧人，难以接近，受惊时可借助陡峭地形快速逃逸。在冬季 10 月至 1 月发情交配，雌性次年 6-7 月产仔，每胎 1 只，偶见 2 只。

保护级别：国家一级重点保护野生动物。

绒辖沟 / 彭建生

西藏日喀则吉隆 / 董文晓

西藏 / 彭波涌

西藏盘羊

Ovis hodgsoni Blyth, 1841

Tibetan Argali

偶蹄目 / Artiodactyla > 牛科 / Bovidae

形态特征：形似绵羊但身体壮实的山地有蹄类，成年个体，尤其是雄性，长有呈螺旋状扭曲的粗大双角，尾巴极短。雄性体型（头体长160-180cm，体重95-180kg，最大可达200kg）大于雌性（头体长145-175cm，体重60-100kg）。其背部毛色为棕灰色至棕黄色，腹部和臀部则为白色至浅灰色。成年个体，尤其是雄性，在体侧和四肢前部有明显的黑色条纹。成年雄性在脖颈处长有显眼的白色披毛，长毛可垂至胸部。冬毛比夏毛更为浓密厚实。雌雄均长有双角。雄性的双角粗大而壮观，全长可达150cm以上，重量可达23kg。雄性双角基部粗壮滚圆，角上密布环纹，两角均略向外向后弯曲，然后又向下向前弯转，角尖呈薄片状，向上向外翻转，从而形成盘绕接近一周（通常达不到完整的360度）的螺旋状。雄性双角上常可见到相互打斗撞击后留下的破损痕迹或导致的角尖折断。雌性的双角则小得多，通常不足50cm长，也相对更为纤细，略为向后弯曲延伸。

地理分布：广泛分布于从中亚至青藏高原、蒙古高原的广大地区，并延伸至西伯利亚南部的部分地区。历史分布记录显示，盘羊在我国的分布区曾东抵华北地区（山西及附近山地）。国内主要分布在青藏高原及其周边山地，包括甘肃西南部、四川西部、青海和西藏。

物种评述：在盘羊族动物的整个分布范围内，分类学家曾命名众多种和亚种，但在分类上诸多亚种和种的界定仍存在争议。根据蒋志刚等（2017）《中国哺乳动物多样性（第2版）》的名录，在我国有分布的盘羊族动物共有7个种，分别是阿尔泰盘羊（*O. ammon*）、哈萨克盘羊（*O. collium*）、戈壁盘羊（*O. darwini*）、西藏盘羊（*O. hodgsoni*）、雅布赖盘羊（*O. jubata*）、天山盘羊（*O. karelini*）与帕米尔盘羊（*O. polii*）。各物种在分布区范围

青海可可西里自然保护区 / 李善元

西藏山南 / 郭亮

上基本不重叠（这种间断分布的格局可能是由于历史上人类活动影响而导致），因此大多数情况下可以根据分布区而较为清晰地区分开；但在形态特征上，除少数物种具有独特的形态特征之外，其他物种在形态上仅存在少量的差异，仅通过野外目视难以区分。西藏盘羊曾被作为盘羊的西藏亚种，即*O. a. hodgsoni*，后被分为独立种。在我国盘羊族的各物种中，西藏盘羊目前分布范围最大、野外种群数量最多。

西藏盘羊通常活动于高原海拔3000-5800m的开阔或陡峭环境中。它们主要栖息于高山草甸、草原、流石滩、荒漠和半荒漠生境。在冬季，盘羊会迁移至较低海拔处活动。它们的食物包括草、低矮灌木和地衣，在白天和晚上均较活跃。在野外，通常集群活动，可见到2-100只个体组成的羊群，偶尔也可见到多达100-200只的大群。在非繁殖季节，雄性会组成全雄群活动。盘羊可以在陡峭、多石的地形中活动，但攀爬能力相比而言弱于岩羊和北山羊。其毛色可以溶于高原环境的斑驳背景中，具有良好的隐蔽效果。相比于雌性，雄性倾向于在更高处活动。为了躲避雪豹、狼等天敌捕食者，携带幼崽的雌性会选择更为陡峭的地形。发情期在冬季10月至来年1月，成年雄性会在此期间相互角力，通过猛烈撞击巨角进行激烈争斗，来确立胜者的优势地位以争夺配偶。雌性在次年春季（3-4月）产仔，通常每胎1仔。在产仔后的数天，母羊和幼仔会离开羊群单独活动。偷猎被认为是目前威胁野生盘羊的首要因素，偷猎者主要是为了获取雄性的巨大羊角作为战利品和收藏品，有时也会为了获取盘羊肉而非法猎杀。盘羊面临的另一个重要威胁则是来自数量不断增长的家畜（主要是家牦牛和家绵羊）的竞争，以及从家畜传播而来的疫病。受到这些威胁因素的影响，在过去50年间，青海东南部、四川西部和甘肃南部的许多野生盘羊种群已经消失殆尽。

保护级别：国家一级重点保护野生动物。

青海年宝玉则国家公园 / 果洛 · 周杰

雅布赖盘羊

Ovis jubata Peters, 1876
Yabulai Argali

偶蹄目 / Artiodactyla > 牛科 / Bovidae

形态特征：颅全长31.5-33.5cm，角长32cm，角基周径40-50cm。颈部背部鬃毛发达。肩部与背部被毛黑色，腹部白色。有背纹，四肢有条纹。齿式0.0.3.3/3.1.3.3=32。

地理分布：国内分布于内蒙古。国外分布于蒙古。

物种评述：属温带阔叶和混交林生物群系。生活于荒漠草原。

内蒙古 / 宋大昭

内蒙古 / 宋大昭

内蒙古 / 宋大昭

阿尔泰盘羊

Ovis ammon (Linnaeus, 1758)
Altai Argali

偶蹄目 / Artiodactyla > 牛科 / Bovidae

新疆阿勒泰青河 / 李建强

形态特征：身体壮实的大型绵羊类动物，体型在盘羊族中为最大，亦为世界上最大的野生绵羊：雄性头体长170-200cm，体重100-180kg；雌性头体长165-175cm，体重80-100kg。整体形态特征与西藏盘羊相似，但雄性不具颈部的白色披毛，雄性冬毛的肩背部具马鞍状的大片白斑。雄性个体的双角在所有盘羊族物种中为最粗大，成年雄性完全长成的角可弯曲盘绕超过一周，长度可达160cm。雌性的双角在所有盘羊族物种中为最长。

地理分布：主要分布于阿尔泰山脉至蒙古高原西部的俄罗斯、中国、蒙古与哈萨克斯坦。国内见于新疆东北部靠近中蒙、中俄边境的阿尔泰山区域。

物种评述：盘羊族物种分类复杂，详见本书“西藏盘羊”中的具体说明。阿尔泰盘羊也被作为盘羊（*O. ammon*）的指名亚种，即 *O. a. ammon*。在部分文献中阿尔泰盘羊被合并入戈壁盘羊 *O. darwini*（例如在蒋志刚等《中国哺乳动物多样性及地理分布》一书中）或 *O. a. darwini*。近年有基于分子生物学证据的研究提出，阿尔泰盘羊与戈壁盘羊应合并作为一个独立种。生态习性与西藏盘羊相似。

保护级别：国家二级重点保护野生动物。

新疆阿勒泰青河 / 李建强

戈壁盘羊

Ovis darwini Przewalski, 1883

Gobi Argali

偶蹄目 / Artiodactyla > 牛科 / Bovidae

内蒙古阿拉善盟 / 吉亚太

形态特征：头体长 130-160cm，雄性体重 116-155kg，雌性体重 48-66kg。整体形态特征与阿尔泰盘羊相似，雄性颈部亦无白色披毛，雄性冬毛的肩背部具马鞍状的大片白斑。雄性双角与阿尔泰盘羊同样粗大，但长度略短。

地理分布：分布于蒙古高原，见于中国和蒙古。国内分布于新疆北部（阿尔泰山脉东南）、内蒙古北部（靠近中蒙边境）与甘肃西北部。

物种评述：也被作为盘羊（*O. ammon*）的蒙古亚种，即 *O. a. darwini*。在部分文献中，把戈壁盘羊（*O. a. darwini*）作为阿尔泰盘羊（*O. a. ammon*）（即盘羊指名亚种）的同物异名。蒋志刚等《中国哺乳动物多样性及地理分布》一书中，戈壁盘羊（*O. darwini*）的分布区即包括了阿尔泰山脉。近年有基于分子生物学证据的研究提出，阿尔泰盘羊与戈壁盘羊应合并作为一个独立种。

生态习性与其他盘羊族物种相似。

保护级别：国家二级重点保护野生动物。

内蒙古锡林郭勒盟苏尼特右旗额仁淖尔苏木边境地区 / 和平

内蒙古阿拉善盟 / 吉亚太

内蒙古锡林郭勒盟苏尼特右旗额仁淖尔苏木边境地区 / 和平

帕米尔盘羊

Ovis polii Blyth, 1841
Pamir Argali

偶蹄目 / Artiodactyla > 牛科 / Bovidae

形态特征：雄性头体长160-180cm，体重100-135kg；雌性头体长140-150cm，体重45-61kg。整体特征与阿尔泰盘羊相似，但体型稍小，雄性颈部具较明显的白色披毛。成年雄性的双角在所有盘羊族物种中为最长，可弯曲盘绕达一周半，长度可达190cm。

地理分布：主要分布在帕米尔高原及周边部分区域的阿富汗、中国、吉尔吉斯斯坦、塔吉克斯坦和巴基斯坦。国内仅见于新疆西部与上述诸国交界的边境帕米尔高原地区。

物种评述：亦称马可波罗羊（英文名Marco Polo Sheep），也被作为盘羊（*O. ammon*）的亚种，即*O. a. polii*。生态习性与其他盘羊族物种相似。

保护级别：国家二级重点保护野生动物。

新疆喀什塔什库尔干 / 阎旭光

新疆喀什塔什库尔干 / 阎旭光

新疆喀什塔什库尔干 / 阎旭光

新疆喀什塔什库尔干 / 阎旭光

天山盘羊

Ovis karelini Severtzonv, 1873

Tianshan Argali

偶蹄目 / Artiodactyla > 牛科 / Bovidae

新疆巴州和静 / 包红刚

新疆巴州和静 / 包红刚

形态特征：头体长155-190cm，雄性体重95-155kg，雌性体重45-70kg。整体形态与帕米尔盘羊相似，但毛色更深，双角更粗且螺旋的螺距更紧，长度可达129cm。

地理分布：主要分布于天山山脉，见于中国、哈萨克斯坦与吉尔吉斯斯坦。国内分布于新疆西部至中部的天山山脉，最东至乌鲁木齐附近的山地。

物种评述：天山盘羊在文献中亦被列为盘羊（*O. ammon*）的天山亚种，即*O. a. karelini*。在天山盘羊分布区的西南部，其与帕米尔盘羊（*O. polii*）（或列为*O. a. polii*）之间的地理分界线尚不清楚。生态习性与其他盘羊族物种相似。

保护级别：国家二级重点保护野生动物。

新疆巴州和静县 / 包红刚

新疆博乐 / 沈志君

新疆博乐温泉 / 沈志君

新疆博乐 / 沈志君

新疆塔城 / 高云江

哈萨克盘羊

Ovis collium Severtzov, 1873
Kazakhstan Argali

偶蹄目 / Artiodactyla > 牛科 / Bovidae

形态特征：雄性头体长 165-200cm，体重 108-160kg；雌性头体长 135-160cm，体重 43-62kg。整体形态与天山盘羊相似，但双角稍小。

地理分布：主要分布于哈萨克斯坦，并向东延伸至中国。国内为边缘分布，仅见于新疆西北部接近中哈边境的区域。

物种评述：亦称卡拉干达盘羊（英文名 Karaganda Argali），在文献中有时被列为盘羊（*O. ammon*）的哈萨克亚种，即 *O. a. collium*。其分布区与其他盘羊物种或亚种不相连。生态习性与其他盘羊族物种相似。

保护级别：国家二级重点保护野生动物。

新疆塔城 / 高云江

新疆塔城 / 高云江

新疆阿勒泰布尔津 / 包红刚

鲸目

Cetacea Brisson, 1762

传统上鲸目和偶蹄目是两个不同的分类单元。基于形态学和古生物学方面的证据，大多支持鲸类和有蹄类之间具有较近的亲缘关系，二者互为姊妹群。自20世纪90年代开始，基于分子标记的系统学研究不支持鲸类和偶蹄类之间的姊妹群关系，而是组成偶蹄目的内支，与河马科组成单系，据此提出鲸类和偶蹄类应合并为鲸偶蹄目。为避免混乱，本书仍保留鲸目而不使用鲸偶蹄目。鲸目作为一个营次生性水生生活的特化类群，主要包括已经灭绝的古鲸亚目（Archaeoceti）和现存的齿鲸亚目（Odontoceti）与须鲸亚目（Mysticeti）。须鲸亚目包含4科6属14个物种，个体都很大，最小的小露脊鲸体长约6m，最大的蓝鲸是地球上迄今最大的动物，体长可达33m。须鲸类具有两个呼吸孔。主要捕食浮游性甲壳类或小型集群性鱼类，几乎所有的须鲸类都具有长距离的季节性洄游。齿鲸亚目包含10科33属73个物种，体型大小不一，最大者抹香鲸体长可达20m，最小者仅1m多，只有1个呼吸孔。齿鲸类主要捕食鱼类和头足类，大多数生活在海洋中，也有少数物种生活在淡水性的河流湖泊中。

灰鲸

Eschrichtius robustus Lilljeborg, 1861
Gray Whale

鲸目 / Cetacea > 灰鲸科 / Eschrichtiidae

形态特征：体呈深灰色，腹部稍浅，体表覆盖着典型的灰白色花纹。新生个体体长为 4.9m，成年个体体长为 13-15m。新生儿的体色为深灰色到黑色。成年灰鲸体重可达 40t，一般在 15-33t，它们是第九大体型的鲸类动物。头部较短，上颌吻端钝圆，下颌吻端突出，眼睛紧邻口角上方。头顶上有两个气孔。胸鳍短小，末端圆形。没有背鳍，而是有 6-12 个背脊，它们是在尾部中线上凸起的突起，尾叶缺刻很深，两叶成对称状，梢端钝圆。区分灰鲸和其他须鲸的显著特征是长须，它们的长须为奶油色、灰白色或金色，而且异常短。头部的腹侧表面不像其他同类的须鲸那样有许多明显的沟，而是在喉咙的下面有 2-5 个浅浅的沟。

地理分布：国内分布于渤海、黄海、东海和南海水域。国外分布于北太平洋。

物种评述：目前在太平洋有两个族群：其中一个不多于 300 头小族群的迁徙路线尚不清晰，而另一大族群（东太平洋族群）的迁徙路线则在阿拉斯加和下加利福尼亚州之间。北大西洋从前也曾有第 3 个族群，不过在 300 年前已因被大量捕杀而灭绝。秋季灰鲸在东太平洋或在加利福利亚州开始它们为期 2-3 个月、长达 8000-11000km、沿

福建福州平潭现场搁浅拍摄 / 王先艳

着美国和墨西哥西岸往南的迁徙旅途。它们以小组的形式迁徙，其目的地是下加利福尼亚州和南加利福尼亚湾的海岸，它们在那里繁殖，通常都是 3 头或以上的灰鲸一起生殖。在繁殖季节，雌性有几个配偶是很常见的（Swartz et al., 2006）。妊娠期约为 1 年，怀孕的母鲸会回到繁殖地生育幼崽，每胎 1 仔，长约 4m，那里较深的繁殖区可以保证新出生的幼崽免受鲨鱼的袭击。数个星期之后，它们开始启程。来回共长 16000-22000km，被认为是所有哺乳动物中每年迁徙最长的距离。

主要的食物是甲壳纲动物，通常会在它们迁徙途中进食。天敌是虎鲸，人类活动也会影响其生存。加利福利亚州灰鲸的繁殖区在 1857 年被人类发现之后，那里的灰鲸被过度猎杀，几乎要灭绝。因为鲸数量减少而导致渔获不好后，鲸数量慢慢恢复过来，但在 20 世纪工业船只出现后，鲸的数量再度减少。于 1949 年开始被国际捕鲸委员会立法保护后，大规模的猎杀行动便停止了。

在浙江自然博物馆一楼陈列着国内目前保存得最大、最完整的灰鲸标本。

保护级别：在我国被列为国家一级重点保护野生动物，在《2018 IUCN 受胁动物红色名录》中，被列为无危（LC）等级。

加拿大 / Bertie Gregory (naturepl. com)

小须鲸

Balaenoptera acutorostrata Lacepede, 1804
Common Minke Whale

鲸目 / Cetacea > 须鲸科 / Balaenopteridae

形态特征：体长 6-7m，黄海捕获的最大雌鲸体长 8.6m，雄鲸 7.9m。其体背面黑色至暗灰色，腹面白色，体侧有一些颜色介于二者之间的条纹或斑纹。有些条纹伸到头部后方的背部。头部较小，吻突很窄，前端尖。上颌每侧有 231-360 块鲸须板，淡黄色，鲸须板长约 17cm（Kato, 1992）。眼小，呈椭圆形。头部有两个呼吸孔，背面中央有显著的脊。腹褶自颏至脐的前方，30-70 条。鳍肢小。背鳍较高，向后弯，位于吻端向后约 2/3 体长处。尾鳍较宽，后缘有缺刻。该种最独特的色斑是鳍肢有 1 条宽 20-35cm 的白色横斑。北半球和南半球的小须鲸均具此横斑，当它们接近水面时通常可透过水见到此斑。而南半球的南极小须鲸（*Balanoptera bonarensis*）不具此斑。

地理分布：国内分布于渤海、黄海、东海和南海水域。国外分布于北太平洋和北大西洋。

物种评述：广泛分布于北半球的各海洋，包括两个亚种，北太平洋亚种（*B. a. scammoni* Demere）和北大西洋亚种（*B. a. acutorostrata* Lacepede）。前者头骨的吻突相对比后者短，鳍肢白色横斑的形状也有区别。北太平洋亚种白斑的前缘几乎与鳍肢垂直，向中线有一个突起；北大西洋亚种的白斑没有这个突起。在南半球的小须鲸体型小，属另外一个种群，遗传学上接近北大西洋亚种，主要分布在低纬度海域（Hazen, 2016）。

通常单独或 2-3 头为一群，但在高纬度的摄食区域可形成较大的群聚。潜水时不作尾叶举起，但它们有时跃水并表现其他一些空中行为。喷潮小，往往是散开的，即使在风平浪静时也不易看到。夏秋季到高纬度的寒温带至两极海洋的沿岸和近海摄食。摄食行为与其他须鲸科的鲸相似。张开口迅速向前游，吞入大量充满食饵的水，喉部大

加拿大 / Nick Hawkins (naturepl. com)

扩张。闭口，把吞入的水从鲸须板之间压出，把食物咽下。北太平洋小须鲸的主要食物为磷虾、桡足类和玉筋鱼。在黄海的小须鲸还少量捕食其他鱼类。

北太平洋雌性小须鲸达到性成熟的体长为 7.3m，雄性为 6.7-7.0m。妊娠期约 10 个月，新生仔鲸体长 2.4-2.7m，体重一般都超过 150kg。全年均进行繁殖，但高峰期为 1 月和 6 月。在中国黄海小须鲸分娩和交配期极不一致，大都拖长 3-4 个月，个别可延续半年之久。通常 6 月份以后可遇有雌雄鲸伴游现象，交配期多在 7-9 月间。黄海小须鲸只有 1 个生殖期，每胎 1 仔，海洋岛渔场曾获双胎 2 例。

因为个体小，在世界商业性捕鲸的早期和鼎盛期不是主要的捕猎目标。随着大型须鲸资源的枯竭，国际捕鲸业从 20 世纪 30 年代开始猎捕小须鲸。1979 年以后，小须鲸和南极小须鲸（当时认为是同一物种）是国际捕鲸委员会准许大规模捕猎的唯一鲸类。在南极的年捕获量约 8000 头。在北半球，挪威、日本、韩国等国对小须鲸的捕鲸作业使一些地方种群接近枯竭。据国际捕鲸委员会（IWC）的统计，1989 年至 1990 年时北太平洋的种群数约为 25000 头；1987 年至 1995 年时北大西洋的种群数约为 149000 头；1982 年至 1989 年时南极的种群（含南极小须鲸）数约为 761000 头。

大连自然博物馆存放着小须鲸标本（张成富，1980）。

保护级别：在我国被列为国家一级重点保护野生动物，在《2018 IUCN 受胁动物红色名录》中，被列为无危（LC）等级。

南京师范大学校园内标本图 / 陈炳耀

塞鲸

Balaenoptera borealis Lesson, 1828
Sei Whale

鲸目 / Cetacea > 须鲸科 / Balaenopteridae

形态特征： 成年长可达 18m。成体重达 45000kg。雌性个体比雄性稍大一些。从侧面尖端向下看，头部微微拱起。吻端有一个突出的纵向脊。镰状背鳍突出。体呈流线形。背鳍前沿陡峭。体色深灰色或棕色，接近黑色，腹部白色。皮肤表面有镀锌光泽。背部常有斑驳的疤痕，上颌每侧有黑色 219-402 片须板，须毛细，浅烟灰色到白色（Perrin et al., 2008; Jefferson et al., 2015）。

地理分布： 全球广布。我国各海域均有。

物种评述： 大洋鲸类，在近岸海域不常见。南北两半球从热带至极带均可见到，但比其他须鲸更多出现在中纬度的温带。

保护级别： 国家一级重点保护野生动物。

北大西洋 / Doug Perrine (naturepl. com)

布氏鲸

Balaenoptera edeni Olsen, 1913
Bryde's Whale

鲸目 / Cetacea > 须鲸科 / Balaenopteridae

形态特征： 具有较细长的身体，呈流线型，容易与塞鲸（*Balaenoptera borealis*）混淆，但仍可透过外形差异分辨。体型较小（体长约14m），且吻突上方有3条脊突自吻部尖端延伸到头部后方，中央的脊突随2个喷气孔拱起。体背部呈烟灰色，身上常有达摩鲨咬痕愈合的斑点，腹部浅白色，两侧下颚是深灰色。有250-370对鲸须板，长约40cm，宽约20cm，属于较短的鲸须板，板片部分灰色，刷状毛是灰白色的。腹部有40-70条垂直的喉腹褶，会延伸到脐的位置，占身长比例约57%-58%。背鳍高且镰刀状，胸鳍比例小，尾鳍较宽。

地理分布： 国内分布于南海和黄海水域。国外分布于太平洋、印度洋和大西洋，主要生活在热带和温带海域。

物种评述： 通常生活在温暖的海水中，温度通常在 15℃ -20℃之间。它们是远洋和沿海性的生物，通常跟随它们的食物来源迁徙。在追捕猎物时，它们被观察到能潜到 300m 深的水域（Allen et al., 2011; Jefferson et al., 2008; Shirihai, 2006）。存在两个亚种，分别为近岸型（*Balaenoptera edeni edeni*）和远岸型（*Balaenoptera edeni brydei*）。2019 年，南京师范大学证实出现在中国北部湾的布氏鲸群为近岸型亚种（Chen et al., 2019）。

大多是独居，在捕食时，个体之间没有攻击性。它们的潜水时间通常为5-15min，最长为20min，其游动速度可达1.6-6.4km/h（Tershy, 1992; Wiseman et al., 2011）。它们的饮食多样性在鲸类中是独一无二的，近岸群体喜欢鱼类，尤其是沙丁鱼、鲭鱼和鲱鱼；而远岸型则以桡足类和磷虾为食。它们也吃头足类动物，如墨鱼、鱿鱼和章鱼。每头布氏鲸每日大约需进食660kg，相对于其体重4%的食物（Alves et al., 2010; Murase et al., 2007; Tershy, 1992）。

目前对于布氏鲸的交配行为缺乏系统研究，它们在10-12m长，10-13龄时达到性成熟。和其他鲸类物种一样，它们的排卵是自发的，妊娠期为11-12个月，胎儿在怀孕的头4个月发育缓慢，而剩余的时间发育较快。刚出生的幼崽平均身长为3.4m，体重约900kg。雌性通常每胎1仔，并哺乳幼崽6个月（Allen et al., 2011; Jefferson et al., 2008; Shirihai, 2006）。

尽管有国际法律和条约约束，该物种仍然可能处于非法过度捕捞的危险之中。

保护级别：在我国被列为国家一级重点保护野生动物，在《2018 IUCN 受胁动物红色名录》中，被列为无危（LC）等级。

布氏鲸 / 广西北海涠洲岛 / 陈炳耀

布氏鲸 / 墨西哥东太平洋 / Doug Perrine (naturepl. com)

蓝鲸

Balaenoptera musculus Linnaeus, 1758
Blue Whale

鲸目 / Cetacea > 须鲸科 / Balaenopteridae

形态特征：是世界上现存的体型最大的动物，雌性略大于雄性，体呈流线型。全身深蓝灰色，腹部色淡，背部具有浅色斑点分布，体侧与下方的斑点则为白色或灰色。头部巨大，约占体长的1/4。下颌略长于上颌，具有一对呼吸孔，吻端至呼吸孔有一条棱嵴。眼位于口角上方，呼吸孔的下方。腹部褶沟长度由中间向两侧逐渐缩短。鳍肢较狭窄，梢端钝尖。背鳍位于吻端向后的3/4体长处，相对较小。尾鳍宽大，其宽度为体长的1/5至1/4。

地理分布：国内分布于黄海和东海。国外分布于北太平洋、北大西洋、印度洋及南极水域。

物种评述：有研究者根据南北半球的蓝鲸个体在体型大小、体色及年龄上的差异，认为这是两个不同的亚种。北半球的蓝鲸称为北蓝鲸，南半球为南蓝鲸，但这一观点没有得到普遍认可。蓝鲸属于远洋性动物，偶尔也在近岸海域捕食，通常栖息于较冷水域（Fiedler et al., 1998）。单独活动，母子鲸成对活动，很少聚集形成 3 头以上的大群。为摄食和繁殖进行规律性的季节性洄游（Hazen et al., 2016），夏季向两极迁移，冬季则游向低纬度水域（Hucke-Gaete et al., 2004）。这种长距离的迁移与人类活动具有较多的重叠区，也使其容易遭受到威胁（Hazen et al., 2016）。在呼吸时喷起的雾柱可近 10m，潜水间隔为 12-20s，深潜水时间为 10-30min。正常洄游的速度为 5-33km/h，摄食时的速度为 2-6.5km/h。雌鲸体长在 21-23m 时达性成熟，雄鲸则在体长 20-21m 时达性成熟。南北半球的蓝鲸交配高峰期不同，南半球的交配高峰期在 6 月，而北半球的高峰期预计在 1 月，每 2-3 年产 1 仔。妊娠期约 11 个月，新生幼崽体长为 6-7m，哺乳期为 7 个月。蓝鲸主要以磷虾为食，远东水域的群体主要食物为两种甲壳类，在千岛群岛的蓝鲸的胃容物中发现了太平洋磷虾和哲水蚤类。在其摄食区，通常可见其侧身或者腹部向上穿过磷虾群。

由于捕鲸业的兴起，蓝鲸在众多鲸类中成了猎捕的主要对象，仅仅在几十年的时间里，全世界最大的动物已处于灭绝的边缘（Samaran et al., 2013）。在1904年至1920年间于南极猎捕的一头长达33.58m雌鲸，为体长最长的记录。1947年同样在南极捕获的一头长27.60m，体重达190t的蓝鲸个体为体重最重的记录。到1947年为止，全世界捕鲸业捕获蓝鲸298992头，占同时期所有鲸类捕获量的31.1%。此后各国继续对该种进行猎捕，但捕获量明显减少，由于这种大肆滥捕，对本种资源破坏极大，1996年开始禁捕。在1904年至1972年之间，南极的蓝鲸从原来的25多万头锐减到不足400头（Sremba et al., 2012）。蓝鲸成为猎捕的主要对象是因为它是被开发的鲸类中最具价值的一种（Sremba et al., 2012），其产油量是其他鲸类不能相比的。此外在化学工艺、医药及食品等行业，蓝鲸也具有相当高的经济利用价值。

保护级别：国家一级重点保护野生动物。

斯里兰卡 / Alex Mustard (naturepl. com)

斯里兰卡 / 姜盟

斯里兰卡 / 姜盟

长须鲸

Balaenoptera physalus (Linnaeus, 1758)
Fin whale

鲸目 / Cetacea > 须鲸科 / Balaenopteridae

形态特征：是仅次于蓝鲸的第二大须鲸。体型细长，雌鲸一般稍长于雄鲸。体背及侧面为灰黑色，腹部白色。头部约占整个体长的1/4，头部顶端有两个呼吸孔，呼吸孔之后的背部有“V”字形的灰色斑。口较大，椭圆形的眼位于口角上方。具有50-100条腹褶，由下颌一直延伸到脐部。鳍肢小而狭长，末端较尖，鳍肢附近至褶沟后部之间具有两条黑色带。背鳍位于体背的2/3处。尾鳍较宽，后缘中央凹入。鲸须板灰色带纹，须毛为黄白色，每侧各有260-480块。该种有一最显著的鉴别特征为头部颜色的左右不对称，右侧下颌为白色，而左侧下颌为黑色。

地理分布：国内分布于黄渤海、东海及南海海域。国外分布于各大洋中。

物种评述：分布范围广，不喜群居，通常为单头或2-10头的小群，有时也会聚集成上百头的大群。该种是游动速度最快的大型鲸类之一，冲刺速度可达37km/h，洄游时每日行程可达140km。呼吸时喷出的雾柱细高，不常跃出水面，潜水深度通常在100-200m，一般持续3-10min。正因为它们体型巨大，速度较快，因而没有真正意义上的天敌，但也会受到虎鲸的攻击。

在南半球，长须鲸进行南北季节性迁徙，夏季在高纬度地区觅食，冬季在低纬度地区繁殖和禁食。在北半球

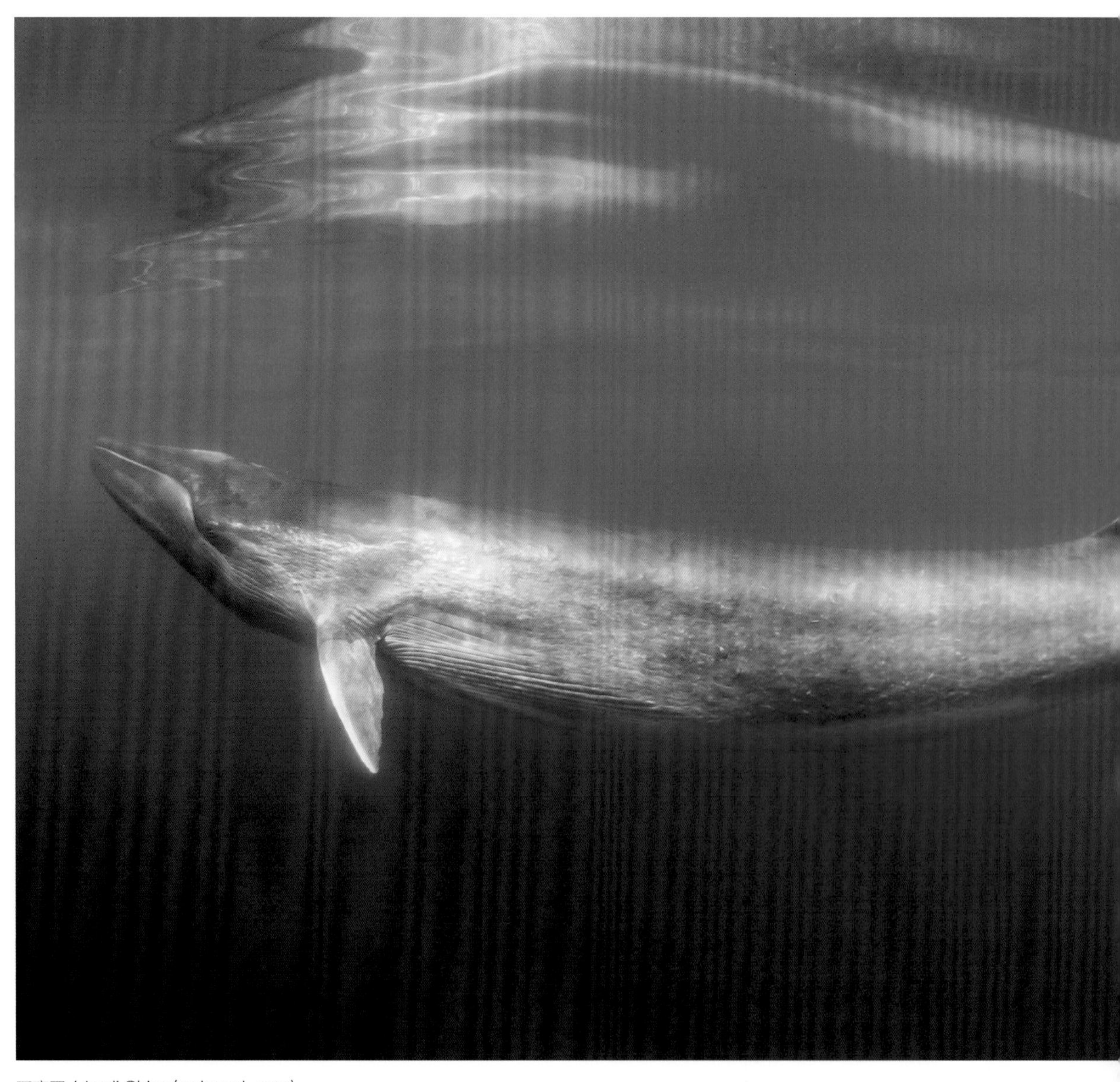

西班牙 / Jordi Chias (naturepl. com)

是否具有这样跨纬度的迁徙目前还未得到证实。食物种类丰富，表现出季节与地域的差异（Kawamura, 1980）。在北半球，偏爱捕食磷虾类，同时也捕食一些浮游甲壳类、鱼类和鱿鱼；在南半球，基本上仅以磷虾为食。在夏季大量地捕食，每天捕食近1t，在冬季则会禁食。由于分布范围与食物资源的重叠，与其他须鲸类的物种存在种间竞争，尤其是蓝鲸，常常形成混群。

在北半球，雄性体长17.5m，雌性体长在18.5m左右时达性成熟；在南半球，雄性体长19m，雌性在20m左右时达性成熟。与体长相对应的年龄是雄性在6-7龄时达性成熟，雌性则在7-8龄达性成熟。在北半球交配期在12-2月；在南半球则在5-7月，繁殖周期约为2年左右。妊娠期约为11个月，每胎通常仅产1仔，幼崽出生时长6-7m。出生后迅速生长，在6-7个月大时，可达11-13m；在9-13龄时，可达成体体长的95%（Aguilar and Lockyer, 1987）。最长寿命现还未知，已有记录表明寿命可达80-90年。

由于利用价值较大，在现代捕鲸业中，长须鲸是主要的猎捕对象。由于捕捞量较大，该种数量曾急剧下降（Tønnessen and Johnsen, 1982）。国际捕鲸委员会于1976年对本种实施全面禁捕，才使本种资源得到了较好的保护，已有明显的恢复趋势。

保护级别：在我国被列为国家一级重点保护野生动物，在《2018 IUCN 受胁动物红色名录》中，被列为易危（VU）等级。

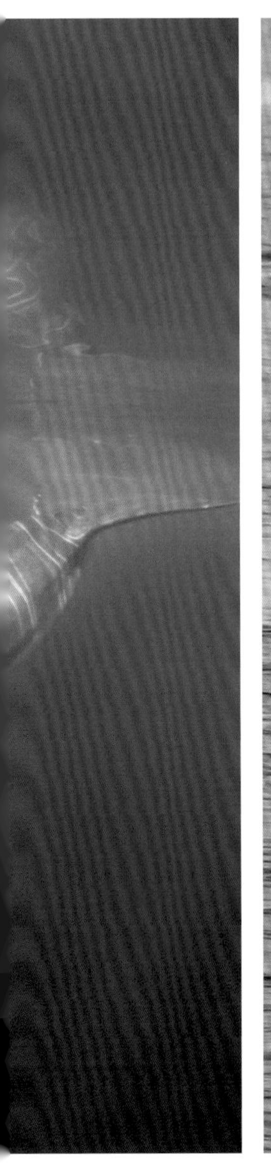

地中海 / 王先艳

大翅鲸

Megaptera novaeangliae Borowski, 1781
Humpback Whale

鲸目 / Cetacea > 须鲸科 / Balaenopteridae

形态特征：体色多样，具有全身黑色的个体，也有体背黑色而在喉、腹部和体侧具有白斑的个体。成体体长在11-16m之间，雌性个体大于雄性个体，与其他须鲸科的物种相比，体型粗短肥硕，腹褶宽而数量少。吻短宽且较低，上颌比下颌窄，吻突、上下颌及头背部具有许多瘤状突。两眼位于口角上侧，外耳孔位于眼后，具有两个呼吸孔。鳍肢宽且极长，背鳍小，近似三角形，尾鳍中央有缺刻，后缘凹呈锯齿状。

地理分布：分布极广，栖息于各大洋中，北半球的北太平洋及北大西洋均有分布；南半球从南极海域到南美的西部东部沿岸，大洋洲的美拉尼西亚和波利尼西亚的一些群岛，南非东西部沿岸、澳大利亚的东、西部沿岸有分布。国内分布于黄海、东海和南海。

物种评述：又名座头鲸、驼背鲸。被称为会“唱歌”的鲸（Winn & Winn, 1978），通常单独或2-3头为一群，很少结成大群。具有独特的呼吸和潜水的方式，喷出的雾柱比其他须鲸低，高为4-5m。通常情况下，潜水时间为6-7s，有时也会达15-30s。有时会全身跃出水面，由于其巨型的鳍肢及腹面特有的黑白两色的色斑使得它与其他的鲸容易区分。具有明显的季节性洄游特点，秋季游向热带的繁殖场，春季则穿过大洋到达觅食场，正常的游泳速度为2.8-14.3km/h。在饵料丰富的觅食区和繁殖区会聚集成群，在它们觅食和进行繁殖时都会进行“歌唱”（Clark & Clapham, 2004; McSweeney et al., 2010）。在繁殖季节，雄性之间为获得交配权会进行竞争，美妙的歌唱是它们在竞争的过程中经常使用的一种方式。北半球的大翅鲸通常在冬、春季进行交配，妊娠期11-12个月（Chittleborough, 1958）。新生幼崽4-5m长，仔鲸大约在6月龄时断奶，断奶后会继续随母鲸一起游泳，通常会在半年多之后离开。大翅鲸在北太平洋捕食磷虾和聚集成群的鲭鱼、玉筋鱼、鳕鱼、细鳞大马哈鱼、毛鳞鱼和鲱鱼。在南极水域主要捕食磷虾。觅食的方式多样，可形成集群进行相互协作将猎物赶到一起进行群体捕食；也可以绕着圈游泳，并用尾部击打水面，进而把猎物围在一个泡沫圈内，再进入圈内进行摄食；或直接穿过密集的食物群进行捕食。生活在大翅鲸身上的外部寄生物明显多于其他鲸类，在其身体的大部分区域都可见到寄生物，如喉部、上下颌、生殖裂处、鳍肢和尾鳍。大翅鲸具有较高的经济价值，一头成年个体可提供3-6t的鲸油。由于其喜在近海岸游动，有时也会进入内湾，因而易被捕获或搁浅，在世界捕鲸业产量中占须鲸类的第三位。

保护级别：国家一级重点保护野生动物。

南极洲 /Jordi Chias (naturepl. com)

南极 / 那兴海

南极 / 那兴海

真海豚

Delphinus delphis Linnaeus, 1758
Common Dolphin

鲸目 / Cetacea > 海豚科 / Delphinidae

葡萄牙 / Robin Chittenden (naturepl. com)

形态特征：成年雌性个体体长1.6-2.2m，雄性1.7-2.3m。体重达200kg。背鳍镰状，端尖。喙为中等长度，“帽”圆，凸出。在“帽”和喙之间有一条深折痕。鳍肢细长、弯曲、端尖。背部深褐色至灰色，腹部白色，胸部呈棕褐色至赭色。胸部有斑块，位于背鳍下方，与尾部浅灰色条纹相结合，形成了体侧面的横放沙漏图案。嘴唇黑色。喙上表面通常浅灰色。

地理分布：多见于热带至温带海域。国内见于东海和南海。

物种评述：集群活动，行动敏捷，以鱼类和乌贼为食，特别是群游性鱼类。寿命可达25-35年。

保护级别：国家二级重点保护野生动物。

小虎鲸

Feresa attenuata Gray, 1874
Pygmy Killer Whale

鲸目 / Cetacea > 海豚科 / Delphinidae

形态特征：成年体长2.6m。最大体重量225kg。雄性比雌性稍大。头部轮廓球根状，没有喙。背鳍高，呈镰状，以平缓角度从背部上升，前缘凸，后缘凹。体色深灰色到黑色。腹带白色到浅灰色，在生殖器周围变宽。嘴唇和喙尖白色。牙冠上有1块深色斑，从气孔后面一直延伸到口腔。上颚有8-11对牙齿，下颚有11-13对牙齿。

地理分布：分布广泛，几乎遍及热带或亚热带深水海域。国内分布于东海和南海。

物种评述：和虎鲸有亲缘关系，但集群比虎鲸小。

保护级别：国家二级重点保护野生动物。

美国夏威夷 / Doug Perrine (naturepl. com)

福建福州平潭搁浅现场拍摄 / 王先艳

短肢领航鲸

Globicephala macrorhynchus Gray, 1846

Short-finned Pilot Whale

鲸目 / Cetacea > 海豚科 / Delphinidae

形态特征：与其近缘物种长肢领航鲸的形态很相似，但也有多种不同之处。短肢领航鲸成年个体一般长3.5-6.5m，重达1-4t，雄性的体型大于雌性（Britannica, 2011）。初生的幼崽约长1.4-1.9m，重60kg。体背黑色或深灰色，体侧与腹部颜色较浅，身体敦实，前额圆，没有明显的嘴，牙齿的数量也较小，每个颚部只有14-18颗。腹部及喉咙有灰色至白色的斑，眼睛后有灰色或白色的斜斑纹。胸鳍长而尖，位于身体的较前位置。背鳍较低似镰刀状，雄鲸及雌鲸的背鳍形状有所不同，而随着年纪背鳍的形状亦有所改变。尾鳍较大，尾柄上下方有棱脊。

地理分布：国内分布于东海和南海水域。国外主要分布于各大洋的暖温带和热带。

物种评述：主要生活在靠近大陆架的开阔水域和沿海，更偏爱热带和亚热带水域。它们跟随成群的头足动物，并在有优质栖息地的地方逗留以捕食（Baird et al., 2002; Shane, 1995; Taylor et al., 2011）。以头足类动物为主要食物来源，但它们也吃小型鱼类。每天大约要消耗45kg的食物。在黎明和黄昏时分，它们会潜到600m以上的深处寻找食物。据推测，当生活在海底的猎物随着阳光的变化在水柱中起落时，这些深海觅食活动就会发生（Baird et al., 2002）。

全年均可繁殖，但繁殖高峰期为每年7-8月。雌性在7-12龄的时候达到性成熟，雄性的则在7-17龄达性成熟。雄性达到性成熟后很少会待在一个社群中，它们的一生中一般会从一个社群移动到另一个社群中。雌性一般单独照顾幼崽，其平均寿命是63岁，但它们只能在40岁前生育，并且也会像人类女性一样经历更年期。雄性的死亡率比雌性高，可以繁殖到它们死亡之前，通常在40-50岁之间（Johnstone and Cant, 2010）。

目前该种群的数量趋势数据不足以确定其保护现状（Taylor et al., 2011）。中国科学院深海科学与工程研究所现存有短肢领航鲸的皮质和骨骼标本各一副。

保护级别：在我国被列为国家二级重点保护野生动物，在《2018 IUCN 受胁动物红色名录》被列为无危（LC）等级。

西班牙加那利群岛 / Sergio Hanquest (naturepl. com)

里氏海豚

Grampus griseus Cuvier, 1812
Risso's Dolphin

鲸目 / Cetacea > 海豚科 / Delphinidae

地中海 / 王先艳

形态特征：刚出生的里氏海豚背部为灰色至棕色，腹部为奶油色，在胸鳍和喙之间有一块白色的锚状区域。在年龄较大的幼豚身上，非白色的部分会变暗，接近黑色，然后变浅（除了总是黑色的背鳍）。本种身体大部分区域会有在社交过程中产生的伤痕。伤痕为齿鲸类的一个共同特征，但往往里氏海豚的伤痕更为严重（Sremba, 2012）。老年个体皮肤大多呈白色。

体呈纺锤形，长度一般为3m，和大多数海豚一样，雄性通常比雌性略大，体重为300-500kg，使其成为最大的海豚。全面布满灰白色条状斑纹。头钝圆，头部有一个垂直的折痕（Sremba, 2012），新月形的呼吸孔凹缘向前。下颌联合短，上颌无齿，仅在下颌前部有2-7对齿，通常为3-4对，这是该种主要特征之一，成体的部分或全部齿可能磨短或消失。鳍肢长而似镰刀状，有一个相对较大的前体和背鳍，而后逐渐缩小到一个相对狭窄的尾鳍。

地理分布：国内分布于黄海、东海和南海水域。国外分布于各大洋的热带和温带海域。

物种评述：栖息在表面水温 15℃ -20℃之间的区域，在水温 10℃以下的海域很少发现。喜大洋和大陆坡的深水海域，常在 400-1000m 深的陡峭大陆架边缘处生活。几乎只捕食浅海和海洋鱿鱼，大部分是夜行性的（Sremba, 2012）。雌性个体在 8-10 龄时性成熟，雄性个体在 10-12 岁时性成熟，妊娠期为 13-14 个月，间隔 2.4 年。初生幼豚平均重 20kg，产后 12-18 个月断奶。全年可生育，北大西洋和东太平洋的产仔高峰期分别在夏季和冬季。它们不需要牙齿来处理它们的头足类猎物，牙齿进化成在交配冲突中打斗的武器。灰海豚有一个分层的社会组织，这些海豚通常在 10-51 头之间成群旅行，但有时也能形成多达几千只的“超级群”。较小的、稳定的小群存在于较大的群中。这些群体在年龄和性别上趋于相似。较年轻的个体忠诚度较低，可以离开并加入其他群体。

像其他海豚和海洋动物一样，全球各地都有关于这些海豚被海网和刺网误捕记录，许多这样的事件都导致了个体的死亡。污染和小型的捕鲸作业也是其中一些海豚死亡的原因。在搁浅和饲养的灰海豚中发现有绦虫类的海豚叶槽绦虫、四孔绦虫、线虫类的粗尾线虫、小狭尾线虫和吸虫类的鼻居吸虫等寄生；体外寄生物有鲸虱，另有偏利共生物指球泊来藤壶*Xenobalanus globicipitis*的记录。

保护级别：在我国被列为国家二级重点保护野生动物，在《2018 IUCN 受胁动物红色名录》中，被列为无危（LC）等级。

西班牙加那利群岛 / Sergio Hanquet (naturepl. com)

弗氏海豚

Lagenodelphis hosei Fraser, 1956

Fraser's Dolphin

鲸目 / Cetacea > 海豚科 / Delphinidae

形态特征：雄性最大体长为 2.7m，雌性 2.6m，身体结实。背鳍短，三角形，成年雄性的背鳍直立。尾缘凹。喙粗短。成年雄性通常有一个较大的结缔组织组成的后肛门隆起或龙骨。背部为深褐色或灰色，下侧为奶油色，腹部为白色或粉色。幼年个体可能有粉红色的腹部。喙和嘴唇尖端黑色，从上颚的尖端到"帽"的顶端有一条黑色条纹。下颚有 38-44 对牙齿。

地理分布：主要分布在太平洋深处，多见于热带海域。国内见于东海和南海。

物种评述：多成群游动，以鱼虾、甲壳类和乌贼类为食。全年可生育，产仔高峰期在夏季，妊娠期 11 个月，生育间隔期为 2 年。

保护级别：国家二级重点保护野生动物。

加勒比海 / Mark Carwardine (naturepl. com)

太平洋斑纹海豚

Lagenorhynchus obliquidens Gill, 1865
Pacific White-sided Dolphin

鲸目 / Cetacea > 海豚科 / Delphinidae

形态特征： 雄性体长 2.5m，雌性 2.4m。最大体重约 198kg。背部深灰色，体侧面浅灰色，白色腹部衬托出黑色镶边。浅灰色条纹从眼睛向后延伸，通过背鳍，扩展到胸鳍。胸部有浅灰色“吊带条纹”。嘴唇和喙尖黑色，下颌大部白色。背鳍前部深灰色，后部浅灰色到白色。鳍状肢表面有光斑。身体粗壮，喙短。胸鳍下弯，尖端略圆。背鳍大且强烈下弯。年老个体背鳍钩状或叶状。尾鳍后缘稍凹，具中间缺口。每排牙齿包含 23-36 对细小、锋利的牙齿。

地理分布： 分布于太平洋各海域。国内见于黄海、东海和南海。

物种评述： 冬春季多栖息在低纬度沿岸暖温水域，夏秋季多栖息于海洋深水区或向北游入高纬度水域。群栖性，主要食物为中上层小型群集性鱼类、头足类。

保护级别： 国家二级重点保护野生动物。

加拿大不列颠哥伦比亚 / Brandon Cole (naturepl. com)

虎鲸

Orcinus orca Linnaeus, 1758
Killer Whale

鲸目 / Cetacea > 海豚科 / Delphinidae

形态特征：体型极为粗壮，体色黑白分明，是海豚科中体型最大的物种，身体大小、鳍肢大小和背鳍高度有明显的性二型。头部呈圆锥状，没有突出的嘴喙。大而高耸的背鳍位于背部中央，其形状有高度变异性，雌鲸与未成年虎鲸的背鳍呈镰刀形，而成年雄鲸则多半如棘刺般直立，高度1.0-1.8m。胸鳍大而宽阔，大致呈圆形。上、下颚各有10-14对大而尖锐的牙齿。其体色主要由黑与白这两种对比分明的色彩组成，位于身体腹面的白色区域自下颚往后延伸至尾部处，在全黑的胸鳍之间变得狭窄，到了肚脐后方产生分歧，尾鳍腹面亦为白色。背部与体侧皆为黑色，但在生殖裂附近的侧腹处有白色斑块，眼睛斜后方亦有明显的椭圆形白斑。在背鳍后方有呈灰至白色的马鞍状斑纹（Heyning et al., 1988），尾鳍厚而大。

地理分布：国内分布于渤海、黄海和东海水域。世界各大洋均有分布。

物种评述：分布广泛，通常为2-3头的小群，可分为4种生态型，各生态型之间的关系未明，甚至可能是不同物种，故虎鲸的保育状况数据缺乏。A型，最典型的形态，主要捕食小须鲸；B型，与其他三型稍有不同，其身体“白色”部分呈淡黄色，且背部有深灰斑，主要捕食海豹；C型，体型最细，眼斑较斜，跟B型一样在背部有深灰斑，唯一已知猎物是鳞头犬牙南极鱼（Sremba, 2012）；D型，眼斑极细，眼斑最小，可能以小鳞犬牙南极鱼为食。东部北大西洋个体雄性在12-16龄达性成熟，雌性在6-10龄达性成熟；太平洋个体两性均在14-15龄达性成熟，妊娠期16-17个月。繁殖周期差异较大，一般繁殖率也较低。

它们的活动普遍与追踪猎物或增加捕食率有关，时间通常在鱼类产卵季与海豹的生产期。到了夏季，大西洋中大多数的虎鲸都栖息于浮冰边缘或有浮冰的水道，以须鲸、企鹅、海豹等为食。它们会迁徙至何处、会移动多远，目前仍未有定论。部分虎鲸会终年停留于南极海域，而在北极的虎鲸则很少接近浮冰。据华盛顿州与英属哥伦比亚的虎鲸研究者指出，当地有定居型与过境型两种形态的虎鲸群，终年皆可发现此两种群体。它们时常会有跃身

挪威 / Espen Bergersen (naturepl. com)

击浪、浮窥等行为，或是以尾鳍或胸鳍拍击水面，泳速最快可达时速55km/h，可潜水17min左右。它们对船只的反应多样，冷漠忽视或是充满好奇心。偶尔会集体搁浅，群体有时会被困在潮池或海湾中。在北极与南极海域，因为风吹而快速产生的浮冰对虎鲸而言是一种威胁，有时会因此迫使它们停留于水面开阔的小水域里相当长的时间。

位于华盛顿州与英属哥伦比亚的定居型虎鲸，其基本社群单位为小型母系群体，一般由2-9头血缘关系相近的虎鲸所组成，此母系群体会长期维持稳固，所有成员似乎会共同分担养育工作。几个这样的群体会共同组成一个“小群”，典型的小群通常包含成年、未成年的雌雄虎鲸与仔鲸，多半由最年长的雌鲸居于领导地位，而待在小群里的雄鲸通常是该雌鲸的后代。定居型小群面对其他小群时有特殊的致意方式：面对对方一段距离排成两行紧密纵队，接着两个小群的成员会互相混杂，似乎是在表明其社交地位。

目前虎鲸并没有灭绝风险，但人为猎捕可能已造成部分地区族群减少。位于华盛顿州与英属哥伦比亚的虎鲸，无论是定居型或过境型皆仅余数百头，同时深受污染、重型船只行驶以及猎物减少等生存威胁。密集的观鲸活动也可能会干扰虎鲸的生活。目前在日本、印度尼西亚、格陵兰与西印度群岛的捕鲸者仍持续捕捉虎鲸，虽然捕杀量少，但对当地族群却可能会有相当大的影响。2019年7月22号中午，在中国长岛海域发现了3头虎鲸。

保护级别：在我国被列为国家二级重点保护野生动物，在《2017 IUCN 受胁动物红色名录》中，被列为数据缺乏（DD）等级。

阿根廷瓦尔得斯半岛 / 姜盟

瓜头鲸

Peponocephala electra (Gray, 1846)
Melon-headed Whale

鲸目 / Cetacea > 海豚科 / Delphinidae

形态特征：最大体长约为2.78m，雄性略大于雌性。已知最大体重约275kg。体表炭灰色至深灰色，有边缘不规则的白色泌尿生殖斑。从眼睛到喙尖有一条暗条纹。苍白的气孔条纹在上颚尖端时变宽。背鳍高，位背部中部，略呈镰状。头部略呈三角形。成年个体头部球茎状。胸鳍镰刀状，顶端尖。与雌性相比，雄性额头前部的“帽”更圆，鳍更长，背鳍更高，尾部有称为龙骨的肛门后隆起。每排牙齿有20-25枚细小的牙齿。

地理分布：遍布世界各地热带及亚热带深水海域。国内分布于东海和南海。

物种评述：因其尖瓜状的脑袋而得名。具有高度的群栖性，一般以乌贼、章鱼及鱼类为食。寿命超过30年。

保护级别：国家二级重点保护野生动物。

马来西亚 / Doug Perrine (naturepl. com)

伪虎鲸

Pseudorca crassidens (Owen, 1846)
False Killer Whale

鲸目 / Cetacea > 海豚科 / Delphinidae

美国夏威夷 / Doug Perrine (naturepl. com)

形态特征：成年雄性体长可达6m，雌性可达5m。雄性体重可达2000kg。身体细长，雪茄形。体色深灰色到黑色，胸腹部有浅灰色斑点，头部有时有浅灰色区域。瓜“帽”圆形（雄性的“帽”比雌性的大），无清晰可辨的喙。背鳍镰状，位于背部中点附近。鳍状肢尖端圆形，前缘有一个典型的驼峰，是该物种鉴定特征。上下颚包含7-12对大的圆锥形牙齿。

地理分布：生活于世界各地暖温带至热带海域。国内见于渤海、黄海、东海和南海。

物种评述：体型和虎鲸类似，因此得名。主要以乌贼类为食，也吃鱼、小鲨鱼等。

保护级别：国家二级重点保护野生动物。

中华白海豚

Sousa chinensis Osbeck, 1765
Chinese White Dolphin

鲸目 / Cetacea > 海豚科 / Delphinidae

形态特征：身体粗壮呈纺锤形，体重200-250kg，最重可达280kg。刚出生的白海豚约1m长，性成熟个体体长2.0-2.5m，雄性最大体长可达3.2m，雌性可达2.5m。吻突侧扁且长，下颌略长于上颌。头顶上方有新月形的呼吸孔，凹缘向前。眼小呈椭圆形，具有舟形眼眶，耳孔位于眼的后上方。额隆不高，与吻突间有明显的“V”形折痕。胸鳍较圆浑，基部较宽，梢端圆。背鳍较大，略呈三角形，位于近中央处，其后缘略凹，背鳍基部形成增厚的脊。尾鳍中间有缺刻，以中央缺刻分成左右对称的两叶。中华白海豚在不同的年龄段，体色具有明显的变化，幼体时为暗灰色，亚成体灰色和粉红色相杂，成体纯白色，常由于充血而透出粉红色。亚成体和成体的身体上有暗色斑点。

地理分布：主要分布于印度洋和西太平洋沿岸。据推测其总数在6000头左右，而我国是全球最重要的中华白海豚栖息地，种群数量4000-5000头。国内主要分布于福建沿海，包括厦门、东山湾、泉州湾和宁德；珠江口，包括珠江河口和香港；广西沿海，包括三娘湾、合浦等地；湛江雷州湾；海南岛和台湾西岸。其中珠江口种群和湛江种群是全世界最大的两个白海豚种群。

物种评述：又名印度太平洋驼背海豚，属暖水性齿鲸。主要栖息地为红树林水道、海湾、热带河流三角洲或沿岸的咸水中。大多集群活动，少数个体单独活动，群通常较小。捕食和旅行是中华白海豚常见的活动，捕食的高峰出现在早晨，晚上有次级捕食高峰。觅食时，白海豚彼此之间分散开，相隔一段距离，中华白海豚经常也跟

广西三娘湾 / 王先艳

随渔船和虾船进行捕食（Jefferson & Hung, 2004）。我国不同海域的白海豚种群，捕食的食物资源有所差异。在厦门，中华白海豚主要捕食的鱼类有鲻鱼、长勒鱼、黄鲫、叫姑鱼、鲚鱼、黄姑鱼；在北部湾白海豚主要以斑鱼、青鳞鱼和舌鳎，棘头梅童鱼、凤鲚、银鲳等当地主要经济鱼类为食（Xu & Chen, 2013）；在珠江口水域白海豚主要捕食棘头梅童鱼、银鲳、凤鲚、斑鱼、龙头鱼、小带鱼等；在香港白海豚胃容物分析发现，中华白海豚至少食24种鱼和1种头足类动物，石首鱼科、鲲科、带鱼和鲱科的鱼类，叫姑鱼是最经常被捕获的、数量最大的鱼类，其次为棘头梅童鱼和棱鲲属鱼类。根据香港的标本，雌性在9-10龄达性成熟，妊娠期10-12个月，每胎产1仔。由于中华白海豚近岸性生活的特点，特别容易受到沿海地区人类活动的影响。近年来，加上海岸带工程的建设以及红树林的破坏，使白海豚的栖息地遭受严重的破坏。另外，航运事业的发展，河流、海洋环境的污染，渔业捕捞过度、渔业资源严重匮乏，使白海豚的生存状况面临巨大威胁，建立保护区是保护中华白海豚有效的措施之一。目前已建立的白海豚保护区包括香港特别行政区于1996年建成立的龙鼓洲及沙洲海岸公园自然保护区；厦门于1997年建立的厦门中华白海豚自然保护区，后与其他两种动物（白鹭、文昌鱼）自然保护区合并，于2000年成立“厦门珍稀海洋物种国家级保护区”；广东省于1999年成立的珠江口中华白海豚自然保护区，该保护区于2003年升格为国家级自然保护区；江门市于2007年建立的中华白海豚省级自然保护区；湛江市虽然已建立市级的雷州湾中华白海豚自然保护区，但为了加强对该水域存在的全世界第二大白海豚种群的保护，需要升级该保护区并强化相关的保护管理措施。

保护级别：国家一级重点保护野生动物。

广西北海 / 杜卿

热带点斑原海豚

Stenella attenuata (Gray, 1846)
Pantropical Spotted Dolphin

鲸目 / Cetacea > 海豚科 / Delphinidae

形态特征： 流线形。雌性成体长 1.6-2.4m，雄性 1.6-2.6m。最大记录体重为 119kg。喙细长。背鳍窄，呈镰状，末端略圆，鳍肢细，强烈下弯。黑色背“帽”位于鳍的上方。出生时没有斑点，稍大一些的幼体腹部开始出现点斑，性成熟前后体背具浅色点斑，腹部具有暗色点斑，成体腹面暗色点斑愈合并褪成灰色，体背浅色点斑增多。有 1 条狭窄的眼纹至额隆顶端，1 条暗色条纹由口角沿至鳍肢，尾柄上部为暗色，下部为浅色。

地理分布： 分布于热带和亚热带海域。国内分布于东海和南海。

物种评述： 群居性动物，通过回声定位寻觅食物。夜间在海面捕食小鱼、乌贼和甲壳类动物，也食等足目和翼足类动物。

保护级别： 国家二级重点保护野生动物。

埃及红海 / Angelo Giampiccolo (naturepl. com)

美国夏威夷 / Doug Perrine (naturepl. com)

条纹原海豚

Stenella coeruleoalba Meyen, 1833
Striped Dolphin

鲸目 / Cetacea > 海豚科 / Delphinidae

形态特征：体呈流线形，成体体长1.8-2.5m。雄性平均最大体长2.4m，雌性2.2m。成体体重为90-150kg。体背面呈蓝色、白色或粉红色，身体两侧有独特的指状条纹。体稍粗，喙中等长，上下颚齿各为78-110颗。呼吸孔位于头顶，眼位于口角的后上方，眼睛与胸鳍前端亦有过眼线，眼睛到腹部有细条纹。一两个黑带环绕眼睛，然后穿过后背到达鳍状肢。鳍肢狭长，末端尖。背鳍呈镰刀形，鳍肢和背鳍为深灰色到黑色。尾鳍较宽，中央的缺刻较深。

地理分布：国内分布于台湾苏澳附近沿海。国外分布于大西洋、太平洋和印度洋的热带及温带水域以及地中海。

物种评述：捕食对象包括各种的中层和底层动物，特别是灯笼鱼、鳕鱼和鱿鱼。从表层到底层的觅食区广泛，在不同海域食性有所差异。

雌性个体性成熟年龄为7-12岁，而雄性个体在7-15龄时达性成熟。具有2个繁殖期，夏秋季（7-9月）和冬春季（1-4月），妊娠期约12个月，每胎产1仔，哺乳期约18个月，每胎之间有3-4年的间隔。其寿命为55-60岁。

与其他原海豚属物种一样，条纹原海豚会成群活动，最多成千上万头的群体，它们也可能与真海豚在一起混群。跳跃能力强，经常跃出水面。呼吸时只露出头部，且每分钟呼吸数次，潜水时长一般不超过5-10min。

自然天敌包括虎鲸和鲨鱼。像全世界几乎所有的小型鲸类动物一样，条纹原海豚在整个范围内都受到不同类型渔具纠缠的严重影响。该物种还曾因在大西洋和地中海爆发的麻疹病毒而大量死亡（Aguilar, 2000; Duignan et al., 2006）。此外，高水平的污染物和其他环境因素使该物种容易受到病毒感染（Irwin, 2005; Van et al., 2009）。条纹原海豚曾经非常繁盛，1990 年之前为 117880 只。自那时以来，该物种一直遭受渔业偶然捕捞的威胁（Forcada et al., 2009）。

保护级别：在我国被列为国家二级重点保护野生动物，在《2019 IUCN 受胁动物红色名录》中，被列为无危（LC）等级。

地中海 / 王先艳

飞旋原海豚

Stenella longirostris Gray, 1828

Spinner dolphin

鲸目 / Cetacea > 海豚科 / Delphinidae

形态特征：成体体长 1.29-2.35m，体重在 40kg 左右，也有体长 2.40m 左右的雄性体重可达 77kg 的记录。体型细长，吻突明显细长，发现最长者其为体长的 8.1%-9.9%。体背黑色或黑灰色，腹部白色。额隆很高较平稳向额后延伸，吻和额具有明显的界线。背鳍一般呈三角形，但有各种变化，大多数略显镰刀状。因生长阶段不同而具有不同的体色，并具有地理差异。在多数地区，个体呈现三色色斑，而东太平洋地区有些呈现单一的体色。

地理分布：广泛分布于太平洋、大西洋、印度洋热带和亚热带海域，在东太平洋中美洲热带海域以及夏威夷周边发现居多。有明显的地区变异，在大多数海洋中，飞旋原海豚往往生活在近海水域、岛屿或河岸地区，但在热带太平洋东部，它们往往生活在离岸较远的水域。在我国主要见于广西、香港、海南和台湾等海域。

物种评述：属泛热带分布，在全世界所有热带和大多数亚热带海域均有活动，喜集群分布，多结成数十头至数百头甚至上千头的大群，在东太平洋海域常与热带斑海豚混游或其他鲸类混群，在其他海域也有发现与真海豚混群现象。在所有海豚中，飞旋原海豚为跃出水面较为频繁的一种，可越出水面 1-2m 高，且能够在空中进行转体，转体可达十多次，故名飞旋原海豚。雌性在 4-7 龄，雄性在 7-10 龄达到性成熟。妊娠期 10-11 月，每胎 1 仔，初生仔豚体长一般在 77cm 左右，一般哺乳期为 11-19 个月，生殖间隔 3 年左右。不同地域群体间交配季节具有差异。群体主要进行合作捕食，并以此来抵御大型鲨鱼、小虎鲸的攻击（Lammers & Au, 2010）。不同水域的飞旋原海豚

台湾花莲 / 孟姗姗

捕食的种类和捕食时间具有差异，如东太平洋和西太平洋的飞旋原海豚捕食大洋中层的小型鱼类和乌贼类，而东南亚浅水生活的飞旋原海豚则捕食底栖及珊瑚礁鱼类和无脊椎动物。此外，生活在东太平洋热带水域的飞旋原海豚绝大多数在夜间捕食（Karczmarski et al., 2005）。

国内，1988 年 5 月在广西防城市海域曾误捕 3 头，2003 年 11 月山东省石岛的渔民在黄海水域误捕 1 头，台湾大学鲸类生态研究调查船在花莲近海区多次发现有一大群飞旋原海豚，群体 1-25 头，最大群体 250 头。在香港水域，发现南丫岛以及果洲群岛分别于 1997 年 8 月，1999 年 8 月各搁浅过一头。

保护级别：国家二级重点保护野生动物。

斯里兰卡 / 袁屏

糙齿海豚

Steno bredanensis Lesson, 1828

Rough-toothed Dolphin

鲸目 / Cetacea > 海豚科 / Delphinidae

形态特征：体型稍大。成年个体的体长在2.09-2.83m，体重则在90-155kg之间，雄性的体型较雌性稍大。体背由黑色到暗灰色，体侧灰色，背鳍与胸鳍则是深灰色，腹部白色。口裂较大，眼睛位于口角的后上方。鳍肢较长，末端尖。背鳍较高，顶端尖，18-28cm，尾鳍也较大，后缘内弯，缺刻明显。与其他外观相似的海豚相比，它们最显著的区别特征是：锥形的头部和窄长的吻部，和其他吻部较短或有明显突起额隆的海豚种类不同。如其中文名所示，此物种的牙齿相当独特，表面有粗糙的纵痕。每侧（上颚或下颚）各有19-28颗牙齿。

地理分布：国内分布于东海和南海水域。国外主要分布于热带和亚热带地区。

物种评述：虽然在深水和浅水中均有分布，但它们更偏爱超过1500m的深水，它们也曾在2000m的深水中被发现。最常见于温带水域，在北纬40°以北，南纬35°以南的区域很少能见到它们（Baird et al., 2008; Gannier and West, 2005; Jefferson et al., 1993; Kuczaj II and Yeater, 2007; Ritter, 2007; West, 2002）。

最常见的群数量是10-30头，它们也会与领航鲸、宽吻海豚、斑点海豚和飞旋海豚组成混群。它们可潜水15min，游泳速度很快，经常在靠近水面的地方游泳，背鳍清晰可见（Carwardine, 1995; Dohl et al., 1974; Jefferson et al., 1993; Lodi, 1992; Ritter, 2007）。

美国夏威夷 /Visuals Unlimited (naturepl. com)

食物资源包括银边鱼、鱿鱼、针鱼，然而它们更偏爱于鲯鳅鱼。正如它们的名字所暗示的，它们有粗糙的牙齿，这使它们能轻易地撕裂猎物。它们三五成群地觅食以提高捕食效率，一起分享食物（Shirihai and Jarrett, 2006）。目前没有自然天敌。但由于人为干扰而造成的栖息地破坏也在威胁着该物种的数量，其死亡率正在逐年上升。

关于野生糙齿海豚的交配，系统的资料很少，仅通过圈养的海豚有过少量研究，但粗齿海豚的繁殖习性还不为人知。雌性一般在 9-10 龄时达到性成熟，雄性则在 5-10 龄时达到性成熟（Ritter, 2007; West, 2002）。刚出生的糙齿海豚幼崽体长 1-1.3m。在其 2 个月时，幼崽开始吃鱼，并减少了喂养的时间。出生后的前 5 年是生长最快的时期。生活在日本海岸的糙齿海豚可以活到 32-36 岁。有记录以来寿命最长的个体可达 48 岁。然而，圈养的糙齿海豚寿命最长的只有 12 年（Jefferson, 2002; West, 2002）。

保护级别：在我国被列为国家二级重点保护野生动物，在《2019 IUCN 受胁动物红色名录》被列为无危（LC）等级。

福建福州平潭 / 王先艳供图

印太瓶鼻海豚

Tursiops aduncus (Ehrenberg, 1833)

Indo-Pacific Bottlenose Dolphin

鲸目 / Cetacea > 海豚科 / Delphinidae

形态特征：体长可达 2.6m，重 230kg。体比瓶鼻海豚小，雄性略大于雌性。背鳍位于体背中部，梢端后倾，后缘微凹。鳍肢基部宽，梢端尖，尾鳍后缘有缺刻。背部深灰色，腹部近白色，有轻灰或只有灰色斑点。鳍肢前基至眼有一灰色带，喉、胸、腹部白色区散布有灰色斑点，该斑点疏密程度在个体间有很大差异。上下颌每侧有齿 23-25 枚。

地理分布：间断分布于印度洋、太平洋的暖温带和热带海域。国内分布于东海和南海。

物种评述：社群中存在社会等级。主要以鱼类为食。

保护级别：国家二级重点保护野生动物。

埃及红海 / Alex Mustard (naturepl. com)

印度尼西亚 / Juergen Freund (naturepl. com)

洪都拉斯加勒比海 / Brandon Cole (naturepl. com)

坦桑尼亚 / 姜盟

瓶鼻海豚

Tursiops truncatus (Montagu, 1821)
Common Bottlenose Dolphin

鲸目 / Cetacea > 海豚科 / Delphinidae

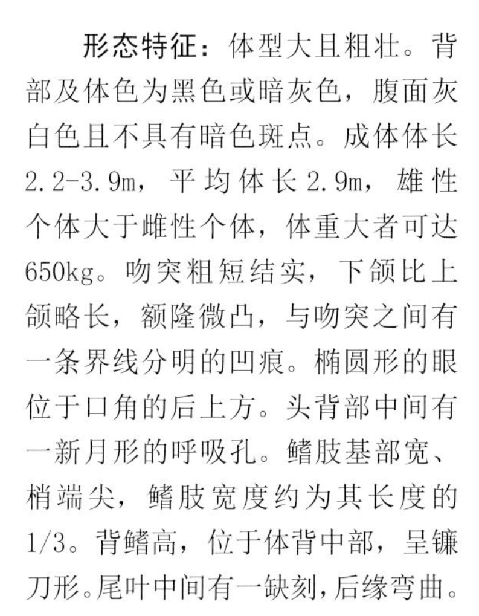

形态特征：体型大且粗壮。背部及体色为黑色或暗灰色，腹面灰白色且不具有暗色斑点。成体体长2.2-3.9m，平均体长2.9m，雄性个体大于雌性个体，体重大者可达650kg。吻突粗短结实，下颌比上颌略长，额隆微凸，与吻突之间有一条界线分明的凹痕。椭圆形的眼位于口角的后上方。头背部中间有一新月形的呼吸孔。鳍肢基部宽、梢端尖，鳍肢宽度约为其长度的1/3。背鳍高，位于体背中部，呈镰刀形。尾叶中间有一缺刻，后缘弯曲。

地理分布：分布在温带和热带的各大海洋中，沿岸和近岸海域出现较多。国内分布于黄海、渤海和东海。国外分布于大西洋、印度洋、太平洋、地中海和黑海水域，通常不超过南北纬45度。是世界范围内研究得最多的海豚。

物种评述：又名宽吻海豚、尖吻海豚、胆鼻海豚、大海豚。多成群活动，群体从数十头至数百头，通常情况下群体规模较小，成群活动的瓶鼻海豚会并列齐进、同步呼吸（Lusseau et al., 2003）。泳速极快并且极度活跃，常以尾部击水，有时会跃出水面1-2m高。有些地区的瓶鼻海豚具有一定的家域（Shane et al., 2010），而有些地区的种群则具有迁移性，活动范围较广。另外，瓶鼻海豚具有强烈的好奇行为，相比其他鲸类物种，不惧怕船只（Nowacek et al., 2010），即使受到惊扰，也不会散开，常在船首船尾乘浪。本种常与其他鲸豚混游，如伪虎鲸、点斑原海豚、里氏海豚和糙齿海豚等。它们的捕食行为多种多样，可单独追逐鱼类，也会合作捕食集群性的鱼类，有时也会跟随作业渔船进行捕食，主要捕食鱼类和头足类。不同地区种群性成熟有所差异，雌性个体之间也有不同，雌性在5-12龄，体长2.2-2.35m时性成熟；雄性在10-13龄，体长达

2.45-2.6m时性成熟。多数种群繁殖高峰期在春季和夏季或春季和秋季，妊娠期约1年。幼崽出生时约1.0-1.3m，母乳是其主要的营养来源。抚幼时间较长，一般为3-6年。生殖间隔约为2年。寿命估计30-35年。瓶鼻海豚多数种群具有季节性洄游行为，沿海栖息的种群也具有季节性的移动。渤海是主要经济鱼类的繁殖场，春季来此产卵，秋冬季离去，这种规律性的南北洄游也影响着海豚有规律的季节性移动。瓶鼻海豚是最常见的一种饲养海豚，它们适应力强、智商较高且易于训练，在世界各地的水族馆及海洋公园中通过驯养之后进行表演，以供游人观赏，也有些国家进行训练用于军事目的。

该物种在许多国家曾被大量猎捕以供食用。在中国近海的瓶鼻海豚会被围网和拖网误捕，有时也被刺网误捕（杨光等，2000）。在黄海南部的长江口、吕四和海州湾渔场4-6月和8-9月出现较多，在黄海北部高角、石岛近海、烟威近海、海洋岛和獐子岛附近6-8月和10-11月出现较多。渤海区主要分布于莱州岛和辽东湾。东海的各渔场都有发现，在福建沿海2-10月份都有发现。

保护级别：国家二级重点保护野生动物。

洪都拉斯加勒比海 / Brandon Cole (naturepl. com)

坦桑尼亚 / 姜盟

长江江豚

Neophocaena asiaeorientalis (Pilleri & Gihr, 1972)
Yangtze Finless Porpoise

鲸目 / Cetacea > 鼠海豚科 / Phocoenidae

武汉 / 杨华

形态特征：成体长达 1.77m。背脊狭窄，宽 0.2-0.8cm，位于体中段偏前位置。背脊高很少超过 1.5cm，有 1-5 行结节。

地理分布：中国特有物种。分布于长江水系，可能进入长江口活动。

物种评述：曾经是窄脊江豚的指名亚种，2018 年被升级为独立物种。通常栖于淡水中，也能在咸淡水交界的河口生活。喜单独活动，有时也三五成群。

保护级别：国家一级重点保护野生动物。

江苏南京 / 袁屏

南京中山码头 / 张程皓

江苏南京 / 武家敏

江苏南京 / 武家敏

印太江豚

Neophocaena phocaenoides (G. Cuvier, 1829)
Indo-Pacific Finless Porpoise

鲸目 / Cetacea > 鼠海豚科 / Phocoenidae

南京师范大学校园内 / 杨光

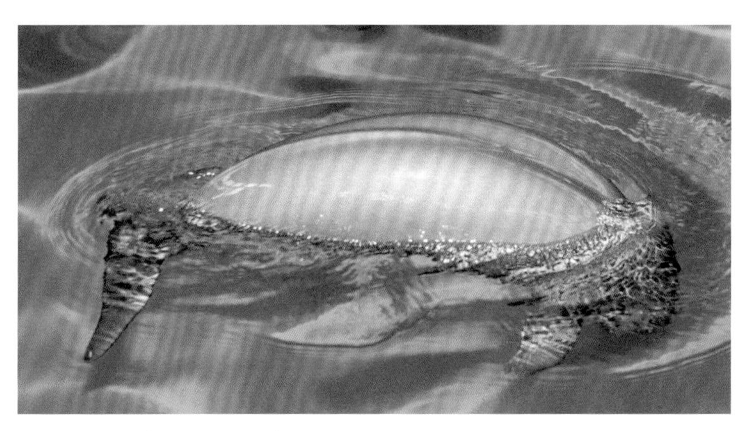

Roland Seitre (naturepl. com)

形态特征：成体长可达 2.27m，但体长很少超过 2m。雄性比雌性略大。体色灰色，喉部和生殖器周围颜色较浅。没有背鳍。头部无喙，前额圆润，从鼻尖陡然隆起。身体柔软。背部有一处由小突起或结节组成的区域，从背部中部向前一直延伸到尾柄。背脊宽 0.2-1.2cm，有 10-14 行结节。鳍肢中等大，梢端尖。尾叶后缘凹入。

地理分布：国内分布于东海和南海。国外分布于印度洋西部与东部、太平洋中西部和西北部。

物种评述：生活在沿海水域，包括浅海湾、红树林。喜欢单头或成对活动，结成群体一般不超过 4-5 头。很少跳跃、飞溅。食物包括各种鱼类和鱿鱼、章鱼、虾和乌贼等。

保护级别：国家二级重点保护野生动物。

东亚江豚

Neophocaena sunameri Pilleri & Gihr, 1975
East Asian Finless Porpoise

鲸目 / Cetacea > 鼠海豚科 / Phocoenidae

浙江象山 / 黄秦

形态特征：成年个体体长可达 2.27m。体色从浅灰色到奶油色。是体型最大的江豚。背脊窄，宽 0.2-1.2cm，高 1.2-5.5cm，有 1-10 行结节。

地理分布：国内分布于东海北部、环渤海和黄海。国外分布于朝鲜、韩国和日本水域。

物种评述：曾经归入窄脊江豚的东亚亚种。喜欢单头或成对活动，群体大小一般不超过 4-5 头。

保护级别：国家二级重点保护野生动物。

小抹香鲸

Kogia breviceps Blainville, 1838
Pygmy Sperm Whale

鲸目 / Cetacea > 小抹香鲸科 / Kogiidae

形态特征：体型似鼠豚类，头和躯干部粗而向尾部骤细，头部近似方形。出生时约为1.2m，成年时会生长到约3.5m，最大体长可达4m。成体体重约400kg。身背部呈蓝铁灰色，侧面转为较浅的灰色，腹面暗白色或带一些粉红色调，鳍肢上面和尾叶背面也呈铁灰色。头部较短，吻部前突，下颌短而窄，非常小，并且下摆很低。相较于其他齿鲸，呼吸孔在眼的上方，较为靠前，从正面朝上看时，气孔向左稍微移位。眼睛位于口角的后上方。胸鳍末端稍尖，通常在眼后。鳍肢前方的头部每侧有一个新月形的浅色斑。背鳍位于体背的后半部，镰刀形，较小；尾鳍宽大，两段较尖，中间的缺刻深。

地理分布：国内分布于南海和台湾海域的基隆、高雄、宜兰、屏东附近。国外分布于太平洋、印度洋、大西洋的热带和温带地区。

物种评述：广泛分布于温带及热带的水域中，多单独或成对活动，动作迟钝，偶有跃出水面的现象。主要以头足类为食，也捕食蟹类、虾类和鱼类。

雄性在体长2.70-3.00m达性成熟，雌性则在2.70-2.80m达性成熟。平均妊娠期将持续9-11个月（Huckstadt et al., 2001），每胎产1仔，新生幼仔长约1.2m，重50kg，哺乳期约为1年，雌鲸一生中可多次繁殖。有记录表明其寿命可达23龄。像抹香鲸一样，小抹香鲸的额头上也有一个鲸蜡器官。它的肠道中还有一个囊袋，囊中含有深红色液体。其受惊时可能将其排出，使捕食者困惑和迷惑（Scott et al., 1987）。

保护级别：在我国被列为国家二级重点保护野生动物，在《2020 IUCN 受胁动物红色名录》中，被列为无危（LC）等级。

福建福州连江搁浅现场拍摄 / 王先艳

抹香鲸

Physeter macrocephalus Linnaeus, 1758

Sperm whale

鲸目 / Cetacea > 抹香鲸科 / Physeteridae

形态特征：体色多呈蓝黑色或黑褐色，上唇和下颌为白色，在腹部生殖区前和胁部具有不规则的白斑。体型雌雄差异较大，雄鲸远大于雌鲸，国际捕鲸统计雄性最大20.00m，雌性最大17.00m。头部特别巨大，从侧面看如方形，可占体长的1/4-1/3，雄性比雌性所占比例更大。下颌狭窄，最前端圆钝，头顶向前突起的额隆及上颌远超出下颌。眼小，位于口角的后斜上方。外耳孔极小，位于眼和鳍肢基本之间。呼吸孔为单个，位于头部前端并偏向左侧，呈“S”形。鳍肢短宽呈椭圆形，相对较小。背鳍为一侧扁的隆起，低而圆。尾鳍宽大呈三角形，后缘缺刻很深。头部以后的身体有许多皱纹。

地理分布：世界各大洋都有分布，除了人和虎鲸外，很少有动物能像抹香鲸一样分布如此广泛，它们可以在两个半球的边缘附近看到，在赤道附近也很常见，尤其在太平洋中。国内分布于黄海、东海和南海。

物种评述：又名巨头鲸。属于温水性齿鲸，是齿鲸亚目中最大的鲸种。为了生殖和索饵，具有每两年在赤道和两极之间洄游的习性。社群结构一雄多雌。一头成年雄性常与多头成年雌性及其后代一起构成一个育仔群。幼仔在育仔群内出生、长大、性成熟，但未能参与繁殖的雄性被逐出育仔群，形成单身汉群。雄性抹香鲸的成熟年龄23-25岁，平均长度约为15.9m，雌性在9龄达性成熟，产仔在7-9月之间，妊娠期14-16个月，每胎1仔，繁殖周期约为5年，初生的幼崽体长3.50-4.50m，哺乳期1.6-3.5年。雄性抹香鲸具有争偶现象，雄性之间为获得交配权经常发生搏斗，失败者只能孤单游走。游泳速度较慢，一般情况下，游速在5.56-9.26km/h。主要以多种头足类为食。大王乌贼是其最大的食饵，在少数海域也以鱼类为食，处在海洋食物链顶端，可作为指示全球性或洲际海域环境化学污染物变化的良好指示生物。抹香鲸是潜水高手（Watkins et al., 2010），为觅食饵料可以潜入500m深的海底（Guerra et al., 2017），最深潜水记录为2200m，因此，具有“行走的核潜艇”之称。

加勒比海 / Franco Banfi (naturepl. com)

在我国海域搁浅事件常有发生，1924年在浙江定海得1头幼体(王丕烈和李树青,1990)；1977年3月24日在山东胶州湾搁浅1头雄鲸；1978年4月山东胶南海滩搁浅了一头长13.95m，重2t的雄性抹香鲸；1985年12月22日早晨福建福鼎秦屿打水岙湾的海面上由于当地渔民对一头受伤的抹香鲸进行围捕，导致一群抹香鲸乘着涨潮的水深对其进行救助，最终，退潮时，整群抹香鲸搁浅。最大的体长16m，小的长12m，重30-40t，12头抹香鲸全部搁浅毙命(王丕烈和李树青,1990)；2000年3月11日厦门海域搁浅1头雄性个体(黄宗国,2000)，2012年3月16日4头抹香鲸在江苏盐城新滩盐场附近滩涂搁浅；2016年2月15日2头抹香鲸在江苏南通如东洋口港附近滩涂搁浅。这些事例也说明我国海区具有一定数量的抹香鲸。

抹香鲸具有较高的经济价值，且资源量较大，是世界上猎捕较多的鲸种之一。其脂肪提炼的油质优于须鲸油类，鲸皮可用做制革，骨骼可提炼药物，牙齿可用于雕刻工艺品，在其肠内有时有食物乌贼等的分泌物和颚等凝固成固体的龙涎香，可用于高级香料。

保护级别：国家一级重点保护野生动物。

挪威安德内斯 / 姜盟

挪威安德内斯 / 姜盟

挪威安德内斯 / 姜盟

恒河豚

Platanista gangetica (Lebeck, 1801)
Ganges River Dolphin

鲸目 / Cetacea > 恒河豚科 / Platanistidae

形态特征： 成体体长通常为 1.5-2.5m，体重为 51-89kg，性成熟时，雌性比雄性大，成年雌性体长最大可达 4m。体色灰色到棕色，有的个体腹部粉红色。背部颜色通常比腹部颜色深。喙相对平坦，尖端变得宽，微微向上弯曲，性成熟时雌性的喙仍会继续生长，比雄性稍长，长度可达 21cm。上颚和下颚都有锋利的牙齿。背鳍的位置有三角形的隆起，末端尖锐。鳍肢及尾鳍与身体相比较大，尾鳍柔软。

地理分布： 国内分布于西藏藏南。国外分布于孟加拉国、印度、尼泊尔和巴基斯坦。

物种评述： 栖息于河流、淡水湖泊、池塘和沿海。全年可繁殖，但集中在 10 月至次年 5 月。幼豚初生约 7.5kg，大约 1 年后断奶，10 岁才达到性成熟。

保护级别： 国家一级重点保护野生动物。

印度恒河 / Roland Seitre (naturepl. com)

白鱀豚

Lipotes vexillifer Miller, 1918
Baiji, The Yangtze River Dolphin

鲸目 / Cetacea > 白鱀豚科 / Lipotidae

形态特征：背部青灰色，腹部白色，体侧、背鳍、鳍肢背面及尾鳍背面为淡青灰色，鳍肢腹面及尾鳍腹面为白色。上颌下缘及下颌为白色且几乎等长，在颅骨背方有一上鼻道通到呼吸孔，皮肤的基本结构与其他海豚相似。成年体长一般在1.4-1.7m，雌性个体明显大于雄性个体，雌性最大体长可达2.53m，雄性最大体长为2.29m。吻突狭长，微上翘，占体长的比例较大，可达15%，额隆圆。眼位于口角后上方，耳孔位于眼后稍下方。鳍肢宽且梢端钝圆，从吻端向后约2/3体长处有三角形的背鳍，尾鳍宽大，后缘凹入，有缺刻。

地理分布：为中国特有种。仅栖息于长江中，主要分布于长江中下游的干流中，上限至宜昌江段，下限至长江口。

物种评述：又名白鳍鲸、白鳍、白旗等。白鱀豚通常栖息于有沙洲的江段（Zhang et al., 2010），距离从10km到150km。通常数头或十余头形成集群，由强壮的个体导游，喜欢在食物丰富的缓流区游泳、嬉戏、互相追逐。生殖周期长，繁殖能力低，妊娠期约1年，一般只产1仔，幼儿靠母体乳汁哺育生长。雄性在4龄以上、雌性在6龄以上达到性成熟。每年有2次发情期，约在3-5月和8-10月。求偶时雄豚用吻突，头颈部从后方或侧方触压雌豚，接着相互摩擦。交配时两豚腹部紧贴，头部向下，尾部露出，摆动数次后头部露出水面。摄食过程可分为围赶、捕食、歇息3个阶段，主要以淡水经济鱼类为食，有鲤、鲢、草鱼、青鱼、三角鲂、赤眼鳟、鲶鱼和黄颡鱼等。群体巡游前进时，顺流游速为7.5-9.7km/h，逆流游速为2.7-4.9km/h。白天的呼吸间隔明显高于夜间，白天为5-65s，平均每次25.31s；夜间6-135s，平均为每次51.28s。有害渔具的广泛使用、长江鱼类资源的减少、航运事业的发展、水体污染及水电和工程的建设都是致使白鱀豚濒危的因素（Carwardine, 2007；刘建康和刘仁俊，2015）。为了拯救白鱀豚，陆续采取了建立半自然白鱀豚保护区、开展人工条件下白鱀豚的饲养繁殖及建立长江白鱀豚自然保护区等措施（Liu, 1993）。

20世纪50年代白鱀豚的数量还较多，由于过去几十年里长江流域的快速经济发展，人为不利影响不断加剧，其数量持续减少。1986年统计的种群数量约300头左右，1990年时降至200头左右，1995年已不足100头，1997年的估计数量少于50头，1998年的估计总数量进一步低至不足15头。2004年在南京长江段发现的一头搁浅死亡的白鱀豚是该物种的最后一次野外发现记录。2007年该种被宣告功能性灭绝（Turvey et al., 2007）。此后虽然多次有疑似白鱀豚的发现记录，但迄今为止没有一例得到足够的证据支持，提示该物种可能已经野外灭绝。

保护级别：国家一级重点保护野生动物。

安徽铜陵 / 周开亚

柏氏中喙鲸

Mesoplodon densirostris Blainville, 1817
Blainville's Beaked Whale

鲸目 / Cetacea > 喙鲸科 / Hyperoodontidae

福建福州平潭搁浅现场拍摄 / 王先艳

形态特征：体型宽厚而粗壮，出生时体长为2m，体重为60kg。雄性最大身长记录为4.4m，体重达800kg以上；而雌性则分别为4.6m，至少1000kg。背部与体侧皆为深蓝灰色，腹部为浅灰色。头部可能呈浅褐色。上唇与下颚边缘为浅灰色，嘴喙长度中等，下颌稍长于上颌，额隆外观上较小而扁平。嘴部曲线特殊，先是水平往后延伸，至中段急剧高起呈一圆弧状。成年雄鲸在下颚隆起处有2颗大型牙齿，末端略微突出，会往前倾斜越过上颚。牙齿上常附着有成串的鹅颈藤壶。呼吸孔位于头顶上方，眼位于口角后上方。胸鳍较小，末端钝。背鳍小，呈三角形或镰刀形，大约位于身长2/3处。尾鳍宽大，中央无明显缺刻。

地理分布：出现在所有海洋的温带和热带水域。国内分布于东海水域。

物种评述：本种广泛分布于热带和亚热带水域，主要栖息于深水区，最喜欢的深度在700-1000m之间，也偏爱于地形复杂的区域（Baird et al., 2006）。其远离人类的生活习性很难被研究，并且水面活动也不明显，人们对其行为学观察记录也很少。它们通常是单独存在的，或形成3-7头的小群。与其他喙鲸一样，柏氏中喙鲸在深海中捕食猎物，它们通常下潜500-1000m，在水下停留20-45min。最大的深度可达1400m（Baird et al., 2006）。通常利用回声定位来定位深海中的猎物。关于他们食性的大部分信息是从搁浅个体的胃容物中收集的，它们的主要食物是头足类动物，也可能会大量食用其他鱼类和无脊椎动物（Macleod et al., 2003; Reeves et al., 2002）。

雄性为了获得交配权常进行打斗，因而在雄性个体身体上会留有打斗产生的疤痕。一般1个社群由几只雌性和1只雄性组成。两性大约在9龄时达到性成熟，雌性每胎1仔。目前关于该种的寿命还不为人知（Jefferson, 1993）。

目前该种的主要的威胁包括意外捕猎以及污染物的摄入，同时搁浅记录也较多。它们也可能受到气候变化的影响，但潜在的影响尚不确定（Mead, 1989）。关于该种最早的记录为1994年在上海市长江口的长兴岛搁浅的1头雄性，头骨标本现存南京师范大学（周开亚，2000）。

保护级别：在我国被列为国家二级重点保护野生动物，在《2008 IUCN 受胁动物红色名录》中，被列为数据缺乏（DD）等级。

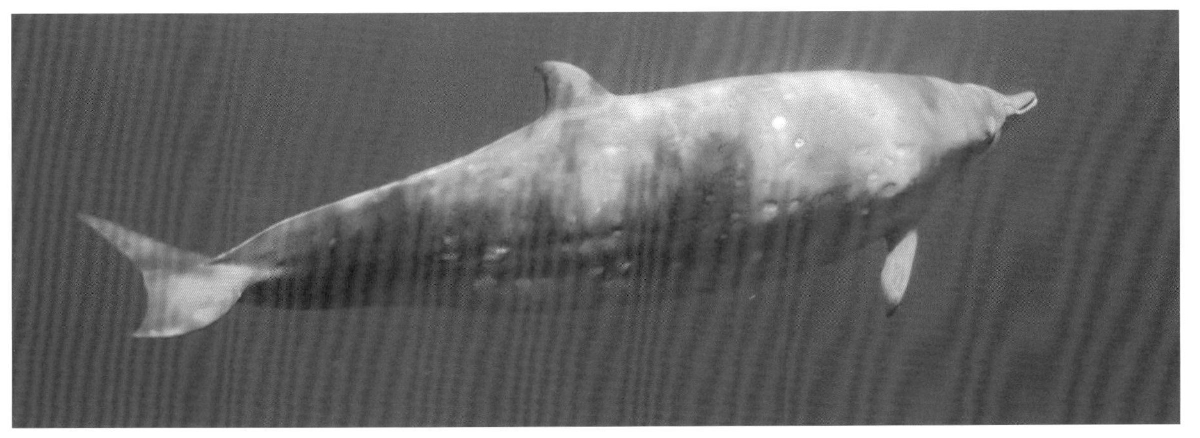

加勒比海 / Todd Pusser (naturepl. com)

柯氏喙鲸

Ziphius cavirostris Cuvier, 1823
Cuvier's Beaked Whale

鲸目 / Cetacea > 喙鲸科 / Hyperoodontidae

形态特征：身体结实，呈雪茄状，可以长到5-7m长，重2500kg，不同性别间大小无显著性差异（Heyning et al., 2002）。体背一般为灰褐色或棕灰色，头部及腹部颜色较淡。头部短粗，喙很短，一对喉咙凹槽，允许在进食猎物时扩大这个区域。眼睛位于口角的后上方。有一个略呈球状的瓜状物，呈白色或乳脂色，一条白色的长条延伸到背鳍的2/3处。背鳍弯曲很小，位于头部后面身体长度的2/3处，鳍肢同样又小又窄，尾鳍后缘微弯曲，缺刻小。身上通常有由鲨鱼造成的白色疤痕和斑块。

地理分布：国内分布于东海和南海水域。国外分布于全世界各大洋。

物种评述：分布较广，一般单独或组成3-12头左右的小群活动，若在主要觅食区，则可达25头。以多种鱿鱼为食，由其胃容物的研究发现，它们也捕食深海鱼类。不具备功能性牙齿，以抽吸的方式进食。2014年，使用与卫星连接的标签来跟踪加州海岸的柯氏喙鲸，发现它俯冲到海面以下2992m，在水下停留了2h以上，这是最深的和最长的潜水记录（Gregory et al., 2014）。呼吸时，呼吸孔喷出的水柱低而发散，在海平面看来相当模糊。它们能潜水20-40min，在海面时每10-20s呼吸一次。搁浅记录比其他喙鲸多，在哥斯达黎加和加拉巴格群岛曾有集体搁浅记录。寿命大约为40年。

该种是喙鲸中最常见、数量最多的一种，其全球数量可能超过10万头。据估计，有8万头在热带太平洋东部，近1900头在美国西海岸（不包括阿拉斯加），超过1.5万头在夏威夷附近。和其他喙鲸相比，柯氏喙鲸由于分布广泛与遇见率高，受到人类活动的影响也较大。日本曾经少量捕捉柯氏喙鲸，年猎杀量3-35头，多半由捕贝氏喙鲸的捕鲸船捕获。另外它们也可能陷入深水域的流刺网而死亡。

2008年，在我国大陆海域江苏吕四渔场首次发现柯氏喙鲸（王丕烈，2008），丰富了中国水域喙鲸类的研究内容。

保护级别：在我国被列为国家二级重点保护野生动物，在《2008 IUCN 受胁动物红色名录》中，被列为无危（LC）等级。

地中海 / 王先艳

啮齿目

Rodentia Bowdich, 1821

啮齿类通过在分类学和表型的多样性，组成了世界上有胎盘哺乳类最具特色的一个目，它们的种类约占全球哺乳动物总数的 40%。啮齿类是最成功的适应者，在所有大陆的几乎所有生态系统中，从热带荒原到北极冻原，从热带、温带到北方森林，它们都成功建立种群。甚至在几乎所有孤立岛屿上它们均成功定居，在苏门答腊及巽他群岛，它们成功跨越 Wallace and Lydekker 线，进入澳大利亚。有研究表明，它们的成功扩散和适应与广泛的食性，特异的头骨和牙齿特征（Hunter and Jernvall, 1995; Jernvall, 1995），小型到中型体型，以及短的个体发育和世代（Spradling et al., 2001）有很大关系。啮齿类循环反复的适应进化和惊人的多样性使得科学家对其系统发育关系的研究产生了巨大困难。

最早的被大多数科学家接受的啮齿目的分类系统是 Simpson（1945）的分类系统，他把啮齿类划分为 6 个亚目，15 个超科，37 个科。另外两个有影响的分分类系统是 McKenna and Bell（1997）和 Nowak（1999）的分类系统，前者把啮齿类分为 5 个亚目，8 个下目，11 个超科，49 个科，后者把啮齿类分为 2 个亚目，11 个下目，8 个超科，29 个科。但到目前为止，啮齿目高级分类阶元仍然没有取得一致意见。分子生物学提供了一个解决啮齿类系统发育的可靠途径。 Upham et al.（未发表资料）基于 31 个核基因构建的系统发育关系显示，啮齿目分为 3 个大的进化支，被分别命名为鼠相关进化支（Mouse-related clade）、松鼠相关进化支（Squirrel-related clade）和豚鼠相关进化支（Cavy-related clade），对应 8 个亚目。不过，最新的专著《Handbook of the mammmals of the World》（第 6，第 7 卷）（Wilson and Mittereier, 2016, 2017）并未使用该分类系统，而是仍然将啮齿目划分为 5 个亚目。鼠相关进化支包括了 3 个亚目：河狸亚目、鳞尾松鼠亚目和鼠型亚目；松鼠相关进化支包括 1 个亚目——松鼠亚目；豚鼠相关进化支包括了 17 个科，全部归于豪猪亚目。该专著统计我国有啮齿目动物 210 种。

近 10 多年来，我国兽类学工作者在我国兽类分类学研究领域取得了不少成绩，一些新种被描记，一些中国新纪录被发现，一些类群被重新厘定，很多亚种提升为种。魏辅文等（2021）最新统计，中国有啮齿类 235 种。该文发表后，又有 3 种我国兽类新种被描述，这样，截止 2022 年 5 月底，中国啮齿动物总计 238 种。

由于啮齿动物大多数为夜行性，行动隐蔽，胆小，加上保护色和敏锐的感官，很难拍摄到活动状态的照片。本图鉴第 1 版描述了中国啮齿目动物 77 种，第 2 版描述了 133 种，第 3 版在第 2 版的基础上增加了 19 种，总计达到 152 种，约占我国啮齿类总数的 64%。

需要特别指出的是，啮齿目动物大多数种类都是有益物种，即使从人类利益观点出发，有些有害种类，它们也是生态系统中不可或缺的成员，或者是其他动物的食物，或者是食物链上的重要角色。啮齿类中有很多种类是非常稀有的，如四川毛尾睡鼠（*Chaetocauda sichuanensis*），仅分布于四川的王朗自然保护区和九寨沟自然保护区，分布区非常狭窄，目前全世界仅采集到 5 号标本。又如，沟牙田鼠（*Proedromys bedfordi*）分布区略广，但都呈断裂式的点状分布，种群数量很少，除四川省林科院外，全世界仅 3 号标本。这样的例子还很多，因此，啮齿目大多数种类需要我们去保护，去深入研究。

北松鼠

Sciurus vulgaris Linnaeus, 1758
Eurasian Red Squirrel

啮齿目 / Rodentia > 松鼠科 / Sciuridae

形态特征：典型树栖类松鼠，体型大小中等。尾长而蓬松，大约是体长的2/3。耳端部簇毛显著，冬季尤为发达，夏季则稀少或无。个体毛色在不同季节差异较大，冬季一般以灰色为主，夏季毛色较深，背部一般以黑、黑褐色或红棕色为主，腹部中央部分从喉、颈、胸、腹部至鼠蹊和四肢内侧均为纯白色。冬季毛软而绒，夏季毛短而粗。

地理分布：国内分布于东北三省、内蒙古、河北、河南、陕西、山西及新疆等地。国外分布于日本、朝鲜半岛、蒙古，经俄罗斯至欧洲。

物种评述：松鼠属中仅有北松鼠一种分布于我国境内，但种下的地理变异较大。主要生活于温带及亚寒带针叶林或针阔混交林中，在大树上筑巢，善于跳跃。主要以松树等树木的种子为食，也吃蘑菇、嫩芽、野果及昆虫等，是北方林区的常见类群。

北京 / 张瑜

北京 / 张瑜

新疆天山 / 张真源

北京 / 张瑜

新疆阿尔泰山 / 邢睿

新疆阿尔泰山 / 邢睿

北京 / 张瑜

吉林延边汪清 / 向定乾

黑龙江哈尔滨太阳岛 / 陈尽虫

新疆乌鲁木齐 / 王献新

新疆喀纳斯风景区 / 韩雪松

新疆乌鲁木齐 / 王献新

云南西双版纳打洛 / 陈久桐

赤腹松鼠

Callosciurus erythraeus (Pallas, 1779)
Pallas's Squirrel

啮齿目 / Rodentia > 松鼠科 / Sciuridae

形态特征：吻部相对较短。身体背部及两侧面和四肢外侧面以橄榄褐色为主，并夹杂有黑毛。腹部颜色因具体栖息环境不同而有差异，由南至北，毛色变化的总体趋势是由深变浅（栗红逐渐变淡成为橙黄色，到灰白带浅土黄色）。眼眶四周棕黄色。耳、颊、颏和吻部灰色，前后足背面夹杂黑毛。尾毛较长、蓬松，毛色与身体背部相似，尾末端毛略显黄褐色或白色。

地理分布：国内分布于云南、贵州、广西、广东、海南、福建、台湾、浙江、江苏、安徽、河南、江西、湖北、湖南、四川、重庆。国外分布于印度、缅甸、泰国、柬埔寨、越南及马来西亚等地。

物种评述：生活于热带及亚热带雨林、季雨林、常绿阔叶林、次生林中及农田、果园、村庄附近，为林区的优势物种。在高大乔木的树洞或树杈间筑巢。早晨及黄昏活动频繁，善于在树枝间攀爬，偶尔也下到地面活动。主要以植物果实、嫩芽、花及昆虫等为食。

云南保山 / 杜卿

贵州遵义桐梓 / 向定乾

台湾台北 / 王瑞卿

云南德宏盈江 / 牛蜀军

福建福州 / 曲利明

四川甘孜九龙 / 邹滔

印支松鼠

Callosciurus inornatus (Gray, 1867)
Inornate Squirrel

啮齿目 / Rodentia > 松鼠科 / Sciuridae

形态特征： 腹面（从颏部至四肢腕、踝关节）呈浅蓝灰色。背部呈橄榄灰色，臀部无浅色斑。耳同背色。四肢背部与体背色近似。尾同背色，但具黑色毛尖，尾部黑色环纹一般为5道，尾腹面颜色较背面淡，呈棕黄白色。

地理分布： 国内分布于云南南部（澜沧江以东的西双版纳、江城、绿春、金平和河口）。国外分布于老挝和越南北部。

物种评述： 昼行性，栖息于海拔1000m以下的热带雨林和季雨林中，大多在林缘的矮树上活动。巢大多筑于树洞中，晨昏活动频繁。以植物的花、果实、种子、嫩枝叶、芽等为食， 也吃鸟卵及昆虫等。

云南西双版纳 / 李锦昌

黄手松鼠

Callosciurus phayrei (Blyth, 1856)
Phayre's Squirrelx

啮齿目 / Rodentia > 松鼠科 / Sciuridae

形态特征： 身体稍大于赤腹松鼠。背部、吻部、耳背、头顶部、颈侧面呈灰褐色。腹部橙黄色，腹部两侧通常各有一条微弱的黑色纹。尾长，尾毛毛尖黑色，尾腹面黄色。四肢黄白或淡橙黄色（以腕关节为界）。头骨形态上的显著特征为鼻骨前段较显著地向下弯曲，眶间部宽度明显大于丽松鼠属中其他种类的松鼠，眶后突及颧弓均较发达。

地理分布： 国内仅分布于云南西部（盈江）一带，数量稀少。国外主要分布于缅甸。

物种评述： 树栖类松鼠。生活于低海拔的热带雨林及竹子、阔叶林中。早晨、黄昏活动频繁。主要以植物的果实、花、嫩芽等为食。

云南德宏盈江 / 杜卿

云南德宏盈江 / 张岩

蓝腹松鼠

Callosciurus pygerythrus (I. Geoffroy Saint-Hilaire, 1831)
Irrawaddy Squirrel

啮齿目 / Rodentia > 松鼠科 / Sciuridae

云南西双版纳 / 王昌大

西藏山南 / 李锦昌

形态特征：体背面呈暗橄榄褐色。体腹面灰色、蓝灰色、浅红色、赤灰淡黄色。体侧灰褐色。臀部具浅色斑。尾背毛色似体背面，尾腹面毛色较（尾背部）浅，尾梢常呈黑色。脑颅骨略比赤腹松鼠小。鼻骨长短于眶间宽。额骨后缘平直。门齿孔较小。额骨后缘中间略微凸出。第 3 上臼齿后缘超过额骨后缘水平线。

地理分布：国内分布于云南、西藏。国外分布于印度、尼泊尔、缅甸、越南等。

物种评述：昼行性，通常单独活动。以植物的花、芽等为食，也吃昆虫。

云南 / 张永

纹腹松鼠

Callosciurus quinquestriatus (Anderson, 1871)
Anderson's Squirrel

啮齿目 / Rodentia > 松鼠科 / Sciuridae

形态特征：头顶部、颈背部和体背部橄榄棕色，背中央颜色最深，在向身体两侧过渡时逐渐变淡；颏部和喉部呈灰色。腹部具有 3 条暗色纵纹，中间的暗纹较两侧的稍宽，之间由 2 条白色纵纹隔开，故名纹腹松鼠。尾部颜色与体背颜色近似，但更浅，尾末端具 3-5 个黑色环纹，尾末梢具一段黑色区域。足背黑色，足趾较足背更黑。

地理分布：国内分布于云南西部（盈江、陇川、瑞丽、潞西、龙陵）和西北部（独龙江）。国外分布于缅甸。

物种评述：种群数量稀少。主要生活于海拔 1000m 左右的山地森林环境中，一般在乔木的外侧枝丫处筑巢。主要以植物的种子、果实、嫩芽、花以及昆虫类为食。

云南德宏铜壁关 / 袁屏

明纹花鼠

Tamiops mcclellandii (Horsfield, 1840)
Himalayan Striped Squirrel

啮齿目 / Rodentia > 松鼠科 / Sciuridae

形态特征：松鼠类动物中，明纹花鼠的体型相对较小，背部橄榄黄色，具3条棕黑色暗条纹，被米黄色条纹隔开，最外侧浅色条纹较中间2条浅色条纹清楚、明显，并通过肩部、颈侧与面颊淡色纹相连，腹毛赭黄色，尾基部毛色黄褐，次末端黑色，毛尖黄白色，尾梢黑色。

地理分布：国内分布于西藏东南部，云南西部、西南部及南部等地。国外分布于中南半岛、尼泊尔、印度等。

物种评述：栖息于热带、亚热带森林环境中，昼行性，通常单独或成对在树上活动。以植物的果实、种子、花、芽及嫩枝叶为食，也吃昆虫等。

西藏山南 / 李锦昌

云南西双版纳景洪 / 冯利民

泰国岗卡章 / 韦晔

倭花鼠

Tamiops maritimus (Bonhote, 1900)
Maritime Striped Squirrel

啮齿目 / Rodentia > 松鼠科 / Sciuridae

形态特征：身体相对较小，皮毛较短而薄。头部橄榄色，夹杂少许黄褐色。颈背、肩部、体侧、臀部呈橄榄灰色。耳背黑色，耳端部具有白色的簇毛。背中央纹较短且不分明，内侧浅纹与体背色很近似，外侧浅纹污白色，较短。体腹面毛色黄白，毛基灰色。尾部具有两圈黑色环，由一较宽的赭黄色环隔开。

地理分布：国内分布于福建、台湾、海南、广西、广东、浙江、安徽、河南、江西、湖北、湖南、贵州和云南。国外分布于老挝、越南等地。

物种评述：生活于亚热带、温带常绿阔叶林、针叶林及农田附近的灌丛中。通常在树洞、树杈或山崖峭壁缝隙中筑巢。晨昏活动频繁。食物以植物果实、嫩芽、种子为主，也吃昆虫等。分布较广泛，为较常见的类群。

海南乐东 / 李锦昌

福建三明明溪 / 严志文

台湾 / 袁屏

海南 / 张永

岷山花鼠

Tamiops minshanicua Liu, Tang, Murphy, Chen & Li, 2022
Minshan Mountain Striped Squirrel

啮齿目 / Rodentia > 松鼠科 / Sciuridae

形态特征：个体介于隐纹花鼠和倭花鼠之间。整体色调偏棕色，额部和头顶明显的亮棕色，腹部锈色，耳背的毛束纯白色；夏毛身体背面有 5 条黑色条纹，中间 3 条黑色条纹明显，最外侧 1 对黑色条纹有些模糊，仅比背面毛色略深；冬季背面仅有 1 条明显的黑色条纹，位于中央，外侧 4 条深色条纹均不明显。与 5 条黑色条纹相间的 4 条淡色（棕白色）条纹则各季节均一样明显。听泡很大，长大于 8.5mm。

地理分布：仅分布于四川王朗国家级自然保护区，为中国特有种，仅分布于四川。

物种评述：该种是刘少英等 2022 年才发表的新种（Liu et al., 2022）。是一种非常稀少的物种，在王朗自然保护区多年的调查中，仅发现 4 只。它和隐纹花鼠（*Tamiops swinhoei*）及西伯利亚花鼠（*Tamias sibiricus*）、岩松鼠（*Sciurotamias davidianus*）等松鼠类同域分布，但岷山花鼠和隐纹花鼠是树栖为主，偶尔下地，如到溪流边喝水等，其余三种则主要是地栖为主。岷山花鼠的颜色和条纹显著不同于隐纹花鼠，且岷山花鼠的听泡大得多。岷山花鼠头顶为鲜亮的棕色，颊部条纹不明显，听泡在 8.5mm 以上。隐纹花鼠颜色灰暗得多，没有明显的棕色色调，脸颊纹明显，听泡小于 8.0mm。

四川平武王朗 / 罗春平

隐纹花鼠

Tamiops swinhoei (Milne-Edwards, 1874)
Swinhoe's Striped Squirrel

啮齿目 / Rodentia > 松鼠科 / Sciuridae

形态特征：该种在花松鼠属中较其他种的体型大，其皮毛较长且浓密，这些形状特征与该种生活于纬度更高或海拔更高的环境相关。身体背面整体呈橄榄灰黄色，背部中央具黑褐色纵纹，两边各有灰褐色和黄白色相间的条纹。身体侧面颜色较背面稍淡，外侧浅色条纹颜色较明纹花鼠更淡但更宽。与明纹花鼠显著的区别特征在于：脸颊部的浅色纹与身体侧面的浅色纹在颈肩部侧面中断不连续。

地理分布：国内分布于西藏、云南、四川、重庆、河北、河南、陕西、山西、甘肃、宁夏、湖南和湖北。国外分布于缅甸和越南等地。

物种评述：生活于亚热带、温带常绿阔叶林、针叶林及农田附近的灌丛中。通常在树洞、树杈或山崖峭壁缝隙中筑巢。晨昏活动频繁。食物以植物果实、嫩芽、种子为主，也吃昆虫等。分布较广泛，为较常见的类群。

四川新路海自然保护区 / 王新

陕西汉中洋 / 胡万新

四川康定 / 陈久桐

四川瓦屋山森林公园 / 陈久桐

橙腹长吻松鼠

Dremomys lokriah (Hodgson, 1836)
Orange-bellied Himalayan Squirrel

啮齿目 / Rodentia > 松鼠科 / Sciuridae

形态特征：体背橄榄灰褐色，毛尖略带橙黄色。体腹面从喉部到尾基橙黄色，颏部毛色较浅，鼠蹊部和尾基部颜色较腹部稍深。前后足背似体背色，但前足背面颜色稍淡。耳背具白斑（稍黄）。尾具有黑色和浅黄色相间的环纹。

地理分布：国内分布于西藏南部、东南部以及云南西北部。国外分布于印度、尼泊尔、缅甸等。

物种评述：生活于海拔1500-3400m的亚热带常绿阔叶林或针阔混交林中。特别喜好在青冈林中活动。在树洞中筑巢。昼行性，善于在树丛中活动，行动敏捷。以植物的果实、嫩枝叶，蘑菇及一些附生植物(如松萝)等为食，也吃昆虫等。

西藏林芝 / 邢睿

西藏日喀则樟木 / 邢睿

珀氏长吻松鼠

Dremomys pernyi (Milne-Edwards, 1867)
Perny's Long-nosed Squirrel

啮齿目 / Rodentia > 松鼠科 / Sciuridae

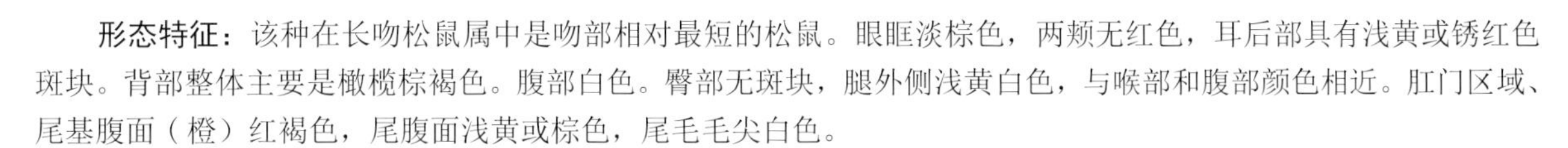

形态特征：该种在长吻松鼠属中是吻部相对最短的松鼠。眼眶淡棕色，两颊无红色，耳后部具有浅黄或锈红色斑块。背部整体主要是橄榄棕褐色。腹部白色。臀部无斑块，腿外侧浅黄白色，与喉部和腹部颜色相近。肛门区域、尾基腹面（橙）红褐色，尾腹面浅黄或棕色，尾毛毛尖白色。

地理分布：国内分布于四川、重庆、甘肃、陕西、云南、湖北、贵州、福建、江西、浙江、安徽、台湾、湖南、广西和广东。国外分布于缅甸、越南、印度等。

物种评述：生活于亚热带森林及农田附近灌丛中。一般在森林的中下层活动，晨昏活动频繁。在树洞或树根下筑巢。以植物的果实、种子、嫩芽、花以及昆虫为食，是我国南方山区中常见的松鼠。

安徽黄山 / 那兴海

四川 / 张永

云南丽江 / 杜卿

四川甘孜稻城 / 韦晔

安徽黄山 / 那兴海

红腿长吻松鼠

Dremomys pyrrhomerus (Thomas, 1895)
Red-hipped Squirrel

啮齿目 / Rodentia > 松鼠科 / Sciuridae

形态特征：整个体背面从头顶部到背部及足背呈橄榄黑色，毛基蓝灰色。体腹面从颏部至肛门区域浅黄白色。颊部及颈部呈橙棕色。耳后斑赭黄色。后肢从臀部外侧至膝关节附近呈明显的红褐色。

地理分布：分布于四川、贵州、重庆、湖北、海南、广西、湖南、广东、福建和安徽。国外分布于越南北部。

物种评述：栖息于海拔1000m左右的亚热带林区内，营半树栖生活，在石缝或树洞中筑巢。杂食性，主要以植物的果实、嫩枝叶及昆虫等为食。

广东韶关 / 李锦昌

广东韶关 / 牛蜀军

红颊长吻松鼠

Dremomys rufigenis (Blanford, 1878)
Asian Red-cheeked Squirrel

啮齿目 / Rodentia > 松鼠科 / Sciuridae

形态特征：体背面、两侧和四肢外侧橄榄褐色。两颊红色。耳郭灰黑色。体腹面和四肢内侧污白色。后腿外侧无棕红色斑块，尾腹面中央锈红色，背面黑色。喉部无红色。乳头 3 对，胸部 1 对，鼠蹊部 2 对。

地理分布：国内分布于广西和云南。国外分布于中南半岛、印度等。

物种评述：半树栖半地栖类型，晨昏活动频繁。主要生活于海拔 1000m 以下的亚热带杂树林及河谷灌丛中，在树洞或石缝中筑巢。以植物的果实、嫩枝叶，蘑菇，昆虫及其他小动物为食。

云南普洱哀牢山 / 陈尽虫

云南西双版纳 / 王昌大

云南保山 / 杜卿

巨松鼠

Ratufa bicolor (Sparrman, 1778)
Black Giant Squirrel

啮齿目 / Rodentia > 松鼠科 / Sciuridae

形态特征：最大的树栖性松鼠。身体修长，善于攀爬。耳郭显著并具有长长的簇毛，下颌、眼眶边缘黑色，颏部有两长条形黑斑。体背部毛色为黑色、赤黑色、赤色、暗褐色或灰褐色。腹部白色，或白色夹杂褐色，或橙黄色。前足宽，前后足背黑色。尾长而蓬松。头骨粗壮结实，鼻骨前端向下弯曲。

地理分布：国内分布于云南、广西和海南。国外分布于印度、尼泊尔、中南半岛、印度尼西亚等。

物种评述：生活于热带雨林、季雨林的高大乔木上。个体较大，运动能力强，能随着季节的变换及环境中食物的丰盛程度完成一定范围内的迁移活动。一般在20m以上的大树上筑巢。大多单独活动。以植物的种子、果实、嫩芽、花为食。在我国分布区域狭窄，数量稀少。

保护级别：国家二级重点保护野生动物。

云南保山白花岭 / 董磊

云南保山 / 杜卿

云南保山 / 牛蜀军

云南保山 / 杜卿

云南德宏盈江 / 陈久桐

条纹松鼠

Menetes berdmorei (Blyth, 1849)
Indochinese Ground Squirrel

啮齿目 / Rodentia > 松鼠科 / Sciuridae

形态特征：体型较赤腹松鼠略小。吻尖。尾短于体长，尾端及尾侧毛较长。吻端、眼下及两颊呈淡黄褐色。体背毛灰黑色夹杂橙棕色，体背中央的一条纵纹色较淡，体侧黑色纹较宽，细淡黄白色纵纹较窄。腹部黄白色，尾下棕红色，尾尖白色。

地理分布：国内分布于云南。国外分布于柬埔寨、老挝、泰国、缅甸、越南。

物种评述：栖息于热带森林环境，地面活动较多，极少在高大树上攀爬。大多选择林缘的矮藤灌丛和竹林生境生活。食物以植物种子、果实、嫩芽等为主，也吃昆虫等。

泰国岗卡章国家公园 / 张冬茜

岩松鼠

Sciurotamias davidianus (Milne-Edwards, 1867)
Pere David's Rock Squirrel

啮齿目 / Rodentia > 松鼠科 / Sciuridae

形态特征：身体背面呈橄榄灰色，腹部大多呈浅黄白色，体侧面无浅白色长条纹。前后足（特别是后足）背面毛较其他种类的松鼠更稠密，尾毛腹面多呈黄褐色，背面、侧面及尾端部大多具有白色毛尖。头骨鳞状骨较高，颧弓上升至吻高之半，颧弓突位置较低而位于眼眶中点之前，没有明显的颞嵴，眶后突长度一般大于 2mm，具有栓状第 3 前臼齿。

地理分布：为中国特有种。分布于辽宁、河北、北京、天津、河南、山西、陕西、甘肃、宁夏、四川、云南、贵州、湖北、安徽、广西和重庆。

物种评述：半树栖半地栖类松鼠。主要生活于森林环境中的岩石地带，行动敏捷，多在岩石缝隙中筑巢。食物以植物果实及种子为主，具有能携带食物的颊囊，无冬眠习性。

四川 / 陈久桐

四川广元青川 / 严志文

四川唐家河自然保护区 / 许明岗

四川甘孜丹巴 / 王昌大

甘肃天水 / 杜卿

四川 / 陈久桐

陕西汉中洋县 / 向定乾

陕西汉中洋县 / 向定乾

侧纹岩松鼠

Rupestes forresti Thomas, 1922
Forrest's Rock Squirrel

啮齿目 / Rodentia > 松鼠科 / Sciuridae

形态特征：体型与岩松鼠相似。喉部中央区域具白色斑块，面颊、耳、颈侧呈棕褐色，体侧面有一条狭长的白色纹。尾稍短于体长。身体背部暗棕褐色，腹部淡赭黄色。前后足棕褐色。尾毛暗棕褐色、毛尖白色。脑颅低平，鼻骨长大于眶间宽。听泡发达。

地理分布：为中国特有种。仅分布于云南、四川西部及西南部、广西西南部。

物种评述：栖息环境主要为岩石多的稀树灌丛丘陵山区。地上活动为主，善于攀爬，行动敏捷，筑巢大多筑于岩缝中。食物以植物的果实、种子为主。

云南迪庆州维西 / 雷进宇

云南迪庆州维西 / 雷进宇

花鼠

Tamias sibiricus (Laxmann, 1769)
Siberian Chipmunk

啮齿目 / Rodentia > 松鼠科 / Sciuridae

形态特征：体型相对较小的松鼠类。耳端部无簇毛，眼与耳之间有 1 条暗纹，另有 1 条暗纹从口鼻须部延至耳下。吻部相对较长，具颊囊，能暂时存储食物。背部毛色灰黄，分布有 5 条明显的黑色纵纹（因而有些地方又将花鼠称为“五道眉”），其中背中央的黑纹最长，一直延伸到臀部。体腹面黄白色或浅土黄色。尾末梢毛相对较长，毛尖白色，整体毛色夏季较冬季更深。

地理分布：国内分布于东北、华北、西北各地及河南、四川。国外分布于欧洲、蒙古、日本、朝鲜半岛等地。

物种评述：北方林区常见的小型松鼠类动物。生活于针叶林、针阔混交林、阔叶林及农田附近灌丛环境中，常在树洞、石缝中筑巢。善于攀爬、奔跑。以植物种子、果实、嫩叶及昆虫为食，具有储存食物的习惯，特别是将植物种子储存为越冬食物。

青海同仁 / 李大国

新疆喀纳斯风景区 / 邢睿

新疆阿尔泰山 / 邢睿

阿拉善黄鼠

Spermophilus alashanicus Büchner, 1888
Alashan Ground Squirrel

啮齿目 / Rodentia > 松鼠科 / Sciuridae

内蒙古阿拉善盟 / 林剑声

形态特征：体长平均接近 200㎜，尾长平均 62㎜ 左右。眼眶区域呈白色，眼眶下部具有一淡红棕色区域，一条从吻部至耳基部的浅白色纹从白色眼眶区域与其下部的淡红棕色区域之间穿过。体背部主要呈浅黄色，两腰部黄白色。尾背部毛色与体背毛色近似，尾腹面显锈红色，尾末端具锈红色的长尾梢。

地理分布：国内分布于青海、内蒙古阿拉善、山西中部至陕西西部，甘肃东部和宁夏也可能有分布。国外分布于蒙古。

物种评述：该种最初被列为达乌尔黄鼠的亚种，1975 年独立为有效种。栖居于草原及半荒漠环境中。昼行性。以草本植物的根、茎、叶及种子为食，也吃昆虫类。对草场和农作物危害较大，同时也是一些传染病（如鼠疫病毒等）的宿主。

内蒙古阿拉善盟 / 杜卿

赤颊黄鼠

Spermophilus erythrogenys Brandt, 1841
Red-cheeked Ground Squirel

啮齿目 / Rodentia > 松鼠科 / Sciuridae

形态特征：体型中等。头顶部颜色相对较暗，眼上方有一眉斑，眼下方有一宽的红棕色颊斑。体背部以黄褐色为主，带有较深的灰土黄色，毛尖颜色稍浅，在背部形成细小的斑点，也有个体背部呈沙黄色或锈黄色，带有橙红色。腹部黄色。足背面土黄或污白色。尾背面土黄灰色，腹面锈黄色。

地理分布：国内分布于新疆北部和内蒙古。国外分布于俄罗斯、哈萨克斯坦、蒙古。

物种评述：生活于草原和荒漠环境中，白天活动为主。主要以草本植物的根茎为食，对农牧业有危害。赤颊黄鼠还是一些传染病的宿主。穴居。根据实际需要，洞穴有两种类型。一种是临时的隐蔽洞，构造较为简单，不作为窝巢之用；另一种常用作冬眠的栖息洞，窝巢构造复杂，一般距地面 1m 左右。

新疆塔城 / 邢睿

新疆卡拉麦里 / 黄亚慧

内蒙古锡林郭勒盟东乌旗 / 孙万清

达乌尔黄鼠

Spermophilus dauricus Brandt, 1843

Daurian Ground Squirrel

啮齿目 / Rodentia > 松鼠科 / Sciuridae

形态特征：体背面沙土黄色杂有黑褐色。体侧面、体腹面及前肢外侧面均为沙黄色。尾上面中央黑色，边缘黄色。眶周具白圈。耳郭黄色。颅骨不如长尾黄鼠的宽。吻较短。颅顶明显呈拱形。眼眶大而长。左右上颊齿列均明显呈弧形。

地理分布：国内分布于内蒙古、黑龙江、吉林、辽宁、山东、河北、山西中部和北部、陕西北部和甘肃西部。国外分布于俄罗斯、蒙古。

物种评述：昼行性，北方草原的代表种之一，生活于干旱的草原或半荒漠环境中，有冬眠习性。植食性，主要以各种草本植物的根、茎叶及种子为食，也吃昆虫等。

内蒙古锡林郭勒盟 / 张永

黑龙江齐齐哈尔拜泉 / 王勇刚

内蒙古 / 张永

内蒙古赤峰达里诺尔 / 王瑞卿

长尾黄鼠

Spermophilus undulatus (Pallas, 1778)
Long-tailed Ground Squirrel

啮齿目 / Rodentia > 松鼠科 / Sciuridae

形态特征：尾较长，等于或大于体长之半。眶间宽超过上颊齿列长。夏季体背面从颈项至尾基部为黑灰的混合色，背中部较暗。眼眶周围白色带浅黄色。头、颈、身体侧面、前后肢及足均为鲜褐黄色。唇、颏白色；喉、腹褐黄色。四肢内侧白色。尾基部上面毛色似体背面，尾端中央黑色，周围白色。冬季毛色浅淡，体侧面和体腹面变为白色。

地理分布：国内分布于新疆、内蒙古和黑龙江。国外分布于俄罗斯、哈萨克斯坦、蒙古。

物种评述：主要栖息于戈壁沙漠边缘的稀树草原地区、高山草甸及山谷地带的灌丛环境中。昼行性，晨昏活跃。以植物的根、茎及果实等为食，也吃昆虫类。

新疆阿勒泰青河 / 黄亚慧

新疆塔城 / 邢睿

新疆阿勒泰 / 雷进宇

新疆喀纳斯森林公园 / 武家敏

天山黄鼠

Spermophilus relictus (Kashkarov, 1923)
Relict Ground Squirrel

啮齿目 / Rodentia > 松鼠科 / Sciuridae

形态特征：夏季毛色体背面灰褐浅黄色，尾背面锈浅黄色，尾远端有一较宽的黑褐色区域，末梢黄白色。冬季毛色较浅淡且灰，常带有浅黄色调。眶后突尖细。鼻骨较短。上颊齿列长略超过齿隙长。

地理分布：国内仅分布于新疆。国外分布于天山境外地区。

物种评述：昼行性，群居，栖息于草原环境中。主要以草本植物为食，也吃昆虫。

新疆西天山自然保护区 / 黄亚慧

新疆西天山自然保护区 / 黄亚慧

灰旱獭

Marmota baibacina Kastschenko, 1899
Gray Marmot

啮齿目 / Rodentia > 松鼠科 / Sciuridae

形态特征：体型粗壮，毛长而柔软。吻部深棕色。体背面米黄或沙黄色，杂以黑色或黑褐色波纹。体腹面毛色较深暗，呈赤褐色或深赤褐色带黄色调。尾背、腹颜色分别似体背、腹颜色。颅骨较宽。鼻骨后端中间形成尖楔状缺刻。

地理分布：国内仅分布于新疆。国外分布于蒙古、俄罗斯、哈萨克斯坦、吉尔吉斯斯坦。

物种评述：主要栖息于平缓坡度的山地草原环境中。洞穴分为两种。一种是临时洞穴，短而浅，简单；一种是冬季洞穴，深达 2-3m，复杂，分支多。昼行性，白天一般在距洞穴 30-50m 的范围内活动。食物以禾本科植物为主。

新疆塔城 / 邢睿

新疆伊犁 / 邢睿

新疆巴音布鲁克 / 张永

长尾旱獭

Marmota caudata (Geoffroy, 1844)

Long-tailed Marmot

啮齿目 / Rodentia > 松鼠科 / Sciuridae

形态特征：体型粗壮，尾长近体长的 1/2，体背部毛较长。体色从锈黄色到锈橙色。背部夹杂黑褐色。头顶呈黑或暗褐色。腹部似背部色，橙色稍深，无褐色。尾背色似体背部，端部毛色呈褐至黑色。吻短而宽。鼻骨较短，后端不越过眼眶前缘。听泡较小。齿隙长略大于上颊齿列长。

地理分布：国内分布于新疆西部地区。国外分布于巴基斯坦、阿富汗及中亚。

物种评述：山地松鼠类，主要生活在针叶林生境中开阔且石头较多的地带，喜欢在干燥、有矮草的山坡活动。每天的活动一般从日出后地面环境暖和时开始，遇外界干扰时常发出鸟鸣状叫声。食物以草本植物的叶和茎为主，喜食豆类植物。大约在 9 月中旬开始进入洞穴中冬眠。

新疆克州乌恰 / 邢睿

新疆喀什塔什库尔干 / 阎旭光

新疆帕米尔 / 那兴海

喜马拉雅旱獭

Marmota himalayana (Hodgson, 1841)

Himalayan Marmot

啮齿目 / Rodentia > 松鼠科 / Sciuridae

形态特征：鼻上部及两眼之间区域黑褐色，吻部常有黑色或淡黑棕色斑点，前额杂有浅黄色。口鼻部从鼻垫到眼以及从眼到耳基部的狭窄区域，颜色从鲜赭黄色到赭黄红褐色。整个体背面浅黄色和黑色混杂，其中背部中央区域更暗。两颊、四肢浅黄色。整个体腹面呈浅或橙黄色，毛基黑灰色。颅骨大而结实、扁平。眶后突发达，矢状嵴明显。鼻骨后端越过眼眶前缘水平。

地理分布：国内分布于西藏、四川、云南、青海、甘肃和新疆。国外分布于印度、尼泊尔、巴基斯坦等地。

物种评述：主要生活于海拔高度3500-5500m的高山草甸，耐干旱环境的能力较强。主要以草本植物的根、茎、叶及种子为食。有群居的生活习性，常挖洞穴作为群体的越冬场所。

四川石渠 / 张巍巍

青海玉树杂多 / 黄秦

青海玉树囊谦 / 邢睿

蒙古旱獭

Marmota sibirica (Radde, 1862)
Tarbagan Marmot

啮齿目 / Rodentia > 松鼠科 / Sciuridae

形态特征：体型粗壮。尾长不及体长的1/3；足较宽大，爪粗而短小，前足第3趾最长，拇趾退化。体为两种色型，褐色和黄褐色。头上部从鼻垫到耳基部（不包括耳）呈黑色或黑褐色，颏部有一块长条形白色斑。背部毛色污白色或黄褐色，毛基棕色或棕黑色，毛尖褐色或黄褐色。眼下面颊、颈侧、四肢和前后足几乎都是淡赭黄到浅黄色，浅白色环与褐色毛尖之间的差异小于背部。腹股沟有时多少带黑色。尾末端背腹两侧均呈锈棕褐色。

地理分布：国内分布于内蒙古和黑龙江。国外分布于蒙古、俄罗斯。

物种评述：聚群生活。主要栖息于干草原地带。主要以禾本科植物为食，也食其他草本植物和灌木。蒙古旱獭是淋巴腺鼠疫的携带者。一般4月交配，9月开始冬眠。天敌主要有狼、赤狐，以及雕和鹰等大型猛禽。

内蒙古锡林郭勒盟东乌珠穆沁旗 / 孙万清

内蒙古锡林郭勒盟东乌珠穆沁旗 / 孙万清

沟牙鼯鼠

Aeretes melanopterus (Milne-Edwards, 1867)
North Chinese Flying Squirrel

啮齿目 / Rodentia > 松鼠科 / Sciuridae

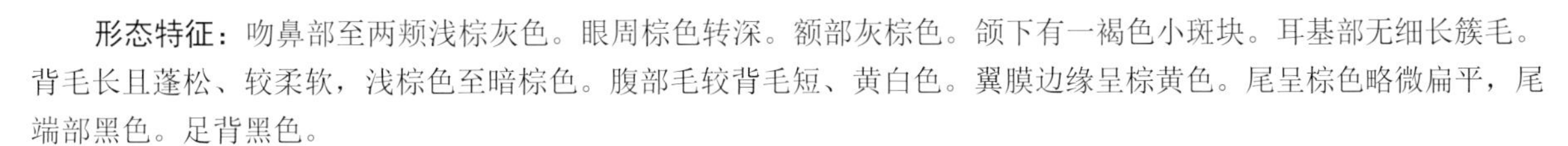

形态特征：吻鼻部至两颊浅棕灰色。眼周棕色转深。额部灰棕色。颌下有一褐色小斑块。耳基部无细长簇毛。背毛长且蓬松、较柔软，浅棕色至暗棕色。腹部毛较背毛短、黄白色。翼膜边缘呈棕黄色。尾呈棕色略微扁平，尾端部黑色。足背黑色。

地理分布：为中国特有种，仅分布于四川、甘肃及河北。

物种评述：夜行性，晨昏活动频繁。栖息于海拔2500-3000m的冷杉、红桦混交林环境中。滑翔能力较强，一般筑巢于树洞。

河北雾灵山自然保护区 / 牛震

河北雾灵山 / 张永

河北雾灵山自然保护区 / 牛震

毛耳飞鼠

Belomys pearsonii (Gray, 1842)
Hairy-footed Flying Squirrel

啮齿目 / Rodentia > 松鼠科 / Sciuridae

形态特征：小型鼯鼠类。吻部相对较长。耳相对较小且具缺刻。耳基部前后具有显著的簇毛。体毛柔软具光泽。背部红（棕）褐色，夹杂有花白色小斑块。腹部淡棕（红）褐色。四肢足背面被毛。尾毛蓬松，尾背部褐色、腹部棕色。

地理分布：国内分布于云南、贵州、广西、海南、广东及台湾等地。国外分布于印度、缅甸、越南、老挝。

物种评述：夜行性，生活于热带及南亚热带原始森林。食物以植物的果实为主，也吃植物的花、嫩枝叶、芽等。

云南西双版纳热带植物园 / 赵江波

海南鹦哥岭自然保护区 / 黄秦

云南西双版纳 / 李斌

高黎贡比氏鼯鼠

Biswamoyopterus gaoligongensis Li *et al*., 2019
Mount Gaoligong Flying Squirrel

啮齿目 / Rodentia > 松鼠科 / Sciuridae

高黎贡山 / 彭大周

形态特征：大型鼯鼠，体重超过 1kg。背毛栗红色，腰背部夹杂白色的长毛，腹部浅黄白色，尾巴黑色，生殖器周边黑色。有耳簇毛，尾翼膜较同体型的其他鼯鼠发达，可延伸包裹尾长的三分之一。

地理分布：中国特有种。仅知分布于云南泸水、保山和腾冲，盈江有一可疑记录。

物种评述：2019 年由中科院昆明动物所兽类组团队发表的鼯鼠新种，数量十分稀少。栖息于高黎贡山中低海拔的季雨林和常绿阔叶林。

云南羊绒鼯鼠

Eupetaurus nivamons Li, Jiang, Jackson and Helgen, 2021
Yunnan Woolly Flying Squirrel

啮齿目 / Rodentia > 松鼠科 / Sciuridae

高黎贡山 / 李权

形态特征：大型鼯鼠，体重可达 2kg。身体整体呈棕灰色，腹部稍浅，黑尾尖约占尾长的 40%。毛被非常厚实，足底覆毛，尾巴蓬松呈圆锥状。

地理分布：中国特有种。仅知分布于云南西北部。

物种评述：虽然早在 1973 年，昆明动物所的科研人员就曾从滇西北的皮毛市场购得两张羊绒鼯鼠皮，但一直未确认分布地点和分类地位，2016 年中科院昆明动物所兽类组团队依据高歌提供的红外相机线索找到了云南的羊绒鼯鼠野生种群，并依据遗传和齿学特征将其描述为一新种。栖息于滇西北树线附近的高海拔悬崖，夜行性，可能进食高山柏。冬季栖息地会被大雪覆盖，但该物种不冬眠，不迁徙。

黑白飞鼠

Hylopetes alboniger (Hodgson, 1836)
Particolored Flying Squirrel

啮齿目 / Rodentia > 松鼠科 / Sciuridae

形态特征：成体体型较小飞鼠更大。无耳簇毛，尾略显扁平（羽状）。脸颊灰色，身体背面以褐灰色为主色调，翼膜边缘白色，身体腹面呈白或灰白色，前后足背褐灰色。尾背面黑灰色，后部逐渐变为黑色。

地理分布：国内分布于云南、贵州、重庆、四川、广西和海南。国外分布于孟加拉国、不丹、柬埔寨、印度、老挝、尼泊尔、泰国、越南。

物种评述：栖息于热带、亚热带森林环境。大多在树洞中筑巢，昼伏夜出。食物以植物的果实、种子、嫩枝叶等为主。

高黎贡山 / 彭大周

高黎贡山 / 彭大周

栗背大鼯鼠

Petaurista albiventer (Gray, 1834)
Chestnut-backed Giant Flying Squirrel

啮齿目 / Rodentia > 松鼠科 / Sciuridae

云南保山 / 董磊

形态特征：眼眶及鼻周黑色，脸颊部灰黑色，头、颈及躯干背部以栗色为主。大多数个体从肩部以后开始有散布的白色毛尖，至腰臀部更多。胸、腹部以棕褐色为主，四肢足趾部黑色。尾呈圆柱形，尾毛发达，后端基本呈黑色。

地理分布：国内分布于西藏、云南、四川等地。国外分布于缅甸等。

物种评述：夜行性，生活于亚热带山地常绿阔叶林或针阔混交林中。在高大乔木的树洞或树冠顶部筑巢，一般独栖或成对活动。主要以植物的果实、种子、花、芽、嫩枝叶，以及苔藓等为食。

云南泸水片马 / 黄秦

红白鼯鼠

Petaurista alborufus (Milne-Edwards, 1870)
Red & White Giant Flying Squirrel

啮齿目 / Rodentia > 松鼠科 / Sciuridae

形态特征：大型鼯鼠类。相对于其他种类的鼯鼠，红白鼯鼠的毛被较浓密且更具光泽。头部白色，眼眶赤褐色，身体背面、侧面及翼膜大多呈棕栗色或赤褐色，腹部橙红色。红白鼯鼠的典型外部特征为腰部中央具有一个淡黄色或黄白色的大型斑块。

地理分布：国内分布于云南、广西、贵州、重庆、四川、甘肃、陕西、湖南、湖北及江西等地。国外主要分布于缅甸。

物种评述：通常栖息于海拔 1000-3000m 左右的亚热带常绿阔叶林、针阔混交林及暗针叶林中，常在高大乔木的树冠或树洞内筑巢，滑翔能力较强。食物包括植物的嫩枝、叶、果实等，也吃昆虫及鸟卵等。

四川马边大风顶国家级自然保护区 / 黄耀华

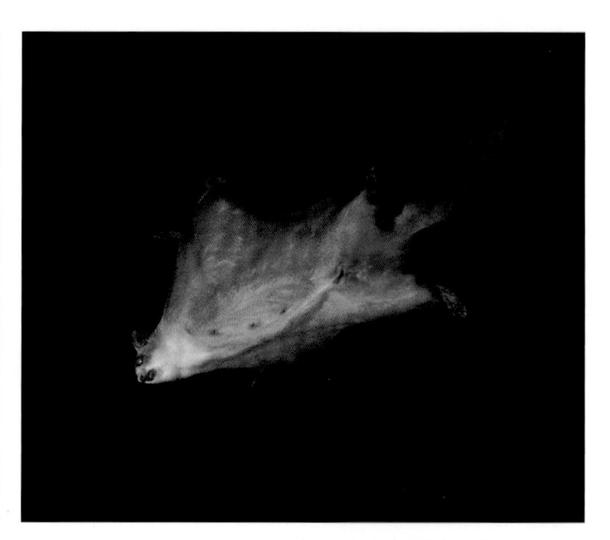

四川马边大风顶国家级自然保护区 / 黄耀华

贵州宽阔水国家级自然保护区 / 韦晔

灰头小鼯鼠

Petaurista caniceps (Gray, 1842)
Grey-headed Flying Squirrel

啮齿目 / Rodentia > 松鼠科 / Sciuridae

形态特征：吻部相对较短，额部主要呈灰色，喉部白色，耳黑、基部灰棕色且内侧有浅红色斑。体背部无白斑(这是与白斑小鼯鼠的主要区别)，翼膜栗褐色，胸、腹部棕灰色(有些个体显橙色)，背部及翼膜边缘呈灰色夹杂微黑色。前后足背橙红色，尾浅棕色并夹杂有黑毛，尾梢黑色。

地理分布：国内分布于西藏、云南、贵州、四川、重庆、广西、湖北、湖南、甘肃和陕西等地。国外分布于印度、尼泊尔、不丹及缅甸北部。

物种评述：主要生活在海拔 1000-3500m 左右的阔叶林、针阔混交林及针叶林中。树栖性，通常单独活动。大多在高大树木的树洞或树杈上筑巢，夜间活动。主要以植物的果实、嫩芽为食物。

高黎贡山 / 彭大周

四川唐家河自然保护区 / 马文虎

湖北大老岭国家级自然保护区 / 张晓红

陕西汉中洋县 / 向定乾

白斑小鼯鼠

Petaurista elegans (Temmink, 1836)
Spotted Giant Flying Squirrel

啮齿目 / Rodentia > 松鼠科 / Sciuridae

形态特征：中型鼯鼠，中国境内分布的亚种背部棕黑色，头部至腰部密布白色斑点，尾巴棕色，腹部棕黄色。越靠南的种群背部的白斑越密集。

地理分布：国内主要分布于云南和广西南部。国外分布于不丹、中南半岛、马来半岛、苏门答腊、爪哇和婆罗洲。

物种评述：南亚、东南亚低海拔热带、亚热带森林常见鼯鼠。以树叶为主食，兼食树果和种子。

高黎贡山 / 彭大周

高黎贡山 / 彭大周

海南鼯鼠

Petaurista hainana Allen, 1925
Hainan Flying Squirrel

啮齿目 / Rodentia > 松鼠科 / Sciuridae

形态特征：前额、头部两侧、耳后颈侧黑色。背部被毛灰色锈色、红棕色或黑色。毛尖黑色，中间赭色浅黄色到黄褐色，毛基部为黑色。耳朵黑色，有白色毛边。嘴唇白色，下巴黑色。喉部被毛棕黑色，毛尖端带白色。前臂，小腿和大部分翼膜黑棕色，腹部、上臂和肘部白色。翼膜外侧边缘有毛尖黑色、基部红褐色的毛。

地理分布：中国特有种。仅分布于海南。

物种评述：属热带和亚热带湿润阔叶林生物群系。生活于森林。

海南霸王岭自然保护区 / Shibai Xiao (naturepl. com)

白面鼯鼠

Petaurista lena Thomas, 1907
Taiwan Giant Flying Squirrel

啮齿目 / Rodentia > 松鼠科 / Sciuridae

形态特征：大型鼯鼠。背毛和尾栗红色；整个头部、身体腹面和前翼膜，前足背白色，有的种群后足背也为白色。与红白鼯鼠的区别主要在于：白面鼯鼠仅分布于台湾，而红白鼯鼠仅分布于大陆；红白鼯鼠腹部橘黄色，白面鼯鼠白色；红白鼯鼠腰部有大白斑，白面鼯鼠没有。

地理分布：中国特有种。仅分布于台湾。

物种评述：曾被作为红白鼯鼠的亚种，但系统发育分析显示白面鼯鼠与红白鼯鼠并不构成单系，亲缘关系很远，加之两者皮张和头骨上的差异，国际上已经普遍接受了白面鼯鼠的有效种地位 Li et al.（2013）。

台湾大雪山 / 王进

栖息于台湾中高山的针叶林和硬木林。夜行性，采食多种植物的树叶、树皮、树果、花和种子。

台湾大雪山 / 牛蜀军

白面鼯鼠 / 台湾 / 袁屏

白面鼯鼠 / 台湾 / 袁屏

栗褐鼯鼠

Petaurista magnificus (Hodgson, 1836)
Hodgson's Giant Flying Squirrel

啮齿目 / Rodentia > 松鼠科 / Sciuridae

形态特征：大型鼯鼠。背部毛色呈黄褐色或暗棕色。从头至尾基部具有暗棕色至淡黑色的纵行条纹。肩部黄斑明显。体侧及翼膜深黄褐色。腹部黄褐色。尾基部棕色，尾毛以黄褐色为主，杂以黑色毛尖。足黑色。

地理分布：国内分布于西藏南部。国外分布于尼泊尔、印度、不丹。

物种评述：夜行性。树栖。主要生活于常绿阔叶林及落叶林环境，栖息地海拔可达3000m左右。主要以植物的嫩叶、芽为食。筑巢常选用地衣、苔藓等柔软材料。

西藏日喀则定结 / 郭亮

红背鼯鼠

Petaurista petaurista (Pallas, 1776)
Red Giant Flying Squirrel

啮齿目 / Rodentia > 松鼠科 / Sciuridae

福建三明泰宁 / 徐晴川

福建三明明溪 / 严志文

形态特征：体型大。体长440-480mm。尾长480-530mm，略超过体长。颅全长平均80mm左右。身体背面从吻端沿额部、背部到尾基部均呈深栗色。眼周、颊部灰黑色。耳背面黑色，边缘暗栗色。身体腹面颏部具黑色斑，喉部白色，鼠蹊部淡灰色。腹部其余部分淡橙红色或者棕黄色。腹部两侧白色，毛尖淡黄色。翼膜和四肢上部栗红色，下部深棕色。四肢外侧和前后足均为灰黑色。尾和体背颜色差不多，但后半段的毛尖多为灰色，或者灰黑色。头骨眶上突大，无缺刻，向两侧平伸。眶上突后有2纵嵴。牙齿咀嚼面复杂，齿突清晰。上颌第1颗上前臼齿小，呈柱状；第2颗上前臼齿大，臼齿状。下臼齿咀嚼面更复杂，纹路很多。

地理分布：国内分布于广东、福建、台湾。国外分布于马来半岛、爪哇、苏门答腊和婆罗洲。

物种评述：该种的种级地位稳定，亚种的争议较多，一般认为在我国有2个亚种，*Petaurista petaurista albiventer*和*Petaurista petaurista rufipes*。前者已经被提升为种，后者的地位也有一定争议（本书图片就是后者）。甚至红背鼯鼠是否分布于中国都有人质疑（未发表资料）。

霜背大鼯鼠

Petaurista philippensis (Elliot, 1839)
Indian Giant Flying Squirrel

啮齿目 / Rodentia > 松鼠科 / Sciuridae

广西崇左龙州 / 廖之锴

形态特征：大型鼯鼠种类。身体背面以暗栗褐色为主，散布浓密的白色毛尖，使得身体背面呈霜花状。耳壳上棕褐色。身体腹面棕黄色，前后足背棕黑色，尾栗褐色。

地理分布：国内分布于云南、广西。国外分布于印度、老挝、缅甸、泰国、越南、斯里兰卡。

物种评述：栖居于热带、亚热带，大多选择茂密的高大乔木森林环境。在树冠或树洞中筑巢。食物主要以植物的果实、种子、嫩枝叶等为主，也吃昆虫类。

橙色小鼯鼠

Petaurista sybilla Thomas & Wroughton, 1916
Small Orange-backed Flying Squirrel

啮齿目 / Rodentia > 松鼠科 / Sciuridae

形态特征：体型大小与斑点鼯鼠（*Petaurista marica* Thomas, 1912）近似，眼眶上缘棕黑色。耳后斑棕（橙）色，头、颈和体背部颜色以棕黄色为主基调，无大毛束白斑，腰臀部颜色稍淡，翼膜、股膜、前后肢及足背橙棕色，腹部淡棕黄色，尾与背色近似。

地理分布：国内分布于云南、贵州、四川、重庆及湖北。国外分布于缅甸。

物种评述：栖息于亚热带常绿阔叶林或中高海拔暗针叶林，食物以植物的果实、种子以及嫩枝叶等为主。

湖北大老岭国家级自然保护区 / 张晓红

湖北大老岭国家级自然保护区 / 张晓红

灰鼯鼠

Petaurista xanthotis (Milne-Edwards, 1872)
Chinese Great Flying Squirrel

啮齿目 / Rodentia > 松鼠科 / Sciuridae

形态特征：眼眶呈淡棕黄色。耳郭稍圆，耳尖呈黑色，基部外侧黄褐色。喉部灰白色，皮毛柔软而疏松。背部毛色整体偏暗，带白色至米黄色的毛尖。腹部整体呈浅灰色，毛尖白色。翼膜外缘橘黄色。足背稍显黑色。尾较长，具黑色的长毛。

地理分布：为中国特有种。仅分布于横断山区的西藏、云南、四川、甘肃等地。

物种评述：夜行性，晨昏活动频繁，栖息于海拔 3000m 左右的亚高山针叶林或针阔混交林中。滑翔能力较强，一般筑巢于高大乔木的树洞或离地面较高的岩石洞中。以植物的果实、种子、嫩枝叶、芽等为食，也吃昆虫。

四川阿坝 / 李锦昌

灰鼯鼠 / 云南丽江老君山 / 曾祥乐

李氏小飞鼠

Priapomys leonardi (Thomas, 1921)
Leonard's Flying Squirrel

啮齿目 / Rodentia > 松鼠科 / Sciuridae

形态特征：小型飞鼠，松鼠般大小。耳朵比其他小型飞鼠大得多，无耳簇毛。尾扁平呈羽状。背毛底毛黑色，夹杂很多橘黄色长毛；腹毛浅黄色，喉部有一个纯白色斑，有时会延伸到胸部；面部上下异色；前后足背黑色。

地理分布：国内分布于云南西北部。国外分布于缅甸北部。

物种评述：曾作为黑白飞鼠的亚种或同物异名，2021 年由中国科学院昆明动物所兽类组团队依据遗传学和牙齿及阴茎形态学的差异恢复为有效种，并描述为一新属。夜行性，栖息于滇西北山脚亚热带季雨林至山体中上部的针阔混交林，观察到过采食植物的花。

云南泸水 / 白皓天

高黎贡山 / 彭大周

小飞鼠

Pteromys volans (Linnaeus, 1758)
Siberian Flying Squirrel

啮齿目 / Rodentia > 松鼠科 / Sciuridae

形态特征：小型鼯鼠类。有短而稠密的毛体。腹毛淡白到米黄色。背部毛灰色，比腹面深些。足腹面白，背面棕色。尾扁，尾侧毛较长，尖尾部淡灰黑色。眼大且黑。

地理分布：国内分布于西北和东北地区，向南延伸到中部。国外分布于俄罗斯、蒙古、朝鲜半岛、日本等。

物种评述：栖息于中国北部海拔 2500m 的冷杉林中。也常出现在成熟的桦林中。喜好在树洞筑巢。大多数交替占有着几个巢，不冬眠。夜行动物。个体非常灵活。食物包括坚果、芽、嫩枝、浆果、桤树和桦树花，偶尔吃鸟卵、雏鸟、蘑菇和昆虫，会储藏大量食物。

新疆阿勒泰 / 权毅

新疆阿尔泰山 / 蒋卫

新疆阿勒泰 / 权毅

新疆阿勒泰 / 权毅

复齿鼯鼠

Trogopterus xanthipes (Milne-Edwards, 1867)
Complex-toothed Flying Squirrel

形态特征：吻部相对较短。吻鼻部、翼膜及足背呈黄褐色。头额部灰色，眼大。耳郭发达，耳基部内外侧具黑色的长簇毛。背毛棕褐色或土黄色；腹毛黄白色；尾毛以灰色为主、蓬松，远端具黑色长毛。

地理分布：为中国特有种。分布于北京、河北、河南、山西、陕西、甘肃、青海、湖北、贵州、云南、四川、重庆、西藏等地。

物种评述：该物种通常独居，生活于温带及亚高山的针叶林或针阔混交林中。一般在树洞中筑巢，夜行性。主要以植物的果实、种子、花、芽及嫩枝叶为食。

四川绵阳平武 / 王昌大

高黎贡山 / 彭大周

四川绵阳平武 / 王昌大

林睡鼠

Dryomys nitedula (Pallas, 1778)
Forest Dormouse

啮齿目 / Rodentia > 睡鼠科 / Gliridae

形态特征：个体中等。体长80-100㎜。尾长等于或略长于体长。耳前至眼前及眼周围有一道明显的灰黑色纹路。身体背面毛色棕灰色，脊背、头顶、枕部有赤褐色色调。腹面毛基灰，毛尖淡黄，背腹毛色界限明显。尾毛厚密而蓬松，尾两侧的毛比尾背面和腹面的毛长，尾毛深棕灰色。

地理分布：国内仅分布于新疆北部。国外还分布于中东、向西北到欧洲。

物种评述：全世界有 9 属 28 种。分属 3 个亚科。中国有 2 属 2 种，属于林睡鼠亚科（Leithiinae）。睡鼠科啮齿动物是一群非常特殊的动物。大多数像小松鼠，有柔软而密实的毛，尾毛蓬松，眼睛大而圆。善于爬树。有特殊的尾断后能再生能力。睡鼠科动物均非常珍贵，数量稀少。中国分布的林睡鼠和四川毛尾睡鼠（*Chaetocauda sichuanensis*）均十分罕见。尤其四川毛尾睡鼠生境特殊，仅分布于四川王朗自然保护区和九寨沟自然保护区，全世界的标本数量仅 5 只，处于极度濒危状态。生态学资料几乎空白。

新疆昌吉 / 张真源

新疆阿勒泰富蕴 / 王瑞

河狸

Castor fiber Linnaeus, 1758
Eurasian Beaver

啮齿目 / Rodentia > 河狸科 / Castoridae

新疆阿勒泰福海 / 石峰

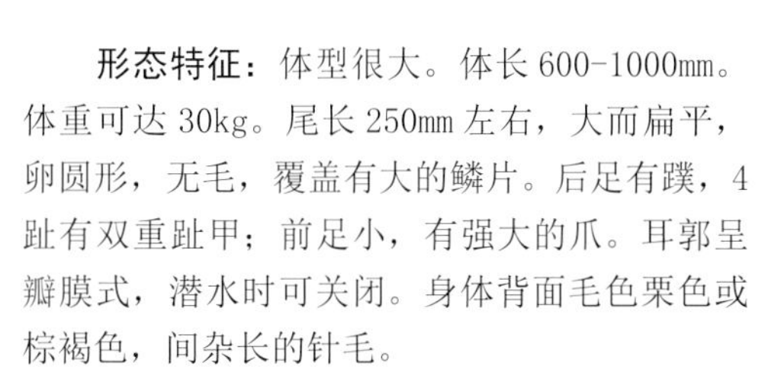

形态特征：体型很大。体长 600-1000mm。体重可达 30kg。尾长 250mm 左右，大而扁平，卵圆形，无毛，覆盖有大的鳞片。后足有蹼，4 趾有双重趾甲；前足小，有强大的爪。耳郭呈瓣膜式，潜水时可关闭。身体背面毛色栗色或棕褐色，间杂长的针毛。

地理分布：国内边缘性分布于新疆。国外分布于欧洲和亚洲北部。

物种评述：本科全世界仅有 2 种。另外一种是分布于加拿大和美国阿拉斯加的美洲河狸。河狸高度适应水生生活，可长时间在水下活动。有用树枝和树干构筑拦水坝，在水坝旁边筑巢的习性。毛皮珍贵，香腺发达，分泌的河狸香是贵重香料。在我国，河狸处于濒危状态，仅在新疆布尔根河自然保护区有 500 只左右。

保护级别：国家一级重点保护野生动物。

新疆阿勒泰青河 / 初雯雯

新疆阿勒泰青河 / 初雯雯

新疆阿勒泰青河 / 初雯雯

大五趾跳鼠

Allactaga major (Kerr, 1792)
Great Five-toed Jerboa

啮齿目 / Rodentia > 跳鼠科 / Dipodidae

Roland Seitre (naturepl. com)

形态特征：胡须发育良好。耳长27-42㎜。耳道口有一簇毛发，可防止沙子进入耳道。背毛与地理位置有关：红色、沙色或黑色。腹部白色。五个脚趾中有两个脚趾退化的，后足底部有一簇毛。尾巴末端有一簇黑白相间的毛。

地理分布：国内分布于新疆。国外分布于哈萨克斯坦、俄罗斯、乌克兰、乌兹别克斯坦。

物种评述：属山地草原和灌丛生物群系。生活于沙漠、草地。

巴里坤跳鼠

Orientallactaga balikunica (Hsia & Fang, 1964)
Balikun Jerboa

啮齿目 / Rodentia > 跳鼠科 / Dipodidae

蒙古 / Klein & Hubert (naturepl. com)

形态特征：背部有黑色条纹。背毛黄色、棕色或灰色。毛基部灰色，毛中段毛黄色，毛尖端深棕色。臀部颜色较深，体两侧毛色趋向灰白色。前肢、前肢和后肢内侧被毛纯白色，后肢为沙黄色灰色。尾巴具一簇深色毛，尾基部腹侧没有白色毛。

地理分布：国内分布于新疆。国外分布于蒙古。

物种评述：属山地草原和灌丛生物群系。生活于半荒漠草原。

巨泡五趾跳鼠

Orientallactaga bullata (Allen, 1925)
Gobi Jerboa

啮齿目 / Rodentia > 跳鼠科 / Dipodidae

形态特征： 背部毛色浅黄色。上唇、腹面、前臂和后肢被毛纯白。臀部有一条明显的条纹。尾巴上有一簇毛。毛簇腹面白色，尾下部黑色，有白色中间纵条纹，尾部远端纯白色。

地理分布： 国内分布于内蒙古、新疆、宁夏、甘肃。国外分布于蒙古。

物种评述： 属山地草原和灌丛生物群系。生活于灌丛、荒漠。国内有2个亚种。指名亚种*O. b. bullata*分布于内蒙古中部、宁夏、甘肃西北部和新疆东部（星星峡）；巴里坤亚种*O. b. balikunica*分布于新疆东部（巴里坤和伊吾）。

蒙古 / Roland Seitre (naturepl. com)

五趾跳鼠

Orientallactaga sibirica (Forster, 1778)
Mongolian Five-toed Jerboa

啮齿目 / Rodentia > 跳鼠科 / Dipodidae

形态特征： 成体个体较大。体长通常在 130mm 以上，但很少超过 170mm。后足长 65-75mm。耳长平均 47mm，尾长平均略超过 200mm。身体背面灰棕褐色，有时灰黑色色调显著，腹面纯白色。尾的末端呈毛刷状，“毛刷”靠近身体的一段为白色或灰白色，中间为黑色，黑色部分较长，尾端白色，但很短。后足为前足的 3-4 倍，有 5 趾，适于跳跃。后足中间 3 趾的两侧被以较长的褐色毛。和小五趾跳鼠相比，五趾跳鼠个体大，颜色稍暗，尾端的黑色部分较长。

地理分布： 分布于我国北部，包括新疆塔里木盆地北部一直到北疆，往东包括内蒙古及甘肃、青海、宁夏、山西、河北的北部草原和荒漠地带，还包括黑龙江和吉林西部的草原地带。国外分布于俄罗斯和蒙古。

物种评述： 属于五趾跳鼠亚科（Allactaginae）。五趾跳鼠种级分类地位稳定，亚种分化复杂，有 10 余个，在我国有 5 个，原来还包括现在的蒙古五趾跳鼠。但是否都是有效亚种有待深入研究。五趾跳鼠有冬眠习性，5-6 月繁殖，一胎 3-5 仔。

新疆阿拉山口 / 邢睿

新疆石河子 / 王瑞

五趾心颅跳鼠

Cardiocranius paradoxus Satunin, 1903
Five-toed Pygmy Jerboa

啮齿目 / Rodentia > 跳鼠科 / Dipodidae

蒙古 / Konstantin Mikhailov (naturepl. com)

形态特征：黑色触须发达。眼大，耳小。鼻端裸露。脸颊毛白色。被毛有丝绸质感，夏季毛色棕色，杂有许多黑毛。腹毛纯白。后脚长，前脚短，尾被稀疏长毛。尾基近端在秋季显著膨大，贮存脂肪。

地理分布：国内分布于内蒙古、甘肃、宁夏、新疆。国外分布于哈萨克斯坦、蒙古、俄罗斯。

物种评述：属山地草原和灌丛生物群系。生活于荒漠。

小地鼠

Pygeretmus pumilio (Kerr, 1792)
Dwarf Fat-tailed Jerboa

啮齿目 / Rodentia > 跳鼠科 / Dipodidae

新疆昌吉木垒 / 邢睿

新疆昌吉木垒 / 邢睿

形态特征：个体较小。体长90-110mm。头宽而短，耳相对较小，往前折不达鼻端，仅有20-30mm。尾长为体长的1.5倍左右，长120-190mm。身体背面深灰色，黑色色调较显著，尾端毛簇不显著，毛簇末端白色，其余的黑色。后足很长，为前足的3倍，达到50mm左右，适于跳跃，有5趾，但两侧的趾很小，行走时不接触地面，中间3趾腹面裸露。没有前臼齿。

地理分布：国内分布于新疆、内蒙古和宁夏。国外分布于蒙古和伊朗。

物种评述：属于五趾跳鼠亚科（Allactaginae）。该属全世界有 3 种，中国只有 1 种。数量较稀少。是荒漠和半荒漠草原种。该种的种级地位没有争议，亚种较多，中国分布的属于哪个亚种还没有定论，初步放入 *P. pumilio aralensis*。

肥尾心颅跳鼠

Salpingotus crassicauda Vinogradov, 1924

Thick-tailed pygmy Jerboa

啮齿目 / Rodentia > 跳鼠科 / Dipodidae

形态特征： 体长50mm左右，尾长为体长的2倍，达到110-130mm。尾被以短毛，末端 1/4 有较长的毛，但不形成毛束。在秋季以后，接近尾基部的1/4 变得肥大。身体背面灰色，腹面白色，尾也是灰色。耳小，呈管状，长仅10mm左右。

地理分布： 国内分布于新疆、宁夏、内蒙古和陕西北部。国外分布于蒙古。

物种评述： 属于心颅跳鼠亚科（Cardiocraniinae）。三趾心颅跳鼠属共6种，中国2种，分布较广，但数量很少，栖息地包括梭梭荒漠和弃耕地，生态上研究很不深入。

新疆阿勒泰青河 / 张晓凯

三趾心颅跳鼠

Salpingotus kozlovi Vinodradov, 1922

Koslov's Pygmy Jerboa

啮齿目 / Rodentia > 跳鼠科 / Dipodidae

形态特征： 体长 50-56mm。尾长约为体长的 2.5 倍，平均达 120mm。耳高一般不超过 12mm。体重 10g 左右。尾从基部起就有排列规则的稀疏白色长毛向两侧伸出，后端 1/4 形成褐色笔状毛束。尾基 1/4 在秋季显著膨大。夏季毛色灰棕色，腹面纯白。到秋季，毛色逐渐变淡，至全身灰白色，尾的毛束也变成灰棕色。

地理分布： 国内分布于新疆北部、内蒙古西部，以及陕西、甘肃、宁夏北部。国外分布于蒙古。

新疆和田民丰 / 邢睿

物种评述： 属于心颅跳鼠亚科（Cardiocraniinae）。该种虽然分布较广，但数量稀少。在全国标本都很少。分类上没有争议，有 2 个亚种。生态上信息非常少，研究很薄弱。

新疆和田民丰 / 邢睿

新疆和田民丰 / 邢睿

小五趾跳鼠

Scarturus elater (Lichtenstein, 1828)
Small Five-toed Jerboa

啮齿目 / Rodentia > 跳鼠科 / Dipodidae

新疆昌吉 / 胡党生

新疆昌吉 / 王献新

形态特征：个体较小。体长通常短于115mm，平均约100mm。耳大，向前翻超过鼻端。后足是前足的3倍，但通常不超过65mm，善于跳跃。身体背面深灰到暗灰色，侧面棕黄色；冬季毛色较浅，背面灰黄白色，侧面灰白色。腹面从颏部到尾根为纯白色。尾长，略超过体长的1.5倍，平均160mm。尾端多毛膨大呈毛笔状，尾梢部为白色，其余膨大部分为黑色，但沿中间有一条白色的线。尾是跳跃时的平衡器。后足5趾，中间3趾在趾两侧有较硬的刚毛。

地理分布：国内分布于新疆北部。国外分布于伊朗、俄罗斯。

物种评述：属于五趾跳鼠亚科（Allactaginae）。跳鼠类分布于北非、阿拉伯及亚洲北部的沙漠及荒漠地带，是这种极端环境中为数不多的哺乳动物。小五趾跳鼠种级分类地位稳定，没有争议，亚种较多，但中国仅1个亚种——准噶尔亚种（*S. e. dzungariae*）。主要栖息于蒿草、针茅荒漠草原、芨芨草及梭梭植物丰富的半荒草原。以多种植物的枝叶、根茎、外皮为食。

蒙古羽尾跳鼠

Stylodipus andrewsi Allen, 1925
Andrews's Three-toed Jerboa

啮齿目 / Rodentia > 跳鼠科 / Dipodidae

形态特征：体长 113-130mm。体重约 60g。头顶毛灰色，眼睛上方和耳朵背面有白色斑点。被毛淡灰色。一条白毛带横跨臀部。腹部白色。后脚中足趾最长，足底有毛。尾比身体长，尾基近端皮下脂肪组织增厚，尾短扁平，有浓密黑色毛束。

地理分布：国内分布于甘肃、宁夏、内蒙古。国外分布于蒙古。

物种评述：属山地草原和灌丛生物群系。生活于半荒漠、草地、泰加林、灌丛。

蒙古 / Klein & Hubert (naturepl. com)

三趾跳鼠

Dipus sagitta (Pallas, 1773)
Northern Three-toed Jerboa

啮齿目 / Rodentia > 跳鼠科 / Dipodidae

形态特征：个体中等，体长 115-150mm，平均约 120mm。尾长中等，约为体长的 1.5 倍，平均约 160mm。耳小，平均 18mm 左右。后足是前足的 3 倍，长平均约 57mm。后足 3 趾，后足两侧趾完全退化，足底有长而密的刚毛，呈"毛刷"状，善于跳跃。身体背面毛色有变异，不同季节也略有不同，棕黄色、灰棕色、灰黄色均有，腹面从颏部到尾根为纯白色。尾干棕黄色，尾端多毛，膨大呈毛笔状，尾梢部为白色，其余膨大部分为黑色。冬季整体颜色变淡，尾端毛束也变为棕灰色。有发达的上前臼齿。

地理分布：国内分布于新疆、内蒙古、陕西、吉林、辽宁。国外分布于伊朗和俄罗斯高加索地区。

物种评述：属于跳鼠亚科（Dipodinae）。该种在中国分布较广，适应沙漠、荒漠和半荒漠地区，种群数量较大，是我国较常见的一种跳鼠。

新疆阿勒泰布尔津 / 邢睿

新疆艾比湖湿地自然保护区 / 邢睿

新疆卡拉麦里自然保护区 / 邢睿

长耳跳鼠

Euchoreutes naso Sclater, 1891

Long-ear Jerboa

啮齿目 / Rodentia > 跳鼠科 / Dipodidae

新疆吐鲁番托克逊 / 邢睿

新疆吐鲁番托克逊 / 邢睿

形态特征：个体小，体长 80-90mm。耳巨大，约为体长的一半，40-50mm，后折可达腰部。后足是前足的 3 倍，平均约 45mm。善于跳跃。背面毛色砂灰色，有时染灰色调，腹面从颏部（口腹面）到尾根为纯白色。尾长，接近身体的 2 倍，140-180mm。尾干着生较长的毛，显得尾干较粗。尾端毛簇很大，尾梢部为白色，中间黑色，尾毛膨大的起始处为一段窄的白色。后足 5 趾，但两侧趾很小。

地理分布：国内分布于内蒙古、新疆、宁夏、青海和甘肃。国外分布于蒙古。

物种评述：属于长耳跳鼠亚科（Euchoreutinae），单属单种。分类地位没有争议，亚种 3 个，中国有 2 个亚种。栖息于沙漠和沙质荒漠草原。分布较广，在稀疏胡杨林沙地和旱生芦苇沙丘种群数量较大，5-6 月是繁殖高峰期，一胎 2-6 仔。

四川林跳鼠

Eozapus setchuanus (Pousargues, 1896)

Chinese Jumping Mouse

啮齿目 / Rodentia > 林跳鼠科 / Zapodidae

四川贡嘎山 / 陈顺德

形态特征：身体棕红色，有时背面中部有一道宽阔的黑褐色带。岷山地区的标本腹部毛色纯白，但四川甘孜州的标本（属于指名亚种）腹部中线有一个“Y”字形的暗棕色带。背腹界限明显。尾很长，后足也很长，适于跳跃。成体体长 65-86mm，尾长 121-146mm，后足长 27-31mm。尾长和体长的比例 1.63-1.98 倍，最大者接近体长的 2 倍，平均在 1.8 倍左右。

地理分布：为中国特有种。主要分布于四川， 零星分布于云南、青海、甘肃、陕西和宁夏。

物种评述：属于林跳鼠科（Zapodidae），该科仅有 1 种——四川林跳鼠。该种有 2 个亚种，指名亚种发现于四川康定，腹部正中有一个“Y”字形的暗棕色条纹；甘肃亚种发现于临潭，腹部纯白色。两个亚种的分界线大概在阿坝、马尔康、松潘、若尔盖一线的草原和森林交界区域，该区域的四川林跳鼠腹部条纹有时显著，有时不显著，在分子系统树上，该区域的四川林跳鼠没有明显分成 2 个分支。甘孜区域四川林跳鼠主要生活于草原地带，而甘肃亚种（主要分布于岷山山系）主要生活于森林和灌丛。

青海西宁湟中 / 李波

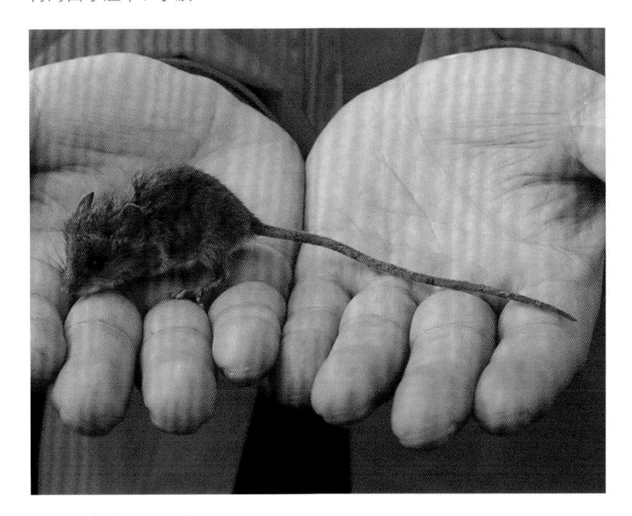

青海西宁湟中 / 李波

中国蹶鼠

Sicista concolor (Büchner, 1892)
Chinese Brich Mouse

啮齿目 / Rodentia > 蹶鼠科 / Sicistidae

形态特征：个体小。体重平均8.5g。体长平均62mm；尾较长，平均128mm，超过体长的2倍。后足显著长于前足，但不像其他跳鼠类，后足相对较短，等于或略小于前足的2倍。显示有一定的跳跃能力，但不强。身体背面颜色黄褐色，杂有显著的黑色毛。腹毛毛基灰色，毛尖灰白色。尾上下一色，覆盖短毛，尾端不形成毛束。耳褐色。前后足指（趾）黄白色，跗跖部及腕掌部灰褐色。头骨吻鼻部尖长，脑颅浑圆。眶间宽相对较大。上门齿唇面橘黄色，下门齿唇面白色。颧弓向下，和上齿列咀嚼面几乎在同一个水平面。有1颗上前臼齿，无下前臼齿。臼齿（颊齿）3/3。

地理分布：为中国特有种。分布于四川、云南、甘肃和陕西。

物种评述：属于蹶鼠科（Sicistidae）。该亚科全世界 13 中，中国 4 种。中国蹶鼠是分布区最南的种类，也是 2 种在森林活动的种类之一。该种种级地位稳定，没有争议。虽然分布区较广，但种群数量不大，属于比较珍稀的啮齿类。为高海拔（2500m）以上的森林及林缘灌丛物种。

新疆 / 蒋卫

天山蹶鼠

Sicista tianshanica (Salensky, 1903)
Tien Shan Birch Mouse

啮齿目 / Rodentia > 蹶鼠科 / Sicistidae

形态特征：与林跳鼠的主要区别在于腭骨后缘超过上臼齿列后缘。天山蹶鼠为蹶鼠亚科中个体较大的种类。体长 50-75mm。尾甚长，大于体长的 1.5 倍，77-113mm。后足长 16-19mm。耳较小，不超过 10mm。体背灰褐色，腹面灰色，背面中央没有黑线而与长尾蹶鼠和草原蹶鼠相区别。尾背面和体背一致，腹面灰白色，但界限不显著。

地理分布：国内仅分布于新疆天山山脉北坡及北疆部分区域。国外分布于哈萨克斯坦和吉尔吉斯斯坦所属天山山地。因此也可以说是天山山脉特有种。

物种评述：属于蹶鼠科（Sicistidae），只有一个属——蹶鼠属（*Sicista*），共有 13 种，中国 4 种。该种属于稀有种类，标本数量很少，野外上夹率很低。分布于天山山脉海拔 1200-3200m 之间的山地草原、山地森林林缘、亚高山草甸。分类上没有争议，亦无亚种分化。

中华猪尾鼠（武夷山尾鼠）

Typhlomys cinereus Milne-Edwards, 1877
Soft-furred Tree Mouse

啮齿目 / Rodentia > 刺山鼠科 / Platacanthomyidae

形态特征：身体为典型的老鼠模样，个体小。体长71-76mm，尾长96-120mm，背面灰黑色，绒毛状；腹面毛基灰色，毛尖灰白色。耳大，近裸露。眼小。尾很特别，显著长于体长，其后半部有稀疏的长毛，近尾根部毛较短。和其他种类的猪尾鼠相比，其脑颅更扁平。上臼齿相对较宽，第1上臼齿前齿窝较宽；个体仅比小猪尾鼠（*Typhlomys nanus*）略大。

地理分布：为中国特有种。分布于福建、广西和浙江。

物种评述：属级和种级分类单元均很稳定，没有争议。争议较多的是其亚种数量。最新研究表明，它仅包含2个亚种。另外两个亚种（*daloushanensis*, *chapensis*）具有种级地位。

广东车八岭 / 何锴

广东车八岭 / 何锴

大猪尾鼠

Typhlomys daloushanensis (Wang, Li, 1996)
Daloushan Pygmy Dormouse

啮齿目 / Rodentia > 刺山鼠科 / Platacanthomyidae

形态特征：牙齿只有16枚，上下颌均无犬齿和前臼齿。前足第5趾特化为一个带指甲的拇趾一样的趾。个体较其他种类猪尾鼠大，体长70-90mm。尾较长，平均为体长的140%。身体背面暗黑灰色；腹面毛基灰色，毛尖灰白色。背腹毛色分界明显。耳中等，几乎裸露无毛。前后足背面暗褐色。尾背腹一色，尾端白色，尾端形成毛刷。

地理分布：为中国特有种。分布于重庆、贵州、四川、甘肃、陕西、湖北。

物种评述：属于刺山鼠科（Platacanthomyidae），是一个很独特而古老的科。只有2属6种，中国4种。中国的4种原来只有一种猪尾鼠（*Typhlomys cinereus*），模式产地福建，其中有2个亚种，一个在越南和我国云南交界区域，一个在重庆和贵州之间的大娄山。我国科学家程峰等将这两个亚种提升为种（Cheng et al., 2017），同时还发现了一个新种——小猪尾鼠（*Typhlomys nanus*）。

重庆金佛山 / 何锴 万韬

重庆金佛山 / 何锴

小猪尾鼠

Typhlomys nanus Cheng *et al*., 2017
Dwarf Tree Mouse

啮齿目 / Rodentia > 刺山鼠科 / Platacanthomyidae

形态特征：个体小，体长 64-74mm，尾长 97-106mm，是猪尾鼠中体型最小的。背面灰黑色，腹面奶油白色，毛基灰色，背腹毛色有明显分界；尾和中华猪尾鼠一样，较长，后半段有稀疏长毛。脑颅隆突。第 1 下臼齿没有后齿窝，不同于所有其他猪尾鼠。

地理分布：国内仅分布于云南禄劝和屏边。

物种评述：该种是昆明动物研究所程斌等2017年发表的新种。发现于海拔2000-3000m之间的长苞冷杉次生林，林下是箭竹和杜鹃灌丛。

云南昆明轿子雪山 / 何锴

云南昆明轿子雪山 / 何锴

小竹鼠

Cannomys badius (Hodgson, 1841)
Lesser Bamboo Rat

啮齿目 / Rodentia > 鼹形鼠科 / Spalacidae

形态特征：耳小，隐于毛中，外面看不到明显的耳郭。个体小，一般不到 800g。背毛毛色或多或少带红褐色。幼体和亚成体时为灰棕色。体长约 200mm。尾长 50mm 左右，上有稀疏长毛。头骨上有较长的吻，听泡相对较大。头骨背面人字嵴发达。

地理分布：国内仅分布于云南西部的瑞丽地区。国外分布于越南、老挝、柬埔寨、泰国、尼泊尔、印度等。

物种评述：属于竹鼠亚科（Rhizomyinae）。小竹鼠属在全世界只有一个种。分类上没有争议。在我国分布区狭窄，数量很少，标本非常少，研究很不深入。栖息于热带和南亚热带山区竹林中，几乎终生营地下生活，很少出现在地表上。主要以竹笋和竹鞭为食。

云南文山麻栗坡 / 欧阳德才

云南铜壁关自然保护区 / 李晟

银星竹鼠

Rhizomys pruinosus Blyth, 1851
Hoary Bamboo Rat

啮齿目 / Rodentia > 鼹形鼠科 / Spalacidae

云南西双版纳勐腊 / 冯利民

形态特征：身体粗壮，皮毛厚实而光滑。个体大，1500-2500g。体长平均约260mm。背部毛为深棕色，夹杂很多长的白色针毛。整个颜色接近银灰白色。尾裸露无毛。耳小，耳略突出毛外，能看见耳郭。眼小，前足较强大，有较强掘土能力。头骨粗壮，吻部宽阔，颧弓粗大。

地理分布：国内分布于长江以南的贵州、广西、湖南、广东、福建、云南、四川南部。国外分布于印度、缅甸、泰国、越南、老挝、柬埔寨和马来西亚。

物种评述：属于竹鼠亚科(Rhizomyinae)。分类上，种级分类单元没有争议，亚种较混乱，中国有3个亚种，是否成立有待深入研究。终生营地下生活，主要吃竹子的根及竹笋。在局部区域种群密度很大时，可造成竹林成片死亡。该物种个体大，味道鲜美，易于饲养。

中华竹鼠

Rhizomys sinensis Gray, 1831
Chinese Bamboo Rat

啮齿目 / Rodentia > 鼹形鼠科 / Spalacidae

福建福州 / 曲利明

福建福州 / 曲利明

形态特征：和银星竹鼠相比，略大，体重1800-3000g。体长平均约280mm。身体粗壮，毛密实而柔软。背部毛色灰色，没有白色的长针毛，所以整个色调不是银灰白色，而是灰色。老年个体毛尖略显棕黄色。但亚成体和幼体针毛的远端灰白色，因此，也显灰白色调。耳突出毛外，外面可以看见，但耳高和银星竹鼠一样，不到20mm。尾裸露无毛，长度在150mm之下。头骨结实，粗大，枕骨高斜，门齿强大，垂直向下，唇面橘色。

地理分布：在国内，比银星竹鼠分布广，除长江以南广泛分布外，还分布于四川大部、甘肃及陕西。国外分布于缅甸和越南。

物种评述：和银星竹鼠一样，也是竹鼠亚科（Rhizomyinae）成员。终生营地下生活，以竹鞭和竹笋为食。在四川、陕西和甘肃，与大熊猫同域分布，种群数量大时，会造成竹子成片死亡，和大熊猫竞争食物。个体大，味道鲜美，已经被大量饲养，一胎2-6仔。

四川成都 / 巫嘉伟

四川成都 / 巫嘉伟

大竹鼠

Rhizomys sumatrensis (Raffles, 1821)
Indomalayan Bamboo Rat

啮齿目 / Rodentia > 鼹形鼠科 / Spalacidae

形态特征：个体大，平均达3.2kg（2.1-4kg）。体长380-480mm。尾很长，达150-190mm。是竹鼠科中体型最大者。身体背面整体毛色较淡，呈淡棕黄色。头部脸颊至耳后（除头顶这样外）均为粉红色。头顶有一个菱形的灰黑色斑块，其后缘和背毛相接，并逐渐变淡，最后和背面面色相融。鼻垫粉红色，上门齿外露，外表面橘色。颊部以下至颏部为白色。腹部颜色整体较淡，毛稀少。耳较小，略露出毛外，耳缘粉红色。尾毛较稀疏，尾尖粉红色。足大，有强大的爪。

地理分布：国内边缘性分布于云南南部。国外分布于缅甸、越南、柬埔寨、老挝、泰国、马来西亚、印度尼西亚。

物种评述：属于竹鼠亚科（Rhizomyinae），该种模式产地为马来西亚的马六甲。很早就记录于中国。种级分类地位稳定，同物异名有6个，这些同物异名是否是独立种，或者是亚种也有一些争议。生活于低海拔，土壤松软、肥沃的竹林中，营地下生活，夜晚有时出洞，甚至爬到竹子上啃食竹子。主要食用竹笋、竹子，也取食其他植物。

四川阿坝 / 张铭

高原鼢鼠

Eospalax bailey Thomas, 1911
Alpine Zokor

啮齿目 / Rodentia > 鼹形鼠科 / Spalacidae

形态特征：高度特化为营地下生活的一种大型啮齿动物。体长平均超过 200mm，尾较短，40-60mm。眼睛退化。耳朵退化。前肢爪非常强大，适合掘土。毛浓密、厚实，适应于严寒环境生活。被毛棕灰色，腹毛刷以枯黄色。尾几乎裸露。头骨粗壮，鼻骨后缘有缺刻，矢状嵴发达，眶突悬垂。

地理分布：为中国特有种。分布于四川、甘肃、青海、西藏、山西、陕西、宁夏、内蒙古。

物种评述：属于鼢鼠亚科（Myospalacinae）。分类上争议较大。以前长期被认为属于鼢鼠科。1997 年以来的多项分子生物学研究结果显示，鼢鼠类和竹鼠，以及亚洲北部鼹形鼠亚科（Spalacinae）和非洲鼹形鼠亚科（Tachyoryctinae）组成一个进化支，和其他所有啮齿动物为姊妹群。因此，最近将其作为鼹形鼠科的亚科。在种类上，分类也很混乱，高原鼢鼠曾经作为中华鼢鼠（*Eospalax fontanieri*）或者秦岭鼢鼠（*Eospalax rufescens*）的亚种，最新分子系统学认为是独立种。栖息于青藏高原高寒草甸及华北地区草原地带，很少地面活动，终生营地下生活，在地面形成串珠状的土堆，土堆一般直径 25cm 左右，高 15cmm 左右。

斯氏鼢鼠

Eospalax smithii Thomas, 1911
Smith's Zokor

啮齿目 / Rodentia > 鼹形鼠科 / Spalacidae

形态特征：个体在鼢鼠中属于中等。体长175-225mm。尾较短，约为体长的25%，尾上被浓密的毛覆盖。鼻部没有毛，形成一个像僧帽的无毛区（称为鼻垫）。主要在地下生活，在其洞道上的地表面留下高15-20cm的成排的土堆。前足强大，爪长，眼睛和耳朵退化，毛全身体毛绒毛状且密实，这些特征表明它适于掘土。但斯氏鼢鼠的爪相对中华鼢鼠和罗氏鼢鼠（*Eospalax rothschildi*）的爪较小。成体，尤其老年个体毛色棕褐色，毛尖红褐色。但青年个体或者亚成体、幼体，体毛青灰色，没有棕色色调。头骨上，顶嵴在老年个体愈合，并与额嵴汇合，形成一条矢状嵴，在青年阶段，两条额嵴就有靠近的趋势。

地理分布：为中国特有种。仅分布于甘肃和宁夏。

物种评述：属于鼢鼠亚科（Myospalacinae），斯氏鼢鼠是根据采自甘肃临潭的标本定名。是否是独立种曾经有争议，有时将其作为秦岭鼢鼠（*Eospalax rufescens*）的亚种。主要栖息于林间或灌丛间草地，有时也栖息于耕地。草食性。

甘肃临夏莲花山 / 何锴

甘肃临夏莲花山 / 何锴

罗氏鼢鼠

Eospalax rothschildi Thomas, 1911
Rothschild's Zokor

啮齿目 / Rodentia > 鼹形鼠科 / Spalacidae

形态特征：个体小，体长160mm左右。爪小而纤细。尾短，略超过后足长，背面密生短毛。成年个体毛色较深，黄褐色至深灰褐色，毛尖锈红色。亚成体颜色黑灰色。有些个体额部有白斑。鼻垫周围通常为污白色。头骨后端枕区向后突出。脑颅背面隆起，枕中脊弱。牙齿较细弱。

地理分布：为中国特有种。分布于甘肃、陕西、四川和重庆。

物种评述：该种种级地位稳定，属级地位有争议。有时将该种放入鼢鼠属（*Myospalax*），突枕鼢鼠亚属（*Eospalax*）。有的科学家将亚属提升为突枕鼢鼠属。现在大多数人同意后一种意见。有2个亚种。

湖北大老岭国家级自然保护区 / 雷钧

湖北大老岭国家级自然保护区 / 雷钧

陕西汉中华阳 / 张冬茜

秦岭鼢鼠

Eospalax rufescens J. Allen, 1909
Qinling Mountain Zokor

啮齿目 / Rodentia > 鼹形鼠科 / Spalacidae

形态特征：鼻垫僧帽状。体型中等，雄性个体平均体长210mm，雌性体长平均190mm。被毛灰褐色，毛尖铁锈色。一些老年个体为鲜亮的锈红色。尾及后足背覆盖褐色密毛。额部无白斑。头骨枕部向后突出。上颌骨和前颌骨的结合缝位于门齿孔门中部。

地理分布：为中国特有种。分布于陕西、宁夏、甘肃、青海。

物种评述：属级和种级分类地位均存在争议。属级来看，一些学者将其作为鼢鼠属（*Myospalax*）的突枕亚属，一些人认为突枕亚属是独立属。种级分类方面，很多人将其作为中华鼢鼠（*Eospalax fontanierii*）的同物异名，一些人认为是独立种。最近的分子系统学证据显示其应该是突枕鼢鼠属的独立种。

英国 / Terry Whittaker & Terry Whittaker (naturepl. com)

水䶄

Arvicola amphibious (Linnaeus, 1758)
European Water Vole

啮齿目 / Rodentia > 仓鼠科 / Cricetidae

形态特征：个体大，平均体长超过200mm，尾长大于体长之半。体背毛基黑色，毛尖灰棕色，腹部毛基黑色，毛尖烟黄棕色，背腹毛色界限不明显。尾背面黑色，腹面略淡。头骨粗壮，上门齿略前倾；腭骨后缘有宽而低的中央纵脊，两边腭骨窝不明显；第1下臼齿有3个封闭的三角形齿环，第1上臼齿内侧和外侧各有3个角突，第2上臼齿内侧2个角突，外侧3个角突，第3上臼齿较简单，最前面横齿环后面内侧和外侧各有1个封闭的三角形齿环，后面有一个接近长方形的齿环，该齿内侧有3个角突，但第3个（后内侧）角突不明显，外侧有3个角突。

地理分布：国内分布于新疆。国外分布于蒙古、阿富汗、阿塞拜疆、格鲁吉亚及欧洲。

物种评述：生活于草地、淡水湖、江河、沼泽、农田。国内有2个亚种。哈萨克亚种 *A.a. seyhicus* Thomas, 1914 分布于新疆北部加依尔山和天山；塔尔巴哈台亚种 *A.a. kunetzori* Ogner, 1913 分布于新疆北部塔尔巴哈台地区（塔尔巴哈台、吉木乃、塔城、哈巴河、布尔津）。

白尾高山䶄

Alticola albicauda True, 1894

White-tailed Mountain Vole

啮齿目 / Rodentia > 仓鼠科 / Cricetidae

形态特征：属于高山䶄属。头骨的腭骨后缘不形成纵嵴。白尾高山䶄体长平均99mm。尾较长，平均42mm，为全白色，尾端形成毛刷。体背面淡红褐色；腹面毛基灰色，毛尖纯白色。耳覆盖淡黄褐色长毛。前后足白色。和该种最接近的是银色高山䶄。但银色高山䶄体背颜色为灰褐色，无红色色调；腹毛灰白色，而不是纯白色；为呈不明显的双色，背面黄褐色，腹面白色带黄。

新疆喀什塔什库尔干 / 刘洋

地理分布：国内仅分布于新疆的塔什库尔干。国外分布于印度北部等。

物种评述：属于仓鼠科䶄亚科（Arvicolinae）。该种以前不记录于中国。刘少英等在新疆塔什库尔干采集到标本，经形态学和分子系统学研究，证实是中国新记录（刘少英等，2020）。

新疆喀什塔什库尔干 / 刘洋

斯氏高山䶄

Alticola stoliczkanus (Blanford, 1875)

Stoliczka's Mountain Vole

啮齿目 / Rodentia > 仓鼠科 / Cricetidae

青海玉树杂多 / 武亦乾

形态特征：腭骨后缘不形成纵嵴，此特征和绒鼠类及䶄类相似。体长85-105mm，平均95mm左右。尾很短，17-21mm，平均不达20mm。体背颜色灰棕色，耳后有一个黄白色斑。腹面毛基灰色，毛尖灰白色，背腹界限明显。尾背面棕黄色，腹面黄白色，尾端毛较长。

地理分布：国内分布于西藏西北部、青海西部。国外分布于印度和巴基斯坦。

物种评述：属于仓鼠科䶄亚科（Arvicolinae）。模式标本产于拉达克地区。分类上本身没有什么争议，但另外一个种库蒙高山䶄（*Alticola strachyi*）的模式产地也是拉达克地区。二者分类上的差异是第3上臼齿的后跟形状。四川省林业科学院的研究发现（Tang et al., 2018），斯氏高山䶄的牙齿变化较大，其中一个形态和库蒙高山䶄的形态一致，分子上它们没有分开。因此，二者应该是一个种。斯氏高山䶄命名早，因此，库蒙高山䶄是斯氏高山䶄的同物异名。

青海玉树杂多 / 张铭

蒙古高山䶄

Alticola semicanus (Allen, 1924)
Mongolian Silver Vole, Mobgolian Mountian Vole

啮齿目 / Rodentia > 仓鼠科 / Cricetidae

形态特征：背部毛色较淡，沙黄棕色，腹面黄棕色，尾白色，或者背面黄白色，尾尖毛稍长。腭骨后缘截然中断，不形成中央纵脊。臼齿齿列较细弱，咀嚼面狭窄。臼齿咀嚼面由系列三角形齿环构成。第1上臼齿内侧有3个角突，外侧有3个角突，第2上臼齿内侧有2个角突，外侧有3个角突，第3上臼齿内侧和外侧均有3个角突，外侧第1和第2角突靠得很近。第1下臼齿有4个封闭的三角形齿环。

地理分布：国内分布于内蒙古。国外分布于蒙古、俄罗斯。

物种评述：属山地草原和灌丛生物群系。生活于草地、内陆岩石区域。

蒙古 / Klein & Hubert (naturepl. com)

棕背䶄

Craseomys rufocanus (Sundevall, 1846)
Gray Red-backed Vole

啮齿目 / Rodentia > 仓鼠科 / Cricetidae

形态特征：在䶄类中，属于个体较大的种类。体长100-122mm。尾中等，27-35mm，约为体长的30%，比例大于红背䶄。身体背面棕红色。侧面颜色显著淡，腹毛黄白色。其主要鉴定特征在头骨和牙齿，其腭骨后缘为一横骨板，不形成纵嵴，没有翼骨窝。第3上臼齿内侧仅有2个角突。

河北兴隆 / 廖锐

地理分布：分布较广，横跨古北界。国内分布于新疆北部和东北地区。国外分布于挪威、瑞典、芬兰、俄罗斯、蒙古、朝鲜半岛和日本。

物种评述：属于仓鼠科䶄亚科（Arvicolinae）。种的地位很稳定，但属的地位有较大争议。该种于1846年命名，Miller （1900）年建立*Craseomys*亚属，并把棕背䶄作为该亚属的唯一种。后来，Thomas（1907）提升*Craseomys*为属，再后来，很多科学家把*Craseomys*属作为*Clethrionomys*的同物异名，Musser & Carleton（2005）认为该类群最早的名称是*Myodes*，恢复*Myodes*作为该类群的属名，并把*Craseomys*作为*Myodes*的同物异名。Tang et al.（2018）通过分子证实*Craseomys*是独立属。棕背䶄是典型北方种类，分布于北方针叶林、灌丛。在种群数量大时，对森林有一定危害，取食种子，啃食幼苗。

红背䶄

Myodes rutilus (Pallas, 1779)

Northern Red-backed Vole

啮齿目 / Rodentia > 仓鼠科 / Cricetidae

形态特征：个体较小，体长通常在100mm以下，尾短，约为体长的1/4，不超过1/3。显著的特点是身体背面红色或者红棕色。腹部毛较淡，灰色到淡黄棕色。毛被很好，绒毛状。头骨上，腭骨后缘截然中断，是典型的䶄类腭骨。上颌M^3舌侧有3个深褶。和棕背䶄相比，棕背䶄上颌M^3舌侧只有2个深褶，尾长比例更大，个体更大。和绒鼠类相比，该种牙齿有齿根，而绒鼠类无齿根，终生生长。

地理分布：国内分布于东北三省、内蒙古和东北交界的区域及新疆北部阿勒泰地区。国外分布广，亚洲、欧洲北部和北美洲均有分布。

物种评述：属于仓鼠科䶄亚科（Arvicolinae）。种级分类地位稳定，亚种分化多，中国有2个亚种。是典型的北方耐寒种类。在针叶林内的草甸、湿地种群数量很大。对森林幼林有一定危害。

新疆喀纳斯风景区 / 黄悦

新疆阿尔泰山 / 罗燕

黑龙江 / 张永

甘肃绒鼠

Caryomys eva (Thomas, 1911)
Eva's Vole

啮齿目 / Rodentia > 仓鼠科 / Cricetidae

四川王朗自然保护区 / 陈广磊

形态特征： 个体较小，体长一般不超过 100mm（平均 87mm）。尾长超过体长的一半，46-60mm，平均 52mm。背面毛灰色，一些个体染棕黄色调。腹部灰色。毛浓密，没有明显的针毛。耳露出毛外，可见。头骨上，第 1 下臼齿由系列左右排列的封闭三角形齿环组成。这一特征有点像田鼠类，但甘肃绒鼠的腭骨后缘为一横骨板，不形成纵嵴，没有翼骨窝，而与田鼠类截然不同，而像绒鼠（*Eothenomys*）类。

地理分布： 为中国特有种。仅分布于四川、甘肃、陕西、青海、宁夏。

物种评述： 属于仓鼠科䶄亚科（Arvicolinae），甘肃绒鼠和另外一个种岢岚绒鼠（*Caryomys inez*）同为绒䶄属成员，在分子系统学上，绒䶄属（*Caryomys*）和绒鼠属（*Eothenomys*）有很近的亲缘关系。以前，绒䶄属一直作为绒鼠属的亚属。刘少英等（Liu et al., 2012, 2018）通过分子系统学方法将绒䶄属独立为属级分类单元。甘肃绒鼠是四川西部岷山、陕西秦岭高海拔（2500m以上）地段亚高山森林、灌丛及人工林生态系统中的主要成员。在宁夏六盘山、青海循化等区域分布海拔稍低。在分布区内数量很多，喜湿润、土壤疏松、肥沃、腐殖质厚、杂草盖度高的生境。在种群数量大时，对人工林造成严重危害。

西南绒鼠

Eothenomys custos (Thomas, 1912)
Southwest Chinese Vole

啮齿目 / Rodentia > 仓鼠科 / Cricetidae

云南丽江 / 廖锐

形态特征： 个体中等。体长平均 99mm（79-110mm）；尾长平均 37.4mm（33-50mm）；后足长平均 17mm（15-19mm）；耳高平均 12.7mm（11-14mm）。尾长为体长的 38% 左右，短于体长之半。颜色和其他绒鼠类区别不大，体背毛基黑灰色，毛尖灰褐色至淡黄褐色。腹毛较暗，灰色。背腹毛色没有明显分界。头骨上，腭骨后缘截然中断，为一横骨板，不与翼骨相连，不形成纵嵴，没有翼骨窝，这是绒鼠类和䶄类的共同特点。第 1 下臼齿呈横的汇合，左右三角形齿环相互连通。第 1 上臼齿内侧和外侧均有 3 个角突，区别于指名亚属（*Eothenomys*）的内侧 4 个，外侧 3 个。第 3 上臼齿复杂，内侧 4-5 个角突，外侧 3-4 个角突。

地理分布： 为中国特有种。仅分布于云南。

物种评述： 属于绒鼠属东方绒鼠亚属（*Anteliomys*），种级地位稳定。种下现有4个亚种，均分布于云南。指名亚种*E. c. custos*，模式产地为云南德钦；丽江亚种*E. c. rubelius*，模式产地为云南丽江玉龙雪山；苍山亚种*E. c. cangshanensis*，模式产地为云南大理苍山；宁蒗亚种*E. c. ninglangensis*，模式产地为云南宁蒗。

大绒鼠

Eothenomys miletus (Thomas, 1914)
Yunnan Chinese Vole

啮齿目 / Rodentia > 仓鼠科 / Cricetidae

永德乌木龙 / 欧阳德才

云南大理漾濞 / 廖锐

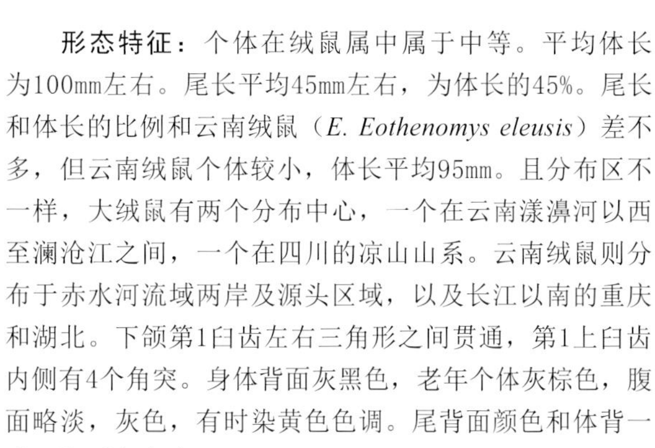

形态特征：个体在绒鼠属中属于中等。平均体长为100mm左右。尾长平均45mm左右，为体长的45%。尾长和体长的比例和云南绒鼠（*E. Eothenomys eleusis*）差不多，但云南绒鼠个体较小，体长平均95mm。且分布区不一样，大绒鼠有两个分布中心，一个在云南漾濞河以西至澜沧江之间，一个在四川的凉山山系。云南绒鼠则分布于赤水河流域两岸及源头区域，以及长江以南的重庆和湖北。下颌第1臼齿左右三角形之间贯通，第1上臼齿内侧有4个角突。身体背面灰黑色，老年个体灰棕色，腹面略淡，灰色，有时染黄色色调。尾背面颜色和体背一致，腹面也略淡。

地理分布：为中国特有种。分布于云南、四川。

物种评述：属于仓鼠科䶄亚科（Arvicolinae），分类鉴定长期混乱，很多时候放入黑腹绒鼠（*Eothenomys melanogaster*）作为亚种。鉴定特征上也因牙齿变异而混乱不堪，以前认为很多省均有分布。Liu et al.（2012, 2018）、Zeng et al.（2014）发现大绒鼠仅局限于漾濞河以西的云南及四川的凉山山系。

石棉绒鼠

Eothenomys shimianensis Liu, 2018
Shimian Chinese Vole

啮齿目 / Rodentia > 仓鼠科 / Cricetidae

四川老君山 / 刘莹洵

形态特征：个体中等的绒鼠。成体体长平均约 100mm（85-111mm），尾长平均 42mm（30-46mm），后足长平均约 17mm（16-20mm），耳高 12mm（10-13mm）。尾长为体长的 42%，短于体长之半。颜色和其他绒鼠类基本一致，整个背面毛色毛基灰黑色，毛尖灰色至黄棕色。腹面毛色灰黑色。背腹毛色没有明显界限。腭骨后缘截然中断，呈一横骨板，不与翼骨形成纵嵴，没有翼骨窝。牙齿和大绒鼠（*Eothenomys miletus*）基本一致，第 1 下臼齿左右三角形呈横的汇合，相互贯通；第 1 上臼齿内侧 4 个角突，外侧 3 个角突；第 3 上臼齿内侧 4-5 个角突，外侧 3-4 个角突。石棉绒鼠和其他绒鼠的主要区别是个体大小及尾长和体长的比例。石棉绒鼠个体小于同亚属（指名亚属 *Eothenomys*）的丽江绒鼠（*Eothenomys fidelis*）、克钦绒鼠（*Eothenomys cachinus*）和大绒鼠，大于黑腹绒鼠（*Eothenomys melanogaster*）、云南绒鼠（*Eothenomys eleusis*）和福建绒鼠（*Eothenomys colurnus*）。尾长和体长的比例则小于克钦绒鼠、云南绒鼠和大绒鼠，但大于黑腹绒鼠、丽江绒鼠和福建绒鼠。

地理分布：为中国特有种。仅分布于四川，地理位置介于大渡河、雅砻江、长江之间的三角地带，向北不超过康定一线。

物种评述：该种是刘少英等2018年发表的新种，模式产地位于四川雅安石棉县。线粒体基因组构建的系统发育树中，石棉绒鼠和克钦绒鼠构成姊妹群，基于简化基因组构建的系统发育树中，石棉绒鼠则位于指名亚属的中部。独立种地位在线粒体和简化基因组中均得到强烈支持。

丽江绒鼠

Eothenomys fidelis Hinton, 1923
Lijiang Chinese Vole

啮齿目 / Rodentia > 仓鼠科 / Cricetidae

云南玉龙雪山 / 刘洋

形态特征：个体很大的绒鼠，体长平均可达 120mm（四川分布的略小），在绒鼠属中属于个体最大者。尾长约体长的 40%。体背毛色黑灰色，毛较密实。背腹毛色没有明显分界，腹毛颜色略淡，灰色。头骨的腭骨后缘为一横板状，不形成纵嵴，没有翼骨窝。第 1 下臼齿左右三角形中间贯通。第 1 上臼齿内侧 4 个角突，外侧 3 个角突。

地理分布：为中国特有种。仅分布于云南和四川。

物种评述：属于绒鼠属。种的地位不稳，争议很多。模式产地为云南丽江。一些科学家把它作为黑腹绒鼠（*Eothenomys melanogaster*）的同物异名，一些科学家把它作为大绒鼠（*Eothenomys miletus*）的同物异名。分子系统学证实它是独立种。它和大绒鼠形态上容易混淆，但丽江绒鼠个体更大，尾相对更短。

青海松田鼠

Neodon fuscus (Büchner, 1889)
Someky Vole

啮齿目 / Rodentia > 仓鼠科 / Cricetidae

形态特征：体长 110-150mm，平均约 135mm。尾长平均 37mm，尾长与体长之比不到 30%。背面毛色黄棕色很显著。门齿大，表面橘色，向前倾斜。腹面毛色淡黄色，背面和腹面毛色分界明显。该种头骨上，牙齿和其他田鼠的大致一致，臼齿由一系列三角形齿环构成。但下颌第 1 臼齿仅有 3 个封闭三角形。腭骨和田鼠类也有差异，虽然腭骨后缘也形成纵嵴并与翼骨相连，并在纵嵴两边形成翼骨窝。但纵嵴不是很明显，翼骨窝也不十分明显，整个腭骨和翼骨，包括上颌骨的腭部均有很多小孔。而田鼠类相反，纵嵴和翼骨窝明显，小孔较少。

地理分布：为中国特有种。仅分布于青海和四川西北部的石渠县。

物种评述：属于仓鼠科鼾亚科（Arvicolinae），是松田鼠属较大的种类。颜色棕黄色，和其他种均不同。生活于典型的半荒漠草原，是鼠疫杆菌的中间宿主。该种分类地位曾经长期存在争议，先后被归并入3个不同的属，刘少英等（Liu et al., 2012, 2017）通过分子系统学和形态学相结合的办法，最终确定该种属于松田鼠属。

西藏 / 王进

青海玉树杂多 / 廖锐

青海玉树囊谦 / 刘少英

高原松田鼠

Neodon irene (Thomas, 1911)
Irene's Mountain Vole

啮齿目 / Rodentia > 仓鼠科 / Cricetidae

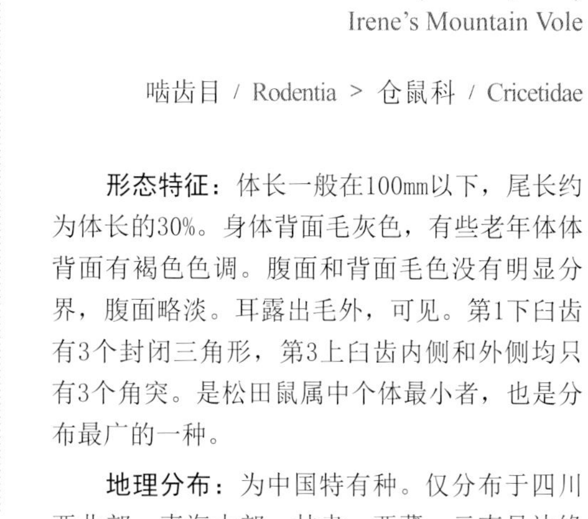

形态特征：体长一般在100㎜以下，尾长约为体长的30%。身体背面毛灰色，有些老年体体背面有褐色色调。腹面和背面毛色没有明显分界，腹面略淡。耳露出毛外，可见。第1下臼齿有3个封闭三角形，第3上臼齿内侧和外侧均只有3个角突。是松田鼠属中个体最小者，也是分布最广的一种。

地理分布：为中国特有种。仅分布于四川西北部、青海大部。甘肃、西藏、云南呈边缘性分布。

物种评述：属于仓鼠科䶄亚科（Arvicolinae）。分类地位稳定，以前包括2个亚种，指名亚种（*N. irene irene*）和云南亚种（*N. irene forresti*）。深入研究发现，松田鼠云南亚种是独立种。该种外形上不好鉴定。但该种仅分布于高海拔的灌丛区域，一般在3000m以上。在土壤疏松，肥沃的沙质灌丛中种群数量很大。这些区域内其他种类很少。加上个体较小，尾短，毛色灰色或灰棕色的多半是该物种。对植被有一定破坏。

青海果洛玛沁 / 邢睿

白尾松田鼠

Neodon leucurus (Blyth, 1863)
Blyth's Mountain Vole

啮齿目 / Rodentia > 仓鼠科 / Cricetidae

形态特征：个体相对较大，很多个体体长均在 110mm 左右，尾长为体长的 30% 左右。主要特征是身体背面枯草黄色，腹面淡黄色。这点特征比较特别，在松田鼠属中是独特的。耳露出毛外，可见，和体背面毛色一致。爪黑色，较强大，适于掘土。头骨上，背面棱角分明。上门齿前倾，第 1 下臼齿仅有 3 个封闭三角形。

地理分布：国内分布于青海和西藏。国外边缘性分布于印度北部。

物种评述：属于仓鼠科䶄亚科（Arvicolinae）。以前的分类地位很乱，后经刘少英等（Liu et al., 2012, 2017）通过分子系统学研究确认属于松田鼠属。该种分布海拔高，一般都在 3500m 以上，栖息于植被退化、人为干扰较大或沙质土壤、较干燥的草地内。人工撂荒 3-4 年以上的耕地也发现分布。在其分布区域，种群密度很大，很容易捕捉。

西藏拉萨 / 刘少英

青海隆宝 / 雷进宇

锡金松田鼠

Neodon sikimensis (Horsfield, 1841)
Sikim Mountain Vole

啮齿目 / Rodentia > 仓鼠科 / Cricetidae

西藏林芝 / 刘洋

形态特征：是松田鼠属种个体较大者。体重30-42g。体长平均105mm（99-114mm）。尾长约为体长的35%，长35-44mm。后足平均19mm。耳高15-17mm，露出毛外。体背颜色黑褐色，腹面毛色灰白色（毛基灰色，毛尖灰白色）。前后足背面和体背毛色基本一致，但略淡。其重要的鉴定特征是牙齿，第1下臼齿有3个封闭三角形，该牙齿内侧有6个角突，外侧有5个角突；第3上臼齿内侧有4个角突，外侧有3个角突。

地理分布：国内仅分布于西藏南部靠近印度锡金的区域。国外分布于印度和尼泊尔。

物种评述：属于仓鼠科䶄亚科（Arvicolinae）。是松田鼠属的模式种。该种分类地位稳定，没有亚种分化。松田鼠属成员全部分布于青藏高原，是随着喜马拉雅山的抬升，在短时间内适应而辐射演化出来的一个类群。以前只有4个种，刘少英等（Liu et al., 2012, 2017）通过深入研究，发现了3个新种，加上系统学上重新调整到该属的种类，目前已经有十多种。它们的演化和喜马拉雅山的抬升密切相关，是一个值得继续研究的类群。

黑田鼠

Microtus agrestis (Linnaeus, 1761)
Field Vole

啮齿目 / Rodentia > 仓鼠科 / Cricetidae

英国 / Ann & Steve Toon (naturepl. com)

形态特征：体长平均约 110mm，尾长平均约 33mm，短于体长的 1/3。背部毛基黑灰色，毛尖灰棕色，腹面毛基黑灰色，毛尖灰白色，背腹毛色界限较明显。尾背面灰棕色，腹面灰白色。最明显的鉴定特征是头骨，腭骨后缘形成中央纵脊，两边有明显的腭骨窝；第 1 下臼齿有 5 个封闭三角形齿环；第 2 上臼齿后内侧有一个封闭的小三角形齿环，这是其他所有田鼠类没有的特征，非常特别。

地理分布：国内分布于新疆。国外分布于蒙古及欧洲。

物种评述：生活于草地、淡水湖、江河。国内有 2 个亚种。蒙古亚 *M. a. mongol* (Thonas, 1912) 分布于新疆北部阿尔泰山；新疆亚种 *M. a. arcturus* Thomas, 1912 分布于新疆准噶尔盆地西部的巴尔鲁克山。

新疆巴州和静 / 唐明坤

伊犁田鼠

Microtus ilaeus Thomas, 1912
Kazakhstan Vole

啮齿目 / Rodentia > 仓鼠科 / Cricetidae

形态特征：属于中小型田鼠类。体长100-130mm，平均约110mm。尾长 30-40mm，约为体长的35%。身体背面黄褐色或淡黄褐色。腹毛淡黄色至灰白色，尾上下两色，背面棕黑色，腹面灰白色，尾末端有较长的毛。头骨形态上，额骨后缘有纵嵴，与翼骨联合，形成两个翼骨窝。第1下臼齿有5个封闭三角形，内侧有 5个角突，外侧有4个角突；第2上臼齿内的有2个角突，外侧有3个角突；第3上臼齿内侧有4个角突，外侧有3个角突。

地理分布：国内分布于新疆天山以北的高山灌丛、草甸。在天山山地、巴音布鲁克草原、阿勒泰山地种群数量较大。国外在整个欧洲均有分布。

物种评述：属于仓鼠科䶄亚科（Arvicolinae）。分类地曾经有争议，很多科学家不承认其独立种地位。Meyer（1996）年通过细胞学和分子系统学确立了该种的独立种地位。在我国，被认为和普通田鼠阿勒泰亚种（*Microtus arvalis obscurus*）同时分布于新疆，但二者外形没有区别，只是染色体数量不同。近年来普通田鼠阿勒泰亚种独立为种，分布中俄交界的阿勒泰山地，中国是否有分布存疑。

东方田鼠

Microtus fortis Büchner, 1889

Reed Vole

啮齿目 / Rodentia > 仓鼠科 / Cricetidae

形态特征：个体大，是田鼠属中个体最大者之一。成体体长平均125mm（120-139mm）。尾长超过体长的1/3，平均超过50mm（45-65mm）。耳露出毛外。身体背部黄褐色或者褐色，腹部灰白色。尾上下两色，背面深棕色，腹面灰白色。第1下臼齿有5个封闭三角形，第3上臼齿内侧和外侧均有3个角突。

地理分布：该种在我国分布较广，有2个主要分布区。一个在长江中下游平原，包括湖北、湖南、江西、江苏、安徽、浙江、上海、福建等；另外一个分布区在东北地区，包括黑龙江、辽宁、吉林、内蒙古东北部，在陕西也有分布。国外分布于俄罗斯和朝鲜半岛。

物种评述：属于仓鼠科䶄亚科（Arvicolinae）。其分类地位一直没有争议。亚种多，但是否都成立有待深入研究。该种在洞庭湖区数次大爆发，对农业有较大危害。据记载（Smith & Xie, 2009），东方田鼠繁殖期从4-11月，有利的年份每年可产6胎，平均每胎5仔，雌体3.5-4个月即达性成熟，可参加繁殖。因此，种群数量增加很快。

吉林延边安图 / 陈尽虫

湖南洞庭湖 / 李波

社田鼠

Microtus socialis (Pallas, 1773)

Social Vole

啮齿目 / Rodentia > 仓鼠科 / Cricetidae

捕自亚洲 / Andy Sands (naturepl. com)

形态特征：体长平均约 110mm，尾长约 31mm，尾长短于体长的 1/3。颜色较浅，体背毛基黑色，毛尖沙棕色。腹面毛基黑色，毛尖灰白色略染黄色。背腹毛色界限不明显。尾上下一色，黄白色。头骨的腭骨后缘形成中央纵脊，纵脊两边有明显的腭骨窝。第 1 下臼齿有 5 个封闭三角形齿环，第 2 上臼齿无后内角。最大的特点是听泡很大，是区别于其他田鼠的最大特征，长在 8.5mm 以上，加上后室可超过 11mm。

地理分布：国内分布于新疆。国外分布于亚美尼亚、阿塞拜疆、格鲁吉亚、哈萨克斯坦、吉尔吉斯斯坦及欧洲。

物种评述：生活于草原、半荒漠。国内有 2 个亚种。哈萨克亚种（*M. s. graesi*）分布于新疆西北部（塔城和额敏）；博格多亚种（*M. s. bogdoensis* ）分布于新疆天山东部和中部。

台湾田鼠

Alexandromys kikuchii (Kuroda, 1920)

Taiwan Vole

啮齿目 / Rodentia > 仓鼠科 / Cricetidae

形态特征：尾很长，超过体长的 70%，在田鼠类中十分少见，是东方田鼠属中尾长比例最大的种类。个体也较大，体长 120mm 左右。腭骨和臼齿的形态为典型的田鼠类。腭骨后缘与翼骨相连，形成纵嵴，两边有明显的翼骨窝；臼齿由左右排列的三角形齿环组成。听泡大。

地理分布：为中国特有种，仅分布于台湾。

物种评述：该种分类地位稳定，但属级分类单元曾经有争议。很多科学家把该种放在田鼠属，也有一些科学家曾经把它放入川西田鼠属（*Volemys*）。分子系统学研究证实该分类单元属于东方田鼠属。

台湾南投合欢山 / 林佳宏

台湾南投合欢山 / 林佳宏

狭颅田鼠

Microtus gregalis (Pallas, 1779)

Narrow-headed Vole

啮齿目 / Rodentia > 仓鼠科 / Cricetidae

新疆 / 蒋卫

形态特征：个体并不小。平均体长115mm左右。尾长平均25mm。颅全长平均25mm。颧宽平均12.4mm。体背黄褐色、米黄色，有时深棕灰色。尾很短，一般不超过体长的1/4，不明显的双色，背面通常和体背同色，腹面淡黄，或灰白色。在头骨上，一个显著特点是头骨狭长，颧弓狭窄，颧宽等于或小于颅全长的1/2，所以叫狭颅田鼠。眶间宽在3mm以下，脑颅狭长，后头宽不超过颅全长的43%。

地理分布：国内分布于新疆北部、内蒙古东北部，黑龙江和河北有零星记录。国外遍布欧亚大陆的北部区域（古北界广布种）。

物种评述：属于仓鼠科䶄亚科（Arvicolinae）狭颅田鼠亚属（*Stenocranius*）。种的地位较稳定，但属于哪个属目前有争议，线粒体基因用不同标记结果不一致，COI基因系统发育结果显示，该种属于毛足田鼠属（*Lasiopodomys*），Cyt-*b*基因支持狭颅田鼠属于一个独立属，且与雪田鼠属（*Chionomys*）有很近的亲缘关系（Liu et al., 2017），且形态也不支持狭颅田鼠属于毛足田鼠属。因此，其最终分类地位有待深入研究。

柴达木根田鼠

Alexandromys limnophilus Büchner, 1889

Lacustrine Vole

啮齿目 / Rodentia > 仓鼠科 / Cricetidae

四川阿坝若尔盖 / 刘洋

形态特征：个体在田鼠属种为中等。体长平均100mm（80-117mm）。尾长平均38mm(34-48mm)，约为体长的35%。耳较短，平均13mm（12-15mm），略微露出毛外。体背颜色褐色，或者灰褐色。腹部毛色灰白色。尾颜色较深，黑褐色，尾腹面较淡。其鉴定特征主要在牙齿上，第1下臼齿只有4个封闭三角形（和根田鼠一样），这一点和很多其他种类的田鼠不一样，其他种类田鼠大多数有5个封闭三角形；第3上臼齿内侧有4个角突，外侧有 3 个角突。

地理分布：为中国特有种。分布于青海和四川、甘肃、陕西、宁夏等部分区域。

物种评述：属于仓鼠科䶄亚科（Arvicolinae）。分类地位争议很大，曾经认为是根田鼠（*M. oeconomus*）的亚种，后来经研究（Malygin, 1990; Liu et al., 2012, 2017）确认是独立种。属级分类单元也有调整，以前一直放入田鼠属（*Microtus*），最近分子系统学证实属于东方田鼠属（*Alexandromys*）。该种是鼠疫杆菌的中间宿主。

根田鼠

Microtus oeconomus (Pallas, 1776)

Root Vole

啮齿目 / Rodentia > 仓鼠科 / Cricetidae

新疆博乐 / 黄亚慧

形态特征：在田鼠中属于体型较大的种类。成体体长平均约130mm（110-150mm）。尾较长，平均约55mm，超过体长的1/3（平均约42%），但不到体长的一半（个别个体超过体长一半）。后足长平均约20m。颅全长平均约28mm。尾上下两色。背面灰黑色。腹面白色。身体背面灰色到棕灰色，腹面毛色较浅，灰白色到淡黄白色。背面和腹面毛色分界不明显。腭骨为典型的田鼠型，两翼骨窝明显。第1下臼齿有4个封闭三角形。

地理分布：国内仅分布于新疆。国外分布于欧洲、亚洲北部直到北美洲。

物种评述：属于仓鼠科䶄亚科（Arvicolinae）。该种在新疆主要分布于北疆的天山山脉山地。针叶林、高山灌丛和草地、湿地均有分布。很耐湿，在非常潮湿，甚至稍微涨水就被淹没的河谷湿地种群数量都很大。对草地、湿地生态系统有一定危害。在分类上，长期和柴达木根田鼠（*Microtus limnophilus*）混淆。单从头骨、牙齿特征看，它们确实很相似，第1下臼齿也只有4个封闭三角形，上臼齿列中3枚牙齿的形态也完全一致。但它们也有明显的区别，根田鼠个体大得多（柴达木根田鼠体长平均不达110mm），柴达木根田鼠尾长和体长之比仅35%左右，颜色也有很大区别。另外，就是分布区不重叠，柴达木根田鼠仅分布于青藏高原及其周围，而根田鼠在我国仅分布于新疆。

帕米尔田鼠

Blandformys juldaschi (Severtzov, 1879)
Juniper Vole

啮齿目 / Rodentia > 仓鼠科 / Cricetidae

新疆喀什塔克库尔干 / 刘洋

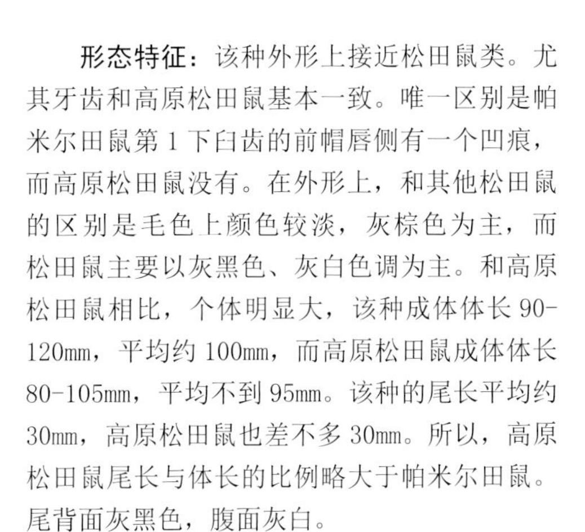

形态特征：该种外形上接近松田鼠类。尤其牙齿和高原松田鼠基本一致。唯一区别是帕米尔田鼠第 1 下臼齿的前帽唇侧有一个凹痕，而高原松田鼠没有。在外形上，和其他松田鼠的区别是毛色上颜色较淡，灰棕色为主，而松田鼠主要以灰黑色、灰白色调为主。和高原松田鼠相比，个体明显大，该种成体体长 90-120mm，平均约 100mm，而高原松田鼠成体体长 80-105mm，平均不到 95mm。该种的尾长平均约 30mm，高原松田鼠也差不多 30mm。所以，高原松田鼠尾长与体长的比例略大于帕米尔田鼠。尾背面灰黑色，腹面灰白。

地理分布：国内仅分布于新疆帕米尔高原。国外分布于吉尔吉斯斯坦、塔吉克斯坦、乌兹别克斯坦、巴基斯坦。

物种评述：该种模式产地为我国喀什的卡拉库里湖岸，属于仓鼠科䶄亚科（Arvicolinae）。分类上比较混乱。以前长期列入松田鼠属，近年来的研究认为它属于 *Blanformys* 属。但 *Blanformys* 属又曾经是田鼠属的亚属。刘少英等将其作为独立属（Liu et al., 2012, 2017）。分子生物学研究基于线粒体基因和少量核基因的结果不一致，最终地位有待大量核基因的研究。暂时列入 *Blanformys* 属。

黄兔尾鼠

Eolagurus luteus (Eversmann, 1840)
Yellow Steppe Vole

啮齿目 / Rodentia > 仓鼠科 / Cricetidae

新疆北塔山 / 邢睿

新疆北塔山 / 邢睿

形态特征：在田鼠类中属于体型较大的种类，体长 115-140mm，平均约 130mm。尾很短，不及后足长，尾长平均 16mm。后足平均 18mm。体背毛色枯草黄色或烟黄色。腹面毛色黄色。毛较短，但密实。耳很短小，不明显突出于毛外。眼睛小，周围有时有灰色斑块。爪较长。头骨非常粗壮、结实，棱角分明。牙齿类似其他田鼠类。这些特征表明黄兔尾鼠是一个比较适应地下生活、适于掘土的种类。

地理分布：国内仅分布于新疆北部。国外分布于哈萨克斯坦和蒙古。

物种评述：是典型的半荒漠草原种类，耐寒。分类上曾经列入兔尾鼠属（*Lagurus*），Gromov & Polyakov（1992）从形态上把二者分开，使 *Eolagurus* 成为独立属，但独立属地位是否成立，需要更多的分子生物学证据。

草原兔尾鼠

Lagurus lagurus (Pallas, 1773)
Steppe Lemming, Steppe Vole

啮齿目 / Rodentia > 仓鼠科 / Cricetidae

Kerstin Hinze (naturepl. com)

形态特征：个体较小，体长平均约 84mm。尾短，短于后足长，平均约 10mm，有少数个体长于后足长。后足长平均约 13mm。耳很小，无明显外耳郭。体背沙灰色，体背中央有一条黑线。头骨扁平，棱角分明，臼齿咀嚼面由系列三角形齿环构成。

地理分布：国内分布于新疆。国外分布于哈萨克斯坦、吉尔吉斯斯坦、蒙古、俄罗斯、乌克兰。

物种评述：生活于草地、半荒漠、农田、沟渠、灌丛。国内为准噶尔亚种 *Lagurs lagunus altorun* Thomas, 1912，分布于新疆北部准噶尔盆地。

鼹形田鼠

Ellobius tancrei Blasius, 1884
Eastern Mole Vole

啮齿目 / Rodentia > 仓鼠科 / Cricetidae

形态特征：是一种高度适应地下生活的物种。额至眼周及吻侧黑色，其余部分黄褐色。其特征是门齿外表面白色，大而长的门齿向前倾，显得很大。这些都不同于其他田鼠类。毛浓密厚实，绒毛状，保暖性很强。眼很小，耳退化，隐蔽于毛中，外面看不见。前后足背面白色。爪较大，适于掘土。尾很短，小于后足长。骨粗壮结实，腭骨为典型的田鼠类，后缘形成纵嵴并与翼骨相连，左右各有一个翼骨窝。

地理分布：国内分布于新疆、内蒙古、陕西和甘肃。国外分布于蒙古、土库曼斯坦、哈萨克斯坦和乌兹别克斯坦。

物种评述：属于仓鼠科䶄亚科（Arvicolinae），该属全世界5种，我国仅1种。种级分类地位稳定，亚种分化很多，我国记载有3个亚种。是典型的草原地下活动鼠类。几乎不在地面活动。其洞穴最长大于20mm，最深处可达80cm，其洞道在草原上形成一串直径约15cm，高约10cm的土丘，很像鼢鼠的土堆，但比鼢鼠的小。

新疆 / 蒋卫

新疆伊犁 / 敖咏梅

内蒙古锡林郭勒盟东乌珠穆沁旗 / 孙万清

布氏田鼠

Lasiopodomys brandtii (Raddle, 1861)
Brandt's Vole

啮齿目 / Rodentia > 仓鼠科 / Cricetidae

形态特征：最大的特点是前后足多毛，整个足掌被浓密的毛所覆盖，只有爪外露。爪强大，黑色。这些特征使该种既适于掘土，又善于在沙地快速运动。体长110-130mm。尾很短，20-30mm。体背颜色沙色或者米黄色。背腹面毛色没有明显分界，腹毛略淡，尾上下一色。耳短，略露出毛外，覆盖有浓密的毛。头骨和牙齿形态和田鼠类类似。腭骨后缘形成纵嵴，两边有翼骨窝，上下臼齿由一系列的三角形组成。

地理分布：国内分布于内蒙古、吉林、河北。

物种评述：种的地位稳定，但所属那个属长期存在争论，有时放入田鼠属（*Microtus*），有时放入白尾松田鼠属（*Phaiomys*）。分子系统学最终确认是独立属，即毛足田鼠属（*Lasiopodomys*）。没有亚种分化。主要栖息于沙质重的草原地带，呈聚集性分布，其适宜生境内，种群数量一般都较大，常常对草场造成严重危害。是鼠疫杆菌的自然宿主。夏季白天和夜晚均活动。

内蒙古呼伦贝尔 / 刘晓辉

沟牙田鼠

Proedromys bedfordi Thomas, 1911
Bedford's Vole

啮齿目 / Rodentia > 仓鼠科 / Cricetidae

四川阿坝九寨沟 / 刘莹洵

形态特征：外形和其他田鼠类似，成体体长平均110mm，尾长平均40mm，后足长平均19mm，耳高平均16.9mm。颅全长平均27mm，颅基长25mm，颧宽15mm。但和其他田鼠有明显的形态区别——沟牙田鼠的上门齿较宽，两颗门齿总宽达2.5mm；下门齿外露部分很短，不到4mm；下门齿总长也很短，只有下颌全长的77%。第3上臼齿最后齿环呈豆状,其他齿环扇形；头骨脑颅异常隆起，吻鼻部短。同亚科其他属田鼠的上门齿宽在2.44mm以下；下门齿外露部分在4.5mm以上；下门齿总长与下颌全长的比例在82%以上；臼齿咀嚼面为三角形；脑颅较平坦，吻部较长。

地理分布：为中国特有种。仅发现于甘肃岷县、四川黑水和九寨沟。

物种评述：该种种级地位稳定，属级有一定争议。最早命名为沟牙田鼠属。一些人认为属于田鼠属（*Microtus*），有的认为属于松田鼠属（*Neodon*），分子系统学研究证实属于沟牙田鼠属。该属很长一段时间是单属单种，只有沟牙田鼠 1 个种，且十分珍稀，数量稀少。该种 1911 年被命名，2007 年以前（近 100 年）的时间内，全世界只有 3 号标本（大英博物馆 1 号模式标本；四川省疾控中心 1 号标本；兰州大学 1 号标本）。2007 年至 2020 年，四川省林科院在四川黑水县和九寨沟县的调查中多次采集到该种，积累标本 25 号。开展了分子系统学研究，确定了该种的分类地位。该种被 IUCN 列为易危级（VU）。2007 年刘少英等在四川发现凉山沟牙田鼠（*Proedromysliangshanensis*）新种（Liu et al., 2007），为沟牙田鼠属第 2 个种。

凉山沟牙田鼠

Proedromys liangshanensis Liu *et al.*, 2007
Liangshan Vole

啮齿目 / Rodentia > 仓鼠科 / Cricetidae

四川凉州金阳 / 廖锐

形态特征：凉山沟牙田鼠个体很大，平均超过120mm。尾很长，平均约70mm，约为体长的60%。这在田鼠类中是非常罕见的。在我国境内，只有3种田鼠亚科种类有这样大比例的尾长。除凉山沟牙田鼠外，只有川西绒鼠（*Eothenomys tarquinius*）和克氏松田鼠(*Neodon clarkei*)，但它们均属于不同的属。凉山沟牙田鼠的显著特点是牙齿，首先门齿宽，唇面各有一条明显的纵沟；其次，臼齿很特别，由一系列呈弧形的齿环组成，不同于任何其他田鼠类。

地理分布：为中国特有种。仅分布于四川的凉山山系，目前发现的地点包括美姑、马边、雷波、金阳和越西。

物种评述：属于仓鼠科䶄亚科（Arvicoliniae）。是刘少英等（Liu et al., 2007）发表的新种。沟牙田鼠属原来只有1个种——沟牙田鼠（*Proedromys bedfordi*），且数量稀少，除四川省林业科学院外，全世界只有3号标本。刘少英等在四川九寨沟县、黑水县采集了约20号标本，才丰富了该种的收藏，为研究打下了基础。凉山沟牙田鼠是沟牙田鼠属的第2个种，且分布区狭窄，生境特殊，仅分布于凉山山系高海拔区域的针叶林或者高山草甸和针叶林的混交区域。

麝鼠

Ondatra zibethicus (Linnaeus, 1766)
Musk Rat

啮齿目 / Rodentia > 仓鼠科 / Cricetidae

形态特征：体型大，是田鼠亚科最大者。成体体重800-1450g。体长230-360mm。尾长200-270mm，约为体长的2/3。眼小。尾基部圆，远端左右侧扁，覆盖小的圆形鳞片和稀疏的黑色短毛。耳小，隐于毛中。后肢有半蹼，足掌和趾两侧均有淡黄色流苏状排列的刚毛。成体背面棕黑色至暗灰褐色，腹面为棕黄色，胸部和腹部较深。该种栖息于水草丰富的沼泽地区，多草的湖泊、池塘、河流沿岸，甚至在鱼塘。

地理分布：国内分布于东北地区、内蒙古和新疆。国外分布于俄罗斯及中亚各国，欧洲多国也有引入，原产地为北美洲西部。

物种评述：属于仓鼠科䶄亚科（Arvicoliniae）。该种原产地为北美洲，1927年原苏联引入。我国东北、内蒙古和新疆等的种群为原苏联迁入。该种在东北和新疆的适宜生境内种群数量很大，已经威胁到土著物种，如水䶄和河狸等，需要采取措施适当控制种群数量。

新疆阿勒泰 / 张国强

甘肃仓鼠

Cansumys canus Allen, 1928
Gansu Hamster

啮齿目 / Rodentia > 仓鼠科 / Cricetidae

形态特征：个体较大的仓鼠，接近大仓鼠。体长平均135mm左右，尾长平均大于100mm。尾长比例大于大仓鼠。尾上覆盖长的毛，整个尾颜色为一致的灰色，尾端灰黑色，尾端的毛形成毛束。而大仓鼠尾毛短密，尾端或多或少呈白色，这是二者外形上的主要区别。甘肃仓鼠的耳灰黑色，前后足灰白色。腹面毛基灰色，毛尖灰白色，背腹之间毛色没有明显分界。头骨上，眶上嵴明显，吻部相对较长，高冠齿。

甘肃甘南卓尼 / 普缨婷

地理分布：国内分布于甘肃南部和四川北部。

物种评述：分类地位争议较大，有的学者将甘肃仓鼠作为独立属独立种，有的学者作为大仓鼠属（*Tscherskia*）的独立种；有的学者作为大仓鼠（*Tscherskia triton*）的亚种。最新的分类学著作（Wilson et al., 2016）作为独立属独立种。所以，其最终分类地位有待深入研究。栖息地为灌丛、阔叶林。

原仓鼠

Cricetus cricetus (Linnaeus, 1758)
Black-bellied Hamster, Common Hamster

啮齿目 / Rodentia > 仓鼠科 / Cricetidae

形态特征：个体大，成体体长在 190mm 以上。尾较短，但长于后足长，为后足长的 1.4-2.2 倍。鼻部，眼周、耳和颈侧有明显的红棕色斑块。颊部、耳的下后方、前肩部、颏部为纯白色，前肢、肩部、腹部为纯黑色。前后足背面纯白色。身体后半部侧面、尾背面，臀部两侧红棕色。头骨长，结实，脑颅棱角分明，臼齿咀嚼面由 2 纵列和 2-3 横列构成。

奥地利 / Edwin Giesbers (naturepl. com)

地理分布：国内分布于新疆。国外分布于格鲁吉亚、哈萨克斯坦、欧洲。

物种评述：生活于干旱低地草地、草甸。国内为哈萨克亚种（*C. c. fuscidorsis* Argyopulo, 1932），分布于新疆北部（阿勒泰地区和额敏、塔城、托里和裕民）。

黑线仓鼠

Cricetulus barabensis (Pallas, 1773)
Striped Dwarf Hamster

啮齿目 / Rodentia > 仓鼠科 / Cricetidae

形态特征：在仓鼠中个体中等，有颊囊（用于储藏实物）。体长平均100mm左右（80-110mm），尾长短于30mm（平均22mm），但长于后足（平均17mm）。最显著的特征是背中央有一条明显的黑线，足底没有稠密的毛（坎氏毛足鼠背面也有一条黑线，但坎氏毛足鼠足底毛稠密，且尾长在14mm以下，短于后足长）。耳灰黑色，有白边。牙齿上，第1上臼齿由两纵列和三横嵴组成；第2上臼齿由两纵列两横嵴组成；第3上臼齿长径和短径差不多。

地理分布：国内在北方分布较广，包括东北三省、内蒙古、山西、陕西、河北、河南、山东、安徽、天津、北京、宁夏、甘肃等。国外分布于俄罗斯、蒙古、朝鲜半岛。

物种评述：属于仓鼠亚科（Cricetinae）。该物种分类地位稳定，但亚种比较混乱，在我国就多达6个，是否都成立，有待深入研究。是我国北方干旱和半干旱区域的常见种，也出现于该区域的农田生态系统中。

山东 / 李玉春

山东 / 李玉春

康藏仓鼠

Cricetulus kamensis (Satunin, 1903)
Kam Dwarf Hamster

啮齿目 / Rodentia > 仓鼠科 / Cricetidae

青海海南 / 李锦昌

形态特征：个体中等。体长88-120mm。尾较长，51-64mm，约为体长的45%。体背灰黑色至棕灰色。腹部白色。背腹之间的分界为波浪状，不平直，这是该种区别于其他种的特点。尾背面灰黑色，腹面灰白色。牙齿和其他仓鼠没有区别，齿列由两纵列组成。

地理分布：为中国特有种。分布于新疆、西藏、青海和甘肃西北部。

物种评述：属于仓鼠亚科（Cricetinae）。以前的中文名又称藏仓鼠。分类地位稳定，但亚种较多，后经汪松和郑昌琳（1973）订正，中国有4个亚种。属于高原种类，栖息于高山灌丛、草甸。

灰仓鼠

Cricetulus migratorius (Pallas, 1773)
Gray Dwarf Hamster

啮齿目 / Rodentia > 仓鼠科 / Cricetidae

新疆喀什塔什库尔干 / 刘少英

新疆北塔山 / 邢睿

形态特征：个体较大，一般在100mm以上，尾长为体长的30%左右。身体背面颜色较淡，以灰白色为主，有些老年个体体背刷以淡棕色。腹部毛基灰色，毛尖白色。耳较大，不同于其他仓鼠，一般有18mm左右，没有白边。尾上下一致，白色。头骨及牙齿和其他仓鼠基本一致。

地理分布：国内分布于新疆、甘肃、内蒙古、宁夏、青海和陕西。国外分布于蒙古、哈萨克斯坦、俄罗斯直到欧洲东南部。

物种评述：属于仓鼠亚科（Cricetinae）。该物种的分类地位稳定，亚种很多，描述的有15个，我国有3个。是适应能力很强的种类。据记载（罗泽珣等，2000），该物种在荒漠、半荒漠草原、低山丘陵、山地森林、灌丛草原、森林草原、干草原，甚至盐泽地、固定和半固定沙丘均有分布。在帕米尔高原，刘少英等发现该物种生活的生境非常恶劣，在极度干旱、严寒、几乎寸草不生，麻黄等灌木盖度不到1%的生境，灰仓鼠的上夹率却在5%左右。表明灰仓鼠有非凡的抗恶劣环境能力。

坎氏毛足鼠

Phodopus campbelli (Thomas, 1905)
Campbell's Hamster

啮齿目 / Rodentia > 仓鼠科 / Cricetidae

内蒙古乌兰诺尔 / 刘洋

形态特征：个体较小，体长平均90mm左右（88-103mm），尾长很短，不到14mm，短于后足长，后足长12-18mm。耳长中等，13-15mm。背毛灰白色至深灰色，总体毛色较浅淡，并刷以淡黄色调。背面中央有一条明显的黑线，有时为黑棕色，贯穿整个背部。腹面纯白色。背腹毛色分界明显，但不平直，呈波状。而且，腹毛毛色向背面突出，在侧面形成3块灰白色斑。第一块在前肢上方，第二块在腹侧，第三块在后肢上前方。耳缘灰白色，耳前面覆盖灰白色短毛，背面和体背颜色一致。耳后通常各有一块灰白色或灰棕色斑。尾背面灰白色，腹面及侧面白色，尾毛较短。前后足背面浅灰白色或者白色，侧面和腹面白色，足底有浓密的毛。

地理分布：国内分布于内蒙古和新疆，黑龙江有零星记录。国外分布于俄罗斯、蒙古和哈萨克斯坦。

物种评述：属于仓鼠亚科（Cricetinae）。毛足鼠是仓鼠亚科中体型最小的类群。其主要鉴定特征是尾很短，不达14mm，足底覆盖浓密的毛。其他仓鼠类尾长均在14mm以上，且足底或多或少裸露，有毛，也稀疏。分类上有一定争议，以前曾经把坎氏毛足鼠作为黑线毛足鼠（*Phodopus sungorus*）的亚种。但二者颜色上有差异，黑线毛足鼠的背面以棕黑色为主，腹面毛基为灰色，毛尖灰白色，和该种不同。分布区也不重叠，黑线毛足鼠分布于俄罗斯的西伯利亚。生态上，坎氏毛足鼠是典型的荒漠和半荒漠草原的成员。

新疆和田 / 陈文杰

新疆和田 / 陈文杰

新疆和田 / 陈文杰

小毛足鼠

Phodopus roborovskii (Satunin, 1903)
Desert Hamster

啮齿目 / Rodentia > 仓鼠科 / Cricetidae

形态特征：是仓鼠亚科中个体最小的物种。体长一般在 90mm 以下（平均约 72mm）。尾很短，通常在 14mm 以下，不超过后足长。整体颜色较淡，身体背面沙褐色，臀部较淡，黄褐色。耳露出毛外，着沙褐色短毛。眼上方和耳后通常有白色斑块。腹部毛纯白色，背腹毛色分界明显。前后足密生纯白色毛。爪白色。头骨吻部短。脑颅圆。臼齿为两纵列。听泡小。门齿孔短。

地理分布：国内分布横跨中国北部，包括新疆、内蒙古、宁夏、甘肃北部、青海北部、山西、陕西北部、河南等，最近在西藏也有发现。国外分布于蒙古、俄罗斯和哈萨克斯坦。

物种评述：属于仓鼠亚科（Cricetinae）。模式产地为中国内蒙古的南山。种级分类地位稳定，有同物异名 3 个，有时将其中的一个（*P. r. przewalskii*）列为种，有时列为亚种，有一定争议。是沙漠边缘沙地和草地物种，耐旱。广义植食性，喜食草种，也食植物根、芽。

吉林汪清 / 向定乾

甘肃甘南卓尼 / 刘莹洵

大仓鼠

Tscherskia triton (de Winton, 1899)
Great Long-tailed Hamster

啮齿目 / Rodentia > 仓鼠科 / Cricetidae

形态特征：有颊囊，个体大，尾长，是仓鼠类个体较大的且尾相对较长的种类。体长平均160mm（140-220mm），尾长平均85mm（69-106mm）。体背苍白的灰色，腹面毛基灰色，毛尖白色。耳缘白色。尾上下一色，尾尖或多或少为全白色。头骨粗壮，脊很发达。上臼齿由2纵列圆锥形齿突组成，磨损后呈2纵列横嵴。

地理分布：国内分布于东部季风区的长江以北区域。国外分布于俄罗斯东部、朝鲜。

物种评述：种的地位稳定，所属的属存在一定分歧，一些科学家将它作为仓鼠属（*Cricetulus*）物种，大多数科学家同意它属于大仓鼠属（*Tscherskia*）。亚种分化较多，中国有5个亚种。亚种的归属也有一定的分歧。

短耳沙鼠

Brachiones przewalskii (Büchner, 1889)
Przewalski's Gerbil

啮齿目 / Rodentia > 鼠科 / Muridae

形态特征：个体小，是沙鼠中体型最小的种类，体长平均90mm左右（67-103mm）。尾长短于体长，56-78mm，约为体长的76%；耳短，仅6-9mm，大约是后足长的1/3，几乎隐于毛中。前肢爪发达，后足趾部被毛覆盖。体背沙色或浅灰色，腹毛纯白色。吻短。眼周、颊部、下颌、耳下部均灰白色，或白色。背腹分界不十分明显。须白色。门齿有纵沟，第3上臼齿圆形，听泡很大。

地理分布：为中国特有种。仅分布于新疆的沙漠或荒漠地带，在内蒙古西部的相同生境也有分布。

物种评述：属于沙鼠亚科（Gerbillinae）。该属只有1个种，仅分布于中国。种级分类单元地位稳定，有3个亚种。是荒漠生态系统中的重要成员，但数量不大，对其研究较少，生态学习性知之甚少。

新疆 / 蒋卫

新疆 / 蒋卫

红尾沙鼠

Meriones libycus Lichtenstein, 1823
Libyan Gerbil

啮齿目 / Rodentia > 鼠科 / Muridae

形态特征：个体较大，接近柽柳沙鼠（*Meriones tamariscinus*），平均体长150mm左右。尾长略短于体长，有些个体等于体长。后足腹面有或多或少的裸露区域。爪黑色。背部毛色较其他所有沙鼠种类灰暗，灰棕色，甚至刷以灰黑色调。腹毛毛基灰色，尖白色，但喉部、前肢内侧毛白色。尾背面从基部起就开始着生黑色短毛，越到尾尖黑色毛越长，尾尖形成黑色毛束。头骨上听泡很发达，约占整个头骨长的1/3。

地理分布：国内仅分布于新疆。国外分布于沙特、约旦、伊拉克、叙利亚、伊朗、阿富汗及埃及。

物种评述：属于沙鼠亚科（Gerbillinae）。种级分类地位稳定，亚种多，达15个。新疆是红尾沙鼠的东部分布边缘。是沙漠绿洲的常见种，常与大沙鼠（*Rhombomys opimus*）混居。子午沙鼠（*Meriones meridianus*）栖居的纯沙漠地带没有红尾沙鼠分布。一年有2个繁殖高峰期，分别是5月和8月，每胎平均6仔。

新疆乌鲁木齐 / 邢睿

新疆昌吉阜康 / 邢睿

子午沙鼠

Meriones meridianus (Pallas, 1773)
Mid-day Gerbil

啮齿目 / Rodentia > 鼠科 / Muridae

形态特征：个体相对较小。体长平均120mm左右。尾长略短于体长，有些个体尾长等于或略超过体长，且不同地理种群尾长比例也略有不同。显著的特征为足底多毛，没有裸露区域，身体背面沙褐色，腹面的毛基和毛尖均是纯白色，有时腹部正中有一条褐色条纹。尾上下一色，棕黄色，仅尾端有黑色或灰色长毛，形成毛束。爪黄白色。

地理分布：国内分布于新疆、甘肃、青海、陕西、内蒙古、山西、河北及宁夏。国外分布于蒙古、阿富汗、伊朗及俄罗斯高加索区域。

物种评述：属于沙鼠亚科（Gerbillinae）。种级分类地位稳定，亚种很多，有15个，中国描述的亚种至少7个，但是否都成立有待深入研究。主要活动于沙漠绿洲，在沙漠中农田间的防护林林带内种群数量很大，洞群密集，白天活动。有2个繁殖高峰期，分别是4月和7月。平均每胎6仔。

新疆巴音郭楞博湖 / 唐明坤

新疆巴音郭楞轮台 / 邢睿

青海 / 张永

柽柳沙鼠

Meriones tamariscinus (Pallas, 1773)
Tamarisk Gerbil

啮齿目 / Rodentia > 鼠科 / Muridae

新疆伊犁新源 / 刘少英

形态特征： 个体较大，体长在150mm左右（130-190mm）。尾长略短于体长，130mm左右。身体背面棕褐色，腹面纯白色。尾背面和体背毛色一致，腹面白色。眼的上缘至耳前有一白斑。鼻部两侧须着生的地方各有一小块棕色斑。其特征是后足腹面有黑色条纹，贯穿整个腹面。头骨上，上门齿唇面有一条纵沟，没有前臼齿，臼齿3枚，第2臼齿咀嚼面像一个“王”字，第2上臼齿咀嚼面像一个“工”字；第3上臼齿咀嚼面为椭圆形。

地理分布： 国内分布于新疆、甘肃和内蒙古。国外分布于哈萨克斯坦和俄罗斯。

物种评述： 属于沙鼠亚科（Gerbillinae）。种级分类地位稳定，亚种5个。柽柳沙鼠是沙鼠属最大的种类，主要活动于半荒漠草甸、草丛，在干枯的河床及弃耕地也较多。生活环境中，草的高度一般在1m左右，盖度80%-100%。善于掘土，洞群密集分布。秋季把草切成5cm左右的节，晾晒后储存。夜间活动。

长爪沙鼠

Meriones unguiculatus (Milne-Edwards, 1867)
Mongolian Gerbil

啮齿目 / Rodentia > 鼠科 / Muridae

形态特征： 个体和子午沙鼠差不多，体长平均110mm左右。尾长也略短于体长，平均约98mm。和子午沙鼠的区别在于长爪沙鼠腹部毛基为灰色，毛尖白色，爪黑色，较长；而子午沙鼠腹面毛色白色，爪黄白色。和子午沙鼠一样，足底多毛，没有裸露区域。毛色上，长爪沙鼠背面黄褐色，杂有黑色针毛，眼周黄白色。尾明显双色，背面灰棕色，腹面苍白色，尾端有黑色毛束。牙齿和沙鼠属其他成员没有差别。

地理分布： 国内分布于内蒙古、河北、辽宁、山西、陕西、甘肃和宁夏。国外分布于蒙古和俄罗斯。

物种评述： 属于沙鼠亚科（Gerbillinae）。种级分类地位稳定，中国只分布指名亚种。是沙漠绿洲的常见种。在沙漠梭梭林、柽柳林中活动，种群密度很大。白天活动。

内蒙古阿拉善盟 / 林剑声

内蒙古阿拉善盟 / 林剑声

大沙鼠

Rhombomys opimus (Lichtenstein, 1823)
Great Gerbil

啮齿目 / Rodentia > 鼠科 / Muridae

形态特征：典型的特征是上门齿有两条明显的纵沟，据此特征区别于短耳沙鼠属和沙鼠属成员。体长比柽柳沙鼠略大，平均达 160mm 左右。尾长略短于体长，平均约 150mm，为体长的 92% 左右。耳相对较短小，前折不达眼睛。身体背面灰棕色至沙黄色，刷灰黑色。臀部深棕色，肩部淡灰黄色，腹部灰白色，毛基灰色。喉部白色。尾基部上下一色，棕黄色。尾背面自中部起，开始着生黑色长毛，至尾端形成黑色毛束。爪强大，黑色。冬季毛色整体较淡。

地理分布：国内分布于新疆、甘肃、宁夏、内蒙古。国外分布于蒙古、哈萨克斯坦、阿富汗、伊朗和巴基斯坦。

物种评述：属于沙鼠亚科（Gerbillinae）。是单属单种。种级分类单元地位稳定，亚种多且有争议。栖息于沙漠环境的梭梭林、草丛。白天活动。

新疆艾比湖湿地自然保护区 / 邢睿

新疆阿勒泰 / 牛蜀军

新疆昌吉阜康 / 王瑞卿

巢鼠

Micromys minutus (Pallas, 1771)
Harvest Mouse

啮齿目 / Rodentia > 鼠科 / Muridae

形态特征：个体小，体长小于 70mm，后足长小于 16mm。尾长通常略长于体长。身体背面毛红棕色，腹面灰白色。显著的特点是尾很灵活，能卷缠，当巢鼠爬上小麦等植物后，尾可以卷缠于植株上，解放出前肢和上半身，长时间取食麦粒等，并在不同植物之间移动。另一个特点是耳多毛。牙齿形态和姬鼠比较类似。第 1 和第 2 上臼齿由三纵列组成，每枚牙齿舌侧有 3 个齿突，但量度小得多。颅全长仅 15mm 左右。

地理分布：国内分布于除沙漠、荒漠及西藏的高海拔区域外的全国各地。国外分布于欧洲、亚洲北部。

物种评述：属于鼠亚科（Murinae）。全世界仅 2 种，我国均有分布。巢鼠的分类地位稳定，但亚种多，有一定争议。是麦田、稻田、高草草地和灌丛生态系统中的常见种。在稻、麦及高草的中上部筑巢繁殖。巢球形，开口很小，直径 5-10mm。

浙江杭州淳安 / 周佳俊

云南普洱哀牢山 / 陈尽虫

黑线姬鼠

Apodemus agrarius (Pallas, 1771)
Striped Field Mouse

啮齿目 / Rodentia > 鼠科 / Muridae

形态特征：个体较小，一般在 80-110mm 之间。尾长略短于体长。其显著的特点是：背部中央有一条黑线，身体背面颜色灰黄色。腹面毛基灰色，毛尖灰白色。背腹界限比较明显。但在我国南方，如福建、浙江、广东、广西等省区，背部黑线不明显，有的个体甚至只有一个暗色的区域。

地理分布：国内分布很广，除西藏、青海和海南外各地均有分布。国外分布于欧洲大部、朝鲜半岛及俄罗斯的西伯利亚。

物种评述：属于鼠亚科（Murinae）。姬鼠属全世界有 21 种，中国有 9 种，黑线姬鼠是其中之一。主要分布于海拔低的农田、灌丛及草丛中。对农业有一定危害。

湖南岳阳 / 张琛

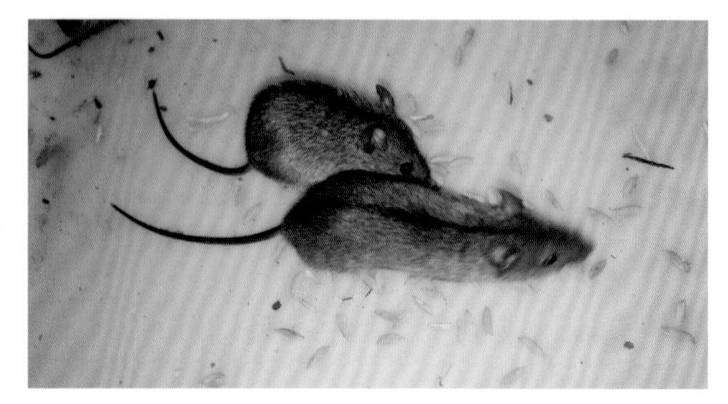

湖南岳阳 / 张琛

高山姬鼠

Apodemus chevrieri (Milne-Edwards, 1868)
Chevrier's Field Mouse

啮齿目 / Rodentia > 鼠科 / Muridae

云南怒江丙中洛 / 欧阳德才

形态特征：个体较大，是姬鼠属个体最大者。身体短胖。体长平均超过100mm。尾长短于体长，平均约94mm。身体背面灰黄色或棕黄色，腹面略淡，背腹之间毛色没有明显分界。耳相对短小，一般16mm左右。牙齿上，第3上臼齿舌侧仅有2个齿突，该特征和黑线姬鼠一致，不同于其他姬鼠。有人根据此特征，把姬鼠属划分为田姬鼠亚属（*Apodemus*）和林姬鼠亚属（*Sylvaemus*）（高山姬鼠和黑线姬鼠属于前者）。但现在的分子生物学结果显示，这种划分也有局限性。

地理分布：为中国特有种。仅分布于中国的南方，包括四川、云南、贵州、重庆、湖北、甘肃及陕西南部。

物种评述：属于鼠亚科（Murinae）。该种的分类地位也有一定争议，以前，一些科学家将其作为黑线姬鼠（*Apodemus agrarius*）的亚种。同物异名也有几个。高山姬鼠是姬鼠属中个体最大者。分布海拔较低，一般不超过1500m，在云南，分布海拔可达2500m左右。在低海拔的灌丛中种群数量很大，农田、次生草丛也有分布。

龙姬鼠

Apodemus draco (Barret-Hamilton, 1900)
South China Field Mouse

啮齿目 / Rodentia > 鼠科 / Muridae

四川王朗自然保护区 / 陈广磊

四川王朗自然保护区 / 陈广磊

形态特征：个体中等，平均约90mm。身体背部颜色灰色，有些体背刷以淡黄棕色。腹部颜色淡，灰白色。尾长大于体长，是体长的105%-125%。耳较大，16-19mm。尾双色，背面黑灰色，腹面色淡，尾尖部毛稍长。前后足背面灰白色，一些个体白色更显著，一些个体带棕色。爪乳白色，半透明，爪基部内可见灰黑色区。头骨上眶上嵴明显，尤其老年个体。第3上臼齿内侧有3个齿突。

地理分布：为中国特有种。分布于四川、重庆、贵州、陕西、山西、甘肃、青海、福建等。

物种评述：属于鼠亚科（Murinae）。又叫中华姬鼠，该种的种级地位稳定，亚种以前很多，包括现在的台湾姬鼠和澜沧江姬鼠均是其亚种，台湾姬鼠和澜沧江姬鼠通过分子系统学证据“独立”后，龙姬鼠还包括2个亚种，两个亚种的分界线是长江，现在看来，2个亚种是否成立也有待深入研究。龙姬鼠分布海拔跨度大，从800-3500m。是森林生态系统的主要成员，灌丛、农田生态系统中也偶有分布。

澜沧江姬鼠

Apodemus ilex Thomas, 1922
Lancangjiang Field Mouse

啮齿目 / Rodentia > 鼠科 / Muridae

云南永德乌木龙 / 欧阳德才

西藏南迦巴瓦峰 / 郭亮

形态特征：牙齿形态和龙姬鼠近似，第 3 上臼齿舌侧有 3 个角突。毛较长，被毛颜色黄褐色，后背有一个明显的黑色区域。有些个体整个背面中央均有黑色区；尾长于体长，约为体长的 110%。耳大，18mm 左右，耳缘黑色，或者整个耳前面均为黑色，毛很短。耳背也是黑色，毛短。额部通常为灰黑色。背腹分界明显。腹部毛基灰色，毛尖灰白色。尾上下二色，背面灰黑色，腹面灰白色。大约 50% 个体尾端有毛束。前后足背面均为纯白色。爪乳白色，前后足均为 5 指，爪上密生银白色长毛。性乳头 1-2=6。

地理分布：国内分布于西部三江并流区域，包括高黎贡山、梅里雪山、白马雪山，以及西藏南部的工布地区。国外分布于缅甸及印度北部。

物种评述：属于鼠亚科（Murinae）。该种分类地位争议较大，长期以来将其作为龙姬鼠（*Apodemus draco*）的亚种，因为形态上和龙姬鼠很近似，仅背部毛色有差异，从外形上确实很难将它们分开。近年来，通过分子系统学方法才最终将澜沧江姬鼠独立为种。它和龙姬鼠分布区域不重叠。澜沧江姬鼠没有亚种分化。栖息于林区、灌丛及靠近山区的灌木杂草丛中，喜潮湿地带，筑洞穴居生活，以多种植物种子、果实为食，也吃植物绿色部分及一些昆虫。主要在夜间与晨昏活动，繁殖期为 4-11 月，每胎产仔最少 3 仔，最多 10 仔，平均 5-7 仔。

大耳姬鼠

Apodemus latronum Thomas, 1911
Large-eared Filed Mouse

啮齿目 / Rodentia > 鼠科 / Muridae

云南昆明 / 杜卿

形态特征：体型较大，体长平均在 100mm 以上（90-120mm）。后足亦长，不小于 23mm。尾长大于体长（有少量个体略短于体长）。耳大，其长大于 20mm。第 3 上臼齿舌侧有 3 个齿突。眶上嵴存在，在老年个体较发达。色较暗。自鼻部、额部、颈部、背部及臀部的毛色呈暗黄褐色，特别是体背和臀部黑色毛尖显明。背毛长，密实，约 10mm。夏毛中，背面有较多的针毛。针毛的近端三分之二为黄灰色，尖端为黑色。耳壳内外覆以黑色或棕黑色短毛。腹面呈灰白色，毛尖纯白色。背腹毛色分界明显。四肢背面纯白色。尾上面黑褐色，被以短而稀的毛，故可见尾鳞环，下面灰白色。趾垫和指垫均为 6 枚。爪乳白色，半透明。爪上覆以白色粗硬的长毛。

地理分布：国内集中分布于四川、云南和西藏之间的青藏高原东南缘的高海拔区域。国外分布于缅甸。

物种评述：属于鼠亚科（Murinae）。该种仅分布于中国横断山系至西藏南部，稍稍扩展至缅甸北部，没有亚种分化。该种往往和龙姬鼠（*Apodemus draco*）在鉴定上有时容易混淆，四川省盆周山地的森林环境中没有该种分布。在该区域中，有很多姬鼠，其耳高均在19mm左右，但全部是龙姬鼠。大耳姬鼠在四川仅分布于甘孜及与甘孜交接的阿坝州部分县，接近林线和草原环境的灌丛生境中，海拔一般介于3200-4100m之间。是高寒灌丛和林线附近森林中的优势种。以草、草籽、嫩叶和作物为食，偶食昆虫及动物死尸。

大林姬鼠

Apodemus peninsulae (Thomas, 1907)
Korean Field Mouse

啮齿目 / Rodentia > 鼠科 / Muridae

黑龙江黑河 / 廖锐

西藏林芝察瓦龙 / 欧阳德才

形态特征：个体和中华姬鼠差不多，但尾长短于体长，只有少数尾长和体长相等。背部一般较暗，呈棕黑色，毛基为深灰色，上段为黄棕或带黑尖，并杂有较多全黑色的针毛，所以整体色调为棕黑色。腹部及四肢内侧为灰白色，其毛基浅灰。背腹毛色分界明显。耳前后均覆以较浓密的黄棕色短毛。尾两色，上面棕褐色，下面白色。前足背白色，后足背面大多数也为白色，一些个体为灰色。

地理分布：国内分布于青海、四川、甘肃、陕西、山西、宁夏、西藏、云南北部、河北、内蒙古及东北三省。国外分布于朝鲜半岛、俄罗斯西伯利亚。

物种评述：属于鼠亚科（Murinae），其种级分类地位稳定，亚种分化较多，分歧较大。在姬鼠属中属于分布较广、海拔较高（中国南部）、纬度较北的类群。东北三省是主要分布区。在青藏高原，分布于海拔 3000m 以上的高山灌丛中，森林中偶有分布。

小眼姬鼠

Apodemus uralensis (Pallas, 1811)
Herb Field Mouse

啮齿目 / Rodentia > 鼠科 / Muridae

新疆喀纳斯风景区 / 邢睿

新疆喀纳斯风景区 / 邢睿

形态特征：体型较小，成体体长通常小于100mm（平均85mm），仅个别个体达到105mm。尾长短于体长。个别个体接近或超过体长，后足长17-21mm。颜色浅淡，被毛沙黄色至淡红棕色；背腹毛色分界明显，腹部毛基灰色，毛尖几乎白色。整个色调偏浅，红色色调显著。尾上下两色，背面似体背色，腹面灰白色。四肢内外侧与腹部毛色略同。毛色的年龄变异很明显，老年个体毛色浅，土黄色调甚浓，而幼体毛色偏灰。第3上臼齿舌侧有3个明显的齿突，几乎没有眶上嵴。乳头3对，胸部1对，鼠蹊部2对。

地理分布：国内仅分布于新疆。国外分布于俄罗斯向西到欧洲中部。

物种评述：属于鼠亚科（Murinae）。主要栖于较潮湿的森林和森林草原中，并沿着河谷和灌丛而进入草原和荒漠草原。在新疆北部地区多栖息以杨、柳为主的阔叶林和以云杉、冷杉为主的针叶林、灌丛以及农田中的小麦、胡麻等作物地，以及杂草丛生的水渠埂、潜水溢出带等生境，不见于荒漠地区。以前，该种一直被认为是小林姬鼠（*Apodemus sylvaticus*），但生化及形态学研究结果，以及分子系统学及形态学研究结果均认为，小林姬鼠仅分布于欧洲西部，分布于我国新疆和邻近地区的为1811年命名的，模式标本位于俄罗斯乌拉尔山南部的小眼姬鼠（*Apodemus uralensis*）。

板齿鼠

Bandicata indica (Bechstein, 1800)
Greater Bandicoot Rat

啮齿目 / Rodentia > 鼠科 / Muridae

广东广州增城 / 刘全生

广东广州增城 / 刘全生

形态特征：大型鼠类。体重 500-100g，体长 180-330mm，尾长等于或略短于体长。后足长 40-60mm。背面毛很粗糙，尤其身体后面，有粗长的黑色针毛，暗棕黑色，体侧略淡，腹面毛基黑灰色，毛尖淡棕灰色至灰白色。尾粗大，覆盖黑灰色短毛，整体颜色灰黑色，上下一色。前后足背面灰黑色，腹面白色，爪灰白色。头骨粗壮，眶上嵴很明显。颧弓强大，听泡大。臼齿列宽大，臼齿没有明显的齿尖和内外侧齿突，咀嚼面呈板状。

地理分布：国内分布于四川南部及云南，广西，福建和台湾。国外分布于南亚、东南亚，印度尼西亚的爪哇岛，斯里兰卡等。

物种评述：属于鼠亚科（Murinae），是鼠亚科最大的种类之一。模式产地为印度，本属全世界 3 种，1 种分布于中国。该种的分类地位稳定，属于哪个属有不同意见，曾经列入 *Gunomys* 属，染色体研究结果显示，属于 *Bandicata* 属。但亚种和同物异名多，达 16 个，加上一些地方是引入种，和人类密切相关，所以，大小、毛色等已非原始生态系统的模样，给亚种的界定带来了困难。该种栖息于农田、城市及村庄。在潮湿的稻田、河岸较多。据记载（Smith & Xie, 2009），该种喜食软体动物、蟹、鱼。也食粮食，块茎等。

青毛硕鼠

Berylmys bowersi (Anderson, 1879)
Bower's Whited-toothed Rat

啮齿目 / Rodentia > 鼠科 / Muridae

云南怒江贡山 / 欧阳德才

浙江东阳江 / 刘洋

形态特征：个体很大。体长平均 250mm（230-285mm）。尾长超过体长，250-290mm。后足大，长 48-61mm。背面颜色灰棕色，腹面毛色纯白。尾背面和体背基本一致，腹面稍淡，尾末端有一小段为白色。该特点只有青毛硕鼠具有，而不同于其他硕鼠或者巨鼠。

地理分布：国内分布于南方，包括西藏南部、云南、贵州、湖南、湖北、江西、浙江等。国外分布于越南、缅甸、老挝。

物种评述：属于鼠亚科（Murinae）。硕鼠属以前一直被认为是家鼠属（*Rattus*）的亚属，1983 年才被 Musser & Newcomb 提升为独立属，该种种级分类地位没有争议。虽然该种分布较广，但种群数量很少。以前报道很多，但多是把它和白腹巨鼠（*Leopoldomys edwardsi*）的颜色较灰暗的个体混淆。因此，真正的青毛硕鼠标本在我国博物馆不多，研究甚少。

福建福州 / 曲利明

福建福州 / 曲利明

白腹巨鼠

Leopoldomys edwardsi (Thomas, 1882)
Edward's Leopoldamys

啮齿目 / Rodentia > 鼠科 / Muridae

形态特征：个体很大。体长240-320mm。最大体重可达800g。后足长一般超过45mm，尾长270-340mm。另外一个显著的特点是，腹部纯白色，背腹毛色分界明显，身体背面棕褐色。尾也是两色，背面和身体背面颜色一致，腹面白色，尾端毛稍长。

地理分布：国内分布于四川、云南、西藏东南、贵州、甘肃、陕西、湖北、重庆、福建、广东、广西、浙江和海南。国外分布于印度、缅甸、泰国等。

物种评述：属于鼠亚科（Murinae），长尾大鼠属。该属全世界有4种，中国仅有白腹巨鼠，又叫小泡巨鼠。分布海拔低，一般不超过1000m，在云南和西藏略高。是灌丛、常绿阔叶林常见种，农田和居民区偶有发现。冬季在洞穴中较多。

安氏白腹鼠

Niviventer andersoni (Thomas, 1911)
Andeson's Niviventer

啮齿目 / Rodentia > 鼠科 / Muridae

四川雪宝顶 / 廖锐

形态特征：是白腹鼠属个体最大的种类。成体后足长一般超过 35mm，颅全长一般大于 40mm，上臼齿列长大于 7.2mm。体毛柔软，针毛较少。腹部奶油白色，背腹毛色界限明显。尾长显著长于体长，尾端白色。该种外形和川西白腹鼠（*Niviventer excelsior*）接近，但个体更大，川西白腹鼠后足长 33mm 左右，很少超过 35mm 的个体；尾端毛较长，形成明显的毛束，而安氏白腹鼠尾端不形成明显毛束，毛较短。和北社鼠（*Niviventer confucianus*）相比，安氏白腹鼠除了个体大得多外，北社鼠腹部颜色或多或少染硫黄色，安氏白腹鼠为纯的奶油白色，且北社鼠背部针毛多，安氏白腹鼠少，体毛柔软。

地理分布：为中国特有种。分布于西藏、云南、陕西、四川、贵州、湖北、湖南、重庆。

物种评述：种级地位稳定，有 3 个亚种分化，分子系统学上形成 3 个明显的支系，但支系的界限不清楚，和 3 个亚种不形成一一对应关系。

北社鼠

Niviventer confucianus (Milne-Edwards, 1871)
Confucian Niviventer

啮齿目 / Rodentia > 鼠科 / Muridae

形态特征：个体较大。体长 120-180㎜。尾长长于体长，150-250㎜。身体背面颜色棕黄色，淡黄色，或灰黄色。身体腹面白色，毛尖刷硫黄色。背面和腹面毛色分界明显。尾上下两色，背面和体被毛色一致，腹面白色，有些个体尾端白色，尾梢有较长的毛。白腹鼠属的牙齿和家鼠属（*Rattus*）的牙齿很接近。第1和第2上臼齿均由3横列组成，但舌侧均只有2个齿突，第3横列仅由一个圆形或椭圆形的齿环组成，没有内侧和外侧齿突。

福建福州 / 曲利明

地理分布：分布广。国内除新疆、黑龙江、吉林、海南和台湾外的其他各省均有分布。国外分布于缅甸、印度、越南及泰国。

物种评述：属于鼠亚科（Murinae）。种级分类地位稳定，亚种多，有一定争议。外形上和川西白腹鼠（*Niviventer excelsior*）、针毛鼠（*Niviventer fulvescens*）均有一定混淆。但川西白腹鼠个体更大，腹部纯白色，背部毛色棕色不显；针毛鼠腹部纯白色，背部毛色往往是棕红色，且针毛很多。分布生境多样，海拔跨度也大，从 400-3000m 之间均有分布。植被类型包括灌丛、农田、阔叶林、针叶林等。

浙江丽水 / 周佳俊

台湾白腹鼠

Niviventer coninga (Swinhoe, 1864)
Spiny Taiwan White-bellied Rat

啮齿目 / Rodentia > 鼠科 / Muridae

形态特征：个体较大，是白腹鼠属最大的种类之一。体长160-205mm，尾长174-262mm；后足长30-37mm。体背毛柔软，有富弹性的软刺和较硬的针毛；背面毛色红棕色至黄棕色；腹部奶油白色，背腹分界明显。尾略短于体长，或者略长于体长，一般为体长的105%-125%；尾上下两色，腹面灰白色，背面黄棕色。足背面棕色，两边白色，指（趾）白色。耳棕黑色。触须很长。

地理分布：为中国特有种。仅分布于台湾。

物种评述：该种分类地位稳定，争议少。分布于海拔 2000m 以下的热带常绿阔叶林、林缘和灌丛。

台湾屏东草埔 / 林佳宏

台湾嘉义曾文水库 / 林佳宏

台湾嘉义曾文水库 / 林佳宏

台湾社鼠

Niviventer culturatus Thomas, 1917
Soft-furred Taiwan White-bellied Rat

啮齿目 / Rodentia > 鼠科 / Muridae

形态特征：个体比台湾白腹鼠小。体长130-185mm，尾长170-200mm，后足长29-35mm。尾相对较长，平均为体长的132%。被毛柔软，没有软刺和针毛，与台湾白腹鼠不同。体背毛色为灰棕色，面部颜色更灰暗。眼前后通常有深灰色斑。尾显著的上下两色，腹面奶油白色，背面棕色，背面的棕色部分向尾端逐步变窄，到尾端全白色。足部颜色和台湾白腹鼠类似。

地理分布：为中国特有种。仅分布于台湾。

物种评述：该种的种级地位有较大争议，长期以来作为北社鼠（*Niviventer confucianus*）的同物异名，最近的分子系统学研究才确认其独立种地位。该种主要分布于台湾海拔2000m以上的区域。栖息地面积小，IUCN列为近危种。

台湾 / 颜振晖

台湾 / 颜振晖

川西白腹鼠

Niviventer excelsior (Thomas, 1911)
Sichuan Niviventer

啮齿目 / Rodentia > 鼠科 / Muridae

形态特征：个体较大。体长约 150mm。尾长明显长于体长，为体长的 125%-150%。后足长 30-35mm。身体背部毛色黄褐色，腹部毛色纯白。背部针毛较少或缺乏。背腹毛色分界明显。尾两色，背面和身体背部毛色一致，腹面白色，尾端 1/4-1/3 全白色，尾梢有长毛。牙齿和北社鼠一致。

地理分布：为中国特有种。分布于中国南部，包括四川、云南、西藏南部。

云南丽江贡山 / 欧阳德才

物种评述：属于鼠亚科（Murinae）。以前，川西白腹鼠曾经被认为是北社鼠的同物异名，20 世纪 80 年代后，其独立地位才逐步被接受。川西白腹鼠是白腹鼠属个体较大者。是森林生态系统中的成员。有时和北社鼠容易混淆，但北社鼠腹面或多或少带硫黄色，而川西白腹鼠为纯白色；北社鼠的后足很少超过 30mm 的，而川西白腹鼠后足长通常在 32mm 以上。

灰腹鼠

Niviventer eha (Wroughton, 1916)
Smoke-bellied Niviventer

啮齿目 / Rodentia > 鼠科 / Muridae

形态特征：外形上看像社鼠，大小和社鼠基本一致。但腹部毛发毛基灰色，毛尖灰白色，整个颜色为灰色调。这在整个白腹鼠属中只和梵鼠一致，但梵鼠个体更大。灰腹鼠体长平均 120mm 左右。尾长长于体长，160-190mm，大约为体长的 150%。眼周围有一黑色带，像京剧的脸谱，也比较特殊。牙齿和北社鼠一致。

地理分布：在我国呈边缘性分布于西藏南部、云南西部与印度、尼泊尔、缅甸的交接区。国外分布于尼泊尔、印度和缅甸。

物种评述：属于鼠亚科（Murinae）。分类地位稳定，没有争议。但亚种分化有待深入研究。属于中高海拔的森林动物，适宜生境中种群数量大。

西藏林芝 / 刘少英

西藏林芝 / 刘少英

云南普洱 / 欧阳德才

针毛鼠

Niviventer fulvescens (Gray, 1847)
Indomalayan Niviventer

啮齿目 / Rodentia > 鼠科 / Muridae

形态特征：在白腹鼠属中个体较小。体长 130-170mm。背面毛色棕红色，有很多粗硬的针毛。夏季针毛很多，冬季相对少一些，但也很明显。腹面纯白色，背面和腹面毛色分界明显。尾上下两色，背面棕褐色，腹面白色，尾端通常有小段为白色。牙齿和北社鼠一致。

地理分布：分布较广。国内分布于陕西、四川、云南、湖北、湖南、贵州、广西、广东、浙江、海南等，西藏南部也有分布。国外分布于巴基斯坦、印度、印度尼西亚等。

物种评述：属于鼠亚科（Murinae）。种级分类地位稳定。分布海拔跨度比社鼠窄，一般不超过 1000m，栖息地植被类型也相对单一，主要分布于阔叶林，偶尔分布于农田。有些个体和北社鼠在外形上分不开。其颜色都是黄棕色，针毛也较多，但腹面颜色仍然可以将它们分开。针毛鼠腹部纯白色，北社鼠多少带有硫黄色，尤其经福尔马林浸泡后，北社鼠腹部的硫黄色更明显。

拟刺毛鼠

Niviventer huang (Bonhote, 1905)
South China White-bellied Rat

啮齿目 / Rodentia > 鼠科 / Muridae

形态特征：个体比针毛鼠（*Niviventer fulvescens*）略大，成体体长130-160㎜。尾长170-188㎜。后足25-28㎜。背部颜色红褐色至黄褐色，比北社鼠（*Niviventer confucianus*）鲜亮，接近针毛鼠。背部针毛多而坚硬。腹部纯白色，背腹毛色分界明显。尾显著长于体长，约为体长的125%，明显的两色。尾尖毛较长，不形成全白色尾尖。腹面白色，背面黄褐色。

地理分布：国内分布于福建、浙江、广东、广西、湖南、江西、海南、安徽等。国外分布于越南、老挝、柬埔寨、泰国等。

物种评述：种级地位争议较大，长期以来被认为是针毛鼠的同物异名。针毛鼠模式产地为尼泊尔，拟刺毛鼠模式产地为福建挂墩，二者距离较远。通过分子系统学证实拟刺毛鼠为独立种。针毛鼠在我国主要分布于西藏、云南北部。二者分布区的界限目前不完全清楚，有待深入研究。

福建福州 / 曲利明

广西来宾金秀 / 欧阳德才

卡氏小鼠

Mus caroli Bonhote, 1902
Ryuku Mouse

啮齿目 / Rodentia > 鼠科 / Muridae

形态特征：个体比锡金小鼠略小一些。体长70-92㎜，尾长略短于或等于体长。耳高12-14㎜。后足15-18㎜。身体背面浅灰棕色至浅黄棕色，有针毛，较粗硬。腹面浅灰白色。尾明显双色，背面和体背毛色一致，腹面灰白色。前后足背面灰白色。门齿唇面深橘色。雌性乳头5对。

地理分布：国内分布于云南、广西、贵州、广东、福建、海南、香港和台湾。国外分布于日本、越南、老挝、柬埔寨、泰国、印度尼西亚的苏门答腊岛及爪哇岛。

物种评述：属于鼠亚科（Murinae）。模式产地为琉球群岛，所以又叫琉球小家鼠。我国也是该鼠的自然分布区，不像小家鼠，是外来种。卡氏小鼠在东南亚岛屿为引入种。小鼠属全世界有38种，中国加上引入的小家鼠有5种。卡氏小鼠分类地位稳定。栖息于农田、草丛和灌丛中。

广东广州增城 / 刘全生

广东广州增城 / 刘全生

小家鼠

Mus musculus Linnaeus, 1758
House Mouse

啮齿目 / Rodentia > 鼠科 / Muridae

新疆喀什塔什库尔干 / 刘少英

新疆 / 蒋卫

形态特征：个体小，体长一般不超过 90mm。尾长短于体长，一般为体长的 70% 左右。毛色在不同区域有差别。北方小家鼠颜色总体较淡，南方小家鼠颜色更灰暗。北方小家鼠背面颜色棕黄色，腹部白色；南方小家鼠身体背面毛色灰棕色，或者灰色。腹面灰白色，毛基淡灰色。背面和腹面毛色界限通常较明显，但也有不明显的。尾上下两色，上面淡褐色，腹面污白色。小鼠类最大的特点是上门齿舌缘有一缺刻，从侧面看很明显。小家鼠也不例外。

地理分布：广泛分布于全国各地。国外也广泛分布，除南极圈、苔原地带、亚高山原始森林和高山裸岩外，均有分布。

物种评述：属于鼠亚科（Murinae）。该种原产印度，更新世末期到达地中海沿岸。进入我国时间不详。该种被认为是无意引入的物种。在我国新疆、西藏、青海、东北三省等地区，野外种群数量很大。曾经 5 年左右发生一次大爆发，对农田有危害，也威胁人类健康。在南方，主要在房屋内和人类共生，但种群数量比北方小。

锡金小鼠

Mus pahari Thomas, 1916
Indochinese Shrewlike Mouse

啮齿目 / Rodentia > 鼠科 / Muridae

云南大理漾濞 / 廖锐

形态特征：门齿后缘有一个缺刻，第 1 上臼齿长为整个上臼齿列长的一半。大小和小家鼠差不多，体重 17-30g（平均 24g），体长 83-95mm（平均 88.5mm），尾长略短于体长，76-91mm（平均 82mm），后足长 18-21mm（平均 19.4mm），耳较大，15-17mm（平均 15.7mm），没有长毛，覆盖短密的灰色毛。身体背面蓝灰色，腹面毛基灰色，毛尖白色。背面和腹面毛色分界明显。前后足背面白色。尾上下一色，尾毛较稀疏而短，环纹较明显，尾端没有毛束。

地理分布：国内分布于西藏南部、云南、四川、贵州和广西。国外分布于越南、老挝、柬埔寨及泰国。

物种评述：分类地位稳定，争议很少。种下亚种较多，针对亚种的研究少，几个亚种地位不清。主要栖息于农田、杂草较多的人工林地。喜较潮湿的生境。杂食性。

印度地鼠

Nesokia indica (Gray, 1830)
Short-tailed Bandicoot Rat

啮齿目 / Rodentia > 鼠科 / Muridae

新疆巴音郭楞且末 / 邢睿

形态特征：个体大。体长平均185mm。尾长110-130mm，尾很像褐家鼠的尾，粗壮，上面覆盖环形鳞片，鳞片间有粗短的毛。耳和眼均相对小，耳长平均16.5mm，达不到家鼠属种类的比例。前足较大，具长爪。身体背面浅棕色或沙黄色，背部中央棕色更显。腹面毛尖灰白色，常常染黄色色调。头骨坚实粗壮，整体宽而短，吻部短而钝，门齿孔短而窄，呈一细缝。听泡小，门齿十分宽阔，下门齿比上门齿宽，臼齿列宽，其咀嚼面形成椭圆形的釉质环。

地理分布：国内分布于新疆塔里木盆地东部和南部，以及吐鲁番盆地。国外分布于印度、巴基斯坦、阿富汗等。

物种评述：属于鼠亚科（Murinae）地鼠属，全球2种，中国1种。种的地位没有多少争议。我国在历史上曾经先后命名2个种的地鼠，后证明都是印度地鼠的同物异名。亚种很多，但中国的亚种不详。该种典型生境是芦苇草甸，主食地下根茎，对农作物有危害。

黑缘齿鼠

Rattus andamanensis (Blyth, 1860)
Indochinese Forest Rat

啮齿目 / Rodentia > 鼠科 / Muridae

云南临沧沧源 / 欧阳德才

形态特征：个体较大，130-200mm，平均达170mm。尾长大于体长，平均为185mm。外形上很像社鼠。背面毛色黄棕色；背腹毛色界线明显，腹面纯白色或者至少有较大的区域为纯白色。和社鼠的区别为，尾是家鼠属的尾，上下一色，环纹明显，尾尖无毛束。前足或后足背面通常有一个黑色区。牙齿和其他家鼠属成员基本一致，只是更大。

地理分布：国内分布于云南、广西、广东、福建、香港、海南、西藏、四川。国外分布于越南、老挝、柬埔寨、泰国、印度东北部、缅甸、不丹和尼泊尔。

物种评述：属于鼠亚科（Murinae）。该种以前一直被认为是黑家鼠（*Rattus rattus*）的同物异名。Musser & Caeleton（2005）年才将其独立为种。是家鼠属中比较特别的种类，腹部颜色纯白，或者至少有大面积的纯白斑块，背腹毛色界限明显。这些特征不同于家鼠属其他种类。主要分布于农田和森林交错带，耕地和人居周围也有，但很少在房屋内。

云南大理漾濞 / 刘少英

黄毛鼠

Rattus losea Swinhoe, 1870

Losea Rat

啮齿目 / Rodentia > 鼠科 / Muridae

福建福州 / 曲利明

形态特征：在家鼠属中，属于个体相对较小的种类。体长100-150㎜。整个背面毛色一致，呈草黄色。背部中央至臀部毛色略深，毛尖部灰黑色。针毛多，近端灰白色，远端灰黑色，但不长，且并不显著粗壮。背腹毛色逐渐过渡，腹毛黄白色。颏部毛基和毛尖均为黄白色。尾长和体长相差不大，有时略大于体长，有时略小于体长。尾上下一色，全部为灰黑色。鳞片相对较小，组成的环纹明显，环纹内着生短而粗的毛。尾尖部毛略长。前后足腕掌骨和跗跖骨背面灰色。头骨上，眶上嵴很明显，第 1 上臼齿第 1 横嵴唇侧有一纵沟（t3 存在）。

地理分布：国内分布于台湾、福建、广东、广西、江西、贵州、重庆、四川东部、陕西南部、海南、香港。国外分布于越南、老挝（中部和南部）、柬埔寨。

物种评述：属于鼠亚科（Murinae）。该种模式产地为我国台湾，种级分类单元稳定，同物异名不多，但也有争议。主要分布于房屋周围的农田、灌丛、红树林、垃圾堆。很少在房屋内。

大足鼠

Rattus nitidus (Hodgson, 1845)

White-footed Indochinese Rat

啮齿目 / Rodentia > 鼠科 / Muridae

福建福州 / 曲利明

形态特征：个体较大。体长140-180㎜。尾长和体长几相等，尾上下一色，全部为黑褐色。尾上鳞片组成的环纹不十分明显，环纹内着生短而粗的毛。尾尖部毛并不显长。整个身体背面毛色一致，呈棕黑色。针毛多，但不长，且并不显著粗壮。侧面毛色较淡，黄白色调，毛尖为淡棕黄色。背面和腹面毛色逐渐过渡，没有明显分界。整个腹面毛色一致，从颏部至肛门没有变化，毛基灰色，毛尖灰白色，略显淡黄色调。前后足背面白色。有明显的珍珠光泽。头骨方面，鼻骨相对较长，眶上嵴明显，牙齿和白腹鼠属基本一致，臼齿由3横列组成，第1和第2上臼齿舌侧均只有2个齿突。第1上臼齿第1横列外侧齿突消失或严重退化，只在西藏亚种（*Rattus nitidus thibetanus*）较明显，该亚种是2018年才被刘少英等命名（Liu et al., 2018）。

地理分布：主要分布在亚洲大陆东南部。国内分布于云南、四川、贵州、湖南、广西、广东、福建、江西、浙江、上海、江苏、安徽、陕西、甘肃、海南。国外分布于越南、老挝、泰国、缅甸、尼泊尔、不丹、印度北部。上述区域为土著物种。并引入到一些太平洋岛屿，包括印度尼西亚苏拉威西岛、苏门答腊，菲律宾吕宋岛，帕劳，新加坡。

物种评述：属于鼠亚科（Murinae）。种级地位稳定，但同物异名很多，在这些同物异名归并上意见分歧较大。该种主要栖息于农田和灌丛，一般不在房屋内。和同属的褐家鼠接近，但耳朵比褐家鼠大得多，尾长也比褐家鼠大。对农田有一定危害。

褐家鼠

Rattus norvegicus (Berkenhout, 1769)
Brown Rat

啮齿目 / Rodentia > 鼠科 / Muridae

形态特征：个体较大，体长 170-250mm。耳小，平均不达 20mm（18-20mm），向前折不达眼后缘；腹部颜色铅灰色；尾显著短于体长，尾上下一色，全部为黑褐色。尾上鳞片组成的环纹较明显，环纹内着生短而粗的毛。尾尖部毛略长。整个背面毛色一致，呈黑褐色。针毛多，比绒毛长，粗壮，全部黑色。身体侧面毛色较淡，灰色调更显。背面和腹面毛色逐渐过渡，没有明显分界。一些个体颏部白色，一些个体胸部有一块白斑，一些个体毛尖略显黄白色调。前后足背面灰白色，无珍珠光泽。在头骨上，有一个典型特征是顶嵴几乎平行，尤其在成年至老年个体很明显，但幼体和亚成体不显著。牙齿和大足鼠一致，第 1 上臼齿第 1 横嵴唇侧没有纵沟，t3 消失。

地理分布：原产于俄罗斯西伯利亚、中国黑龙江、朝鲜北部及日本。后被引入到世界各地。在野外，主要分布于地球高纬度的冷环境；在温暖地区，主要分布于房屋内。国内各地均有分布。

物种评述：属于鼠亚科（Murinae）。种级分类地位稳定，但同物异名和亚种均多，其归并问题争议较大。该种北方的个体较小，南方个体较大。主要生活于房屋内，夏季在房屋周围的农田有分布。

福建福州 / 曲利明

福建福州 / 曲利明

黑家鼠

Rattus rattus Linnaeus
Black Rat

啮齿目 / Rodentia > 鼠科 / Muridae

形态特征：通体被毛黑色，有光泽。腹部毛浅灰黑色。耳无毛，耳根肉色。耳郭半透明，尾与体长等长。

地理分布：国内分布于广东、福建。国外分布于巴基斯坦、印度、泰国、柬埔寨、老挝、印度尼西亚、文莱、菲律宾、新加坡、亚洲西部、非洲北部及欧洲。

西班牙 / Eduardo Blanco (naturepl. com)

物种评述：属热带和亚热带湿润阔叶林生物群系。主要栖居于人居环境，但也在一些自然或半自然的生境中发现。

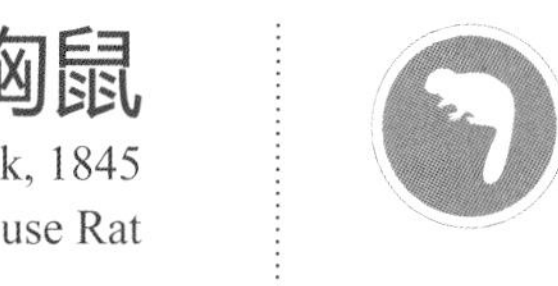

福建福州 / 曲利明

黄胸鼠

Rattus tanezumi Temminck, 1845

Oriental House Rat

啮齿目 / Rodentia > 鼠科 / Muridae

形态特征：个体中等。体长平均约160mm。尾长平均大于体长，也有一些个体尾长短于体长的情况，平均170mm。前足背面中央黑色，两边白色。整个背面毛色一致，呈棕黑色，毛基灰色，毛尖棕黑色，中段黄棕色。针毛丰富，黄白色，仅尖部棕黑色。背部中央至臀部毛色略深，黑色调更显。侧面毛色较淡，枯草黄色较显著。背腹毛色逐渐过渡；腹面为显著的枯草颜色，腹毛毛基灰色，远端一半为枯草颜色。颏部毛基和毛尖均为黄白色。一些个体颏部为灰色。四川西部高原的黄胸鼠毛色有变异，一些个体腹部黄白色，一些个体腹部为枯草颜色，但灰色调更显。耳中等，平均20mm（19-22mm），耳几乎裸露，肉眼看不出有毛，在解剖镜下观察发现覆盖有黑灰色短毛。尾上下一色，全部为灰黑色。鳞片相对较细碎，组成的环纹不明显，在少数个体，尤其老年，环纹明显。环纹内着生短而粗的毛，尾尖部毛略长。前足腕掌骨背面毛色黑色，侧面为灰白色或者白色，腹面正中为灰色。后足背面为灰白色，一些个体背面灰色调较显著。腹面为灰黑色。前后足均有6个掌（跖）垫。爪黄白色，一些个体爪为灰色，爪背面均有少量白色长毛。头骨上，眶上嵴明显，第1上臼齿第1横嵴t3存在，在亚成体很明显，但即使是老年个体，t3和t2之间的沟也清晰可见。

地理分布：该种最早出现于印度的东部和北部。分布于亚洲西南，包括阿富汗斯坦南部、尼泊尔中部和南部、不丹、印度北部、孟加拉国，并经印度东北进入中国。中国分布广，除东北地区没有记录外，其他区域均有分布，包括海南岛和台湾。并扩展到朝鲜半岛、中南半岛及克拉地峡、缅甸南部丹老。在中国台湾和日本是引入还是本土种不得而知。但马来半岛、菲律宾和巽他陆架肯定是引入。孟加拉湾的尼科巴群岛也是引入，使之到达苏拉维茨群岛和新几内亚。

物种评述：属于鼠亚科（Murinae）。黄胸鼠的学名很乱，曾经长期被用作*Rattus flavipectus*。Musser & Carleton（2005）恢复*Rattus tanezumi*作为黄胸鼠的种名，并认为是代表亚洲的染色体数量2n=42的原*Rattus rattus*成员。属于*Rattus rattus*种组。该种种下分类也很乱，在全世界，有81个分类单元被认为是黄胸鼠的同物异名或者亚种，涉及中国的有6个分类单元。黄胸鼠栖息于村庄、农田、砖木瓦顶结构房屋等与人类活动密切相关的区域，在长江流域主要栖息于屋舍，屋顶、瓦楞、墙头夹缝及天花板上面常是其隐蔽和活动的场所；随着城市化不断扩张，该鼠迅速适应了现代建筑和城市环境，成为南方城市高层建筑的优势种，多在管道、吊顶天花板、管道井活动。

福建福州 / 曲利明

帚尾豪猪

Atherurus macrourus (Linnaeus, 1758)

Asiatic Brush-tailed Porcupine

啮齿目 / Rodentia > 豪猪科 / Hystricidae

云南南滚河自然保护区 / 冯利民

形态特征：在豪猪科中，属于体型较小者。体重2kg左右。体长350-520㎜，显得瘦长。全身有刺，身体背面的棘刺扁，上面有沟，腹部棘刺柔软。前后足粗短。耳短圆。尾较长，150-250㎜。尾末端有白色棘刺簇（像一把扫帚），棘后面有串珠状球节。

地理分布：国内主要分布于西南地区，包括四川南部、重庆、云南、贵州、广西和海南。国外分布于印度、缅甸、泰国、越南、马来西亚和印度尼西亚。

物种评述：豪猪科全世界有4个属，20多种。是一类特殊的啮齿动物。帚尾豪猪属全世界有4种，中国1种。它们主要生活在森林，尤其靠近水域的森林较多。据记载，帚尾豪猪善于游泳，还能爬树。

西藏林芝墨脱 / 刘务林

马来豪猪

Hystrix brachyura Linnaeus, 1758

Malayan Porcupine

啮齿目 / Rodentia > 豪猪科 / Hystricidae

泰国 / 李一凡

形态特征：身体强壮。体长630-720㎜。尾长80-140㎜。体侧和胸部有扁平的棘刺。全身呈黑色或黑褐色。通常情况下，头部和颈部有细长、直生而向后弯曲的鬃毛，可以竖立。身体的前半部分是深褐色至黑色，背部、臀部和尾部都生有粗而直的黑棕色和白色相间纺锤形棘刺。这些刺中间是空的，由体毛特化而成，容易脱落，有的尖端还生有倒向的钩子，像一根根利箭，非常坚硬而锐利。刺下的皮肤上生有稀疏的长刚毛，主要为白色，中间有一条暗带。臀部刺长而密集，四肢和腹面覆短小柔软的刺。尾端的数十个棘刺演化成硬毛，顶端膨大，形状好像一组“小铃铛”。

地理分布：国内边缘性分布于云南西南部、南部。国外分布于孟加拉国、印度、印度尼西亚、老挝、马来西亚、缅甸、尼泊尔、泰国、越南。

物种评述：该种是豪猪属中最早被命名的种类。以前包括亚种或同物异名多达11个，中国豪猪（*Hystrix hodgsoni*）也曾经是其亚种。目前所谓的“中国豪猪”，其模式产地事实上是尼泊尔。云南曾经命名一个豪猪种，曾经作为马来豪猪的亚种，目前作为中国豪猪的亚种。所以，豪猪的分类上还是有一定争议的，有待深入研究。潘清华等（2007）记载，在云南西部的盈江地区，中国豪猪和马来豪猪同域分布。并指出，马来豪猪的鼻骨相对较短，不及头骨长的一半，而中国豪猪的鼻骨长超过头骨长的一半。因此，潘清华等（2007）认为，中国豪猪和马来豪猪均是独立种。

豪猪

Hystrix hodgsoni (Gray, 1847)

Chinese Porcupine

啮齿目 / Rodentia > 豪猪科 / Hystricidae

四川王朗自然保护区 / 李晟

形态特征：个体较大。体重可达20kg左右。体长550-750㎜。尾相对短，不到后足2倍长。全身覆盖棘刺。头顶至前背之间的棘刺基部淡棕色，末端白色。颈部下方有一白色条纹；背面前部的棘刺正方形，背后部棘刺长，圆形，尾有特别的管状刺。尾摇动会发出响声。

地理分布：国内分布较广，包括云南、四川、重庆、贵州、湖南、广西、广东、福建、江西、安徽、河南、湖北、江苏、浙江、安徽、河南、陕西、甘肃、海南等。国外分布于尼泊尔、印度、缅甸、泰国、马来西亚、印度尼西亚等。

物种评述：该种又叫中国豪猪。豪猪属有8种，广泛分布于欧洲、亚洲、非洲，中国仅2种。豪猪以前一直被认为是马来豪猪（*Hystrix brachyura*）的亚种，最近才独立成种。豪猪主要栖息于森林、林间灌丛。虽然是啮齿动物，但由于个体大，常常受到人们猎获食用，一些地方种群数量严重下降。应该加强保护。

四川唐家河自然保护区 / 张永

四川甘孜稻城 / 李斌

兔形目

Lagomorpha, Brandt 1855

兔形目是陆生脊椎动物中最先被科学命名和研究的类群之一。Linnaeus（1758） 在《自然系统》第 1 版提出了 9 个目动物，这些“目”有的相当于现在的“科”，有的相当于现在的“亚纲”。其中的兔类就在他的“Glires”目中，并明确兔类的名称是“Lepus”，事实上相当于现在的“兔形目”，仅包括 4 种兔类，没有包括鼠兔类。Linnaeus 在他的《自然系统》第 10 版中，把兔类作为一个科（Lepus），指出其鉴定特征是门齿 2 对。Illiger（1811）年根据 2 对门齿这一特征成立重齿科（Duplicidentata）放入啮齿类中，该“科”中包括了兔类和鼠兔类（所用名称为 Lagomys）。Fisher（1871）成立了 2 个科级水平的分类单元：兔类为 Leporini；鼠兔类为 Leporinorum。Gray（1821）最早使用“Leporidae”作为兔类的科名（包括鼠兔和兔类），仍然属于啮齿类大类。Waterhouse（1839）将啮齿类鼢鼠 3 个更高的分类阶元，其中的兔类 Leporina 独立出啮齿类。Brandt（1855）创造 Lagomorpha 的名字，作为啮齿目的亚目。Gidley（1912）将 Lagomorpha 独立为一个目级分类单元。这是兔形目名称的由来和过程。

最早的兔形目化石发现于印度中西部一个叫 Vastan 煤矿 Cambay 页岩沉积中，属于始新世早期，距今 5300 万年。Springer（2003）利用分子钟的办法，得出鼠兔科和兔科分歧时间在 4000-7100 万年之间的结论。后来的研究认为，鼠兔科和兔科的分歧时间应该是 4200 万年，并得到大多数科学家认同。

目前，兔形目种类为 92 种，分属兔科和鼠兔科。鼠兔科仅 1 个属，鼠兔属（*Ochotona*），兔科有 11 个属。鼠兔的分类很乱，有多少种意见分歧很大，最新的一本书（Smith et al., 2018）认为全世界有 29 种，刘少英等（2016）认为全世界有 34 种。主要原因是分子生物学研究所用的基因不一样，往往得出不同的结论。基于基因组水平的单拷贝直系同源基因技术将解决这一问题。

兔形目的鼠兔科被称为“全北界特有科”，它们主要分布在地球的北方，包括古北界（欧亚大陆北部）和新北界（北美洲）。而兔科种类则全世界广泛分布。在兔形目进化的 4000 多万年间，化石证据显示，曾经有 78 个属，超过 200 种各种兔形目种类曾经在地球上生存过，而目前总计仅有 92 个种，表明很多种已经灭绝。且很多种是最近才演化形成的物种，地质时间很短。如鼠兔科物种，中新世早期，鼠兔类就扩展到欧洲、非洲和北美。至上新世，鼠兔类繁盛达到顶峰，有 4 个属。但到了更新时早期，很多种类灭绝，只有 1 个属，即现在的鼠兔属（*Ochotona*）存留下来。鼠兔属动物化石（*O. lagrelli*）最早出现我国内蒙的中新世晚期（600 万年左右），后来也经历了一个大规模灭绝的过程，现生种的演化时间都不长，时间最长的草原鼠兔（*O. pusilla*）和藏鼠兔（*O. thibetana*）出现于上新世晚期（260 万年前后）。

兔形目有很多珍稀濒危物种，如兔科的塔里木兔（*Lepus yarkandensis*），鼠兔科的伊犁鼠兔（*Ochotona iliensis*）、扁颅鼠兔（*Ochotona flatcalvariam*）等都是分布区很狭窄，种群数量很小，由于环境变化，正在走向濒危的物种。需要我们加强研究和保护。

根据魏辅文等（2021）统计，中国有兔形目 2 科 2 属 36 种，其中鼠兔属 26 种，仍然证实中国鼠兔（*O. chinensis*），喜马拉雅鼠兔（*O. himalayana*）和邛崃鼠兔（*O. qiognlaiensis*）是独立种，兔属 10 种。但最新的基于简化基因组（Tang et al., 待发表）的分子系统发育研究，中国鼠兔属至少有 29 种，加上兔属 10 种，中国应该有兔形目种类 39 种。基于外显子组（Wang et al., 2020）和基于简化基因组（Tang et al., 待发表）均证实雅鲁藏布鼠兔（*Ochotona yarlungensis*）是努布拉克鼠兔（*O. nubrica*）的同物异名；大巴山属兔（*O. dabashanensis*）是秦岭鼠兔（*Ochotona syrinx*）同物异名，所以这两种在第 3 版中删除。第 3 版总计描记我国兔形目种类 34 种，兔属 10 种全部被描记，仅有鼠兔属 5 种（扁颅鼠兔、峨眉鼠兔、邛崃鼠兔、红鼠兔和锡金鼠兔）还没有拍摄到。

间颅鼠兔

Ochotona cansus Lyon, 1907

Gansu Pika

兔形目 / Lagomorpha > 鼠兔科 / Ochotonidae

形态特征：个体较小。体长95-140mm。整体颜色和藏鼠兔基本一致，但颜色略淡。和藏鼠兔相比，整体小得多。背面黄褐色，有时为灰褐色；腹面略淡，淡黄色。足底毛少，爪露出毛外。耳20mm左右，耳沿有白边。头骨上，额骨没有卵圆孔，门齿孔和腭孔合并为一个大孔。在头骨量度方面，间颅鼠兔眶间宽小于4.0mm，是重要的鉴定特征和与藏鼠兔的主要区别。

地理分布：为中国特有种。分布于甘肃、四川、青海、陕西、山西。

物种评述：属于指名亚属（*Ochotona*），以前曾经归并入藏鼠兔，后独立。种没有异议。是该属中个体较小者。分布海拔比藏鼠兔高，主要分布于林线以上的高山灌丛，秦岭、大巴山系的主要种类，该区域没有藏鼠兔。

四川唐家河自然保护区 / 董磊

四川卧龙自然保护区 / 韦晔

四川阿坝松潘 / 朱晖

高原鼠兔

Ochotona curzoniae (Hodgson, 1858)

Plateau Pika

兔形目 / Lagomorpha > 鼠兔科 / Ochotonidae

形态特征：个体较大。平均体长在170mm（140-200mm）。整个身体颜色较淡，淡沙褐色。颈部颜色稍淡。最大的特点是嘴唇周围有显著的黑色。足底多毛，爪隐蔽于毛中。身体腹部毛色灰白或淡沙黄色。头骨上，额骨没有卵圆孔，门齿孔和腭孔合并为一个大孔。

地理分布：国内主要分布于青藏高原，包括四川西部高原、西藏、青海、甘肃和新疆南部。国外分布于青藏高原边缘的尼泊尔和印度北部。

物种评述：属于指名亚属（*Ochotona*）成员。是整个青藏高原草甸生态系统的关键物种。当人类破坏草场后，高原鼠兔会大量繁殖，种群数量极大，最多每1万m²可达800余只。虽然在很多地方被大量灭杀，但是种群数量会很快恢复。研究表明，高原鼠兔对于草地植被恢复有重要作用，大量灭杀是不明智的。

西藏昌都芒康东达山口 / 陈尽虫

青海海南橡皮山 / 王进

青海玉树治多 / 邢睿

达乌尔鼠兔

Ochotona dauurica (Pallas, 1776)
Daurian Pikas

兔形目 / Lagomorpha > 鼠兔科 / Ochotonidae

形态特征：头骨较大，稍微隆突，但不像高原鼠兔和柯氏鼠兔非常隆突。夏季，身体背部毛色为黄棕色到草灰色；冬毛厚实，颜色较淡，沙灰色或者沙黄色、灰黄色。腹面白色或灰白色。胸部通常有米黄色斑块。身体侧面，颜色较淡。毛尖米黄色。耳黑棕色，有白边。前后足多毛，爪几乎隐于毛中。这一特征和高原鼠兔类似。须较长，40-55mm。门齿孔和腭孔合并为一个大孔，额骨上没有卵圆孔。

地理分布：国内主要分布于内蒙古西部、山西、宁夏、甘肃、辽宁、河北部分区域。国外主要分布于整个蒙古，稍微延伸至俄罗斯。

内蒙古锡林郭勒盟 / 惠营

物种评述：属于指名亚属（*Ochotona*），曾经列入高原鼠兔（*Ochotona curzoniae*），后来其独立种地位被接受。有3个亚种，5个同物异名。因此，种下分类较乱。是北方荒漠草原、草原的常见种，生态上和高原鼠兔相似，广义草食性。

努布拉克鼠兔

Ochotona nubrica Thomas, 1922
Nubric Pika

兔形目 / Lagomorpha > 鼠兔科 / Ochotonidae

形态特征：个体中等。体长125-170mm。整体颜色较浅，沙黄色带黑色。耳后的颈部有一圈黄色毛发。腹部较淡，淡黄色。前后足足底多毛，爪几乎隐于毛中。鼻孔周围黑色。耳短圆，耳沿有很窄的白边。和高原鼠兔是近亲，外形有一些混淆，但该种唇周的黑色没有高原鼠兔深，个体远比高原鼠兔小，额骨部分不像高原鼠兔那样隆突。头骨上，额骨没有卵圆孔，门齿孔和腭孔合并为一个大孔。

地理分布：国内仅分布于西藏西部的班公湖周围延伸到西藏南部日喀则地区。国外分布于印度等地区。

物种评述：属于指名亚属（*Ochotona*）。以前曾并入草原鼠兔（*O. pusilla*）、灰鼠兔（*O. roylei*）和藏鼠兔（*O. thibetana*），于宁、郑昌琳（1992）经重新订正后才将该种列为独立种。现在包括3个亚种，是否成立，抑或这些种就是独立种，有待深入研究。努布拉克鼠兔是西藏高原荒漠、半荒漠特有种。分布面积不大。

西藏阿里 / 王昌大

西藏阿里 / 那兴海

藏鼠兔

Ochotona thibetana (Milne-Edwards, 1871)

Tibet Pika

兔形目 / Lagomorpha > 鼠兔科 / Ochotonidae

形态特征：个体较大。体长 140–180㎜。头骨上，额骨没有卵圆孔，门齿孔和腭孔合并为一大孔。耳较大，平均 20㎜ 左右。耳沿有白边。体被颜色变异大，灰色、黄褐色、茶褐色、黑褐色均有。但不同色形背部毛色基本一致，颈部毛色也和背部差别不大。腹面毛色大多数为淡黄褐色。前后足足底毛少，爪露出毛外。

地理分布：为中国特有种。仅分布于四川、云南、青海和甘肃。

物种评述：属于指名亚属（*Ochotona*）成员。分布海拔较高，一般在 2600m 以上，分布中心是海拔 3000m 左右的森林、灌丛。集中分布区域是四川西部至青海东南部、四川西南部至云南西北部。植食性。

四川卧龙自然保护区 / 巫嘉伟

四川王朗自然保护区 / 廖锐

四川卧龙自然保护区 / 李晟

狭颅鼠兔

Ochotona thomasi Argyropulo, 1948
Thomas's Pika

兔形目 / Lagomorpha > 鼠兔科 / Ochotonidae

形态特征：该种有两个显著特征。首先是脑颅狭窄，颧宽全部在14.6mm以下，颧宽与颅全长之比不超过41.1%。其次是毛砂色，较淡，足部毛浓密，指（趾）垫隐于毛中，只露爪尖（冬毛和夏毛一致）。但不同区域有一定差别，青海东南部斑玛县产的狭颅鼠兔头骨和天峻等产狭颅鼠兔一致，但毛色略带棕黑色，足部毛少，指（趾）垫外露，和地模标本略有不同。头骨上，额骨没有卵圆孔，门齿孔和腭孔合并为一个大孔。

青海海西天峻 / 廖锐

地理分布：为中国特有种。仅分布于青海天骏和斑玛。

物种评述：属于指名亚属（*Ochotona*）。是一种非常特别的种类，种群数量少，分布区域狭窄，研究很少，标本很少，值得高度关注。

黄龙鼠兔

Ochotona huanglongensis Liu, Jin, Liao, Sun, 2016
Huanglong Pika

兔形目 / Lagomorpha > 鼠兔科 / Ochotonidae

形态特征：门齿孔前段平行。脑颅扁平，颅高为颅全长的33.5%。耳大，平均20mm以上（不含耳基部的管），异耳屏三角形，但顶端圆形。身体毛长而粗糙，无光泽，背部毛最长达26mm。腹面毛色以灰白为主。前后足背面灰白色，腹面黑灰色。指（趾）垫大，橘黄色，露出毛外，爪黄白色半透明。

四川绵阳北川 / 刘洋

地理分布：为中国特有种。仅分布于四川松潘、平武、理县及北川。

物种评述：属于异耳鼠兔亚属（*Alienauroa*）。主要分布于岷山山系海拔3100m以下森林。海拔低。喜石头较多、潮湿生境。该种也是刘少英等（2016）发表的新种之一。

秦岭鼠兔

Ochotona syrinx Thomas, 1911
Qinling Pika

兔形目 / Lagomorpha > 鼠兔科 / Ochotonidae

甘肃甘南卓尼 / 刘莹洵

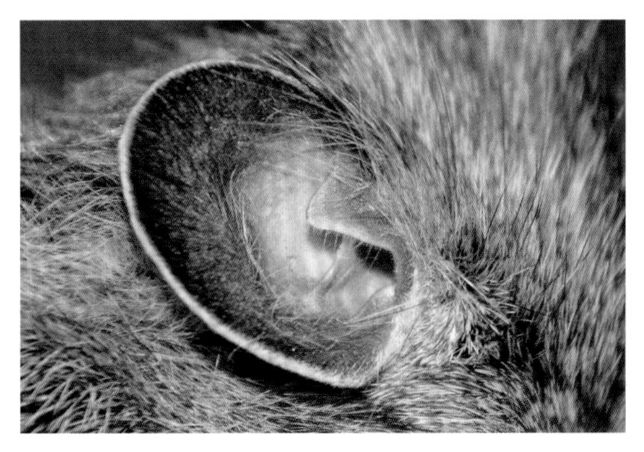

青海海东循化 / 廖锐

形态特征：体型中等，体长140-165mm（平均153mm）；异耳屏呈三角形，较黄龙鼠兔大且非常明显；头骨梨形，背面稍隆起，听泡不发达；门齿孔与腭孔合并成一梨形大孔，锄骨显露于二孔的中央；额骨上方无卵圆孔；眼眶小，颅高小于其他亚属物种。

地理分布：秦岭鼠兔为中国特有种，分布于陕西、四川、重庆和湖北。

物种评述：Thomas(1912)根据采自秦岭的一组标本命名秦岭鼠兔(*Ochotona syrnix*)。Allen(1940)误将Matschie（1907)于陕西乾县命名的黄河鼠兔(*O. huangensis*)的模式产地认定为秦岭地区，并把黄河鼠兔作为藏鼠兔的亚种(*O. thibetana huangensis*)，同时把秦岭鼠兔（*Ochotona syrnix*）作为(*O. t. huangensis*)的同物异名。于宁等(1992)根据模式产地及邻近地区系列标本的比较，认为黄河鼠兔是有效种，并把秦岭鼠兔及寿仲灿等(1984)命名的藏鼠兔循化亚种(*O. thibetana xunhuaensis*)作为黄河鼠兔的同物异名。胡锦矗和胡杰(2007)的黄河鼠兔就来源于此。Lissovsky等(2014)研究确认黄河鼠兔应为达乌尔鼠兔(*O. dauurica*)的同物异名，且认为秦岭鼠兔为有效种。刘少英等(2016)发现一组有异耳屏的鼠兔，命名异耳鼠兔亚属(*Alienauroa*)，循化和六盘山等地采集的鼠兔均属于异耳鼠兔亚属，因此刘少英等(2016)将循化鼠兔提升为种(*O. xunhuaensis*)。由于刘少英等当时在秦岭没有采集到异耳鼠兔亚属标本，因此否定了秦岭鼠兔的存在。在文章发表后，2018-2020年，刘少英项目组连续在秦岭采集到了秦岭鼠兔标本，分子上和循化鼠兔一致(Wang et al., 2020)。由于秦岭鼠兔命名早得多，根据国际命名法应该恢复秦岭鼠兔的地位取代循化鼠兔。

陕西太白山 / 廖锐

红耳鼠兔

Ochotona erythrotis (Büchner, 1890)
Chinese Red Pika

兔形目 / Lagomorpha > 鼠兔科 / Ochotonidae

形态特征：个体较大。体长 180-280㎜，和川西鼠兔差不多。其显著特点是整个身体呈绚丽的亮锈红色，包括耳朵。在冬季，身体可能变成灰黑色，但耳仍然为红色。腹部为纯白色。前后足背面白色。足底毛较短，爪露出毛外。头骨方面，门齿孔和腭孔分开，头骨背面的额骨上有 2 个卵圆孔。

地理分布：为中国特有种。仅分布于青海、甘肃和四川。

物种评述：属于 *Conothoa* 亚属。分类上，有一定争议，曾经把红耳鼠兔归并到红鼠兔（*Ochotona rultila*），刘少英等（2016）确认为独立种。红耳鼠兔是最漂亮的鼠兔。生境特殊，栖息于干旱的裸岩。在黄河上游，分布于河道沿岸。

甘肃连城自然保护区 / 张武元

四川王朗自然保护区 / 廖锐

青海海西 / 巫嘉伟

中国鼠兔

Ochotona chinensis Thomas, 1911

Chinese Pika

兔形目 / Lagomorpha > 鼠兔科 / Ochotonidae

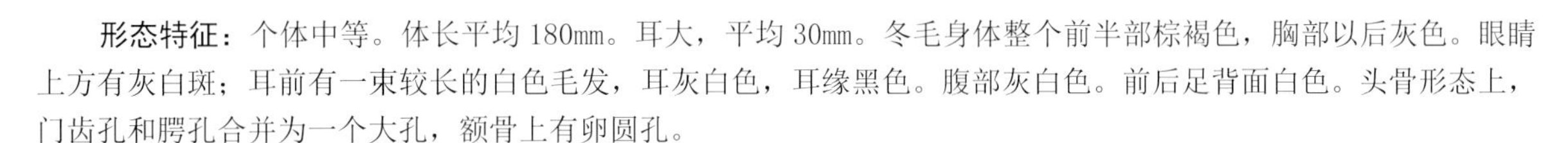

形态特征：个体中等。体长平均180㎜。耳大，平均30㎜。冬毛身体整个前半部棕褐色，胸部以后灰色。眼睛上方有灰白斑；耳前有一束较长的白色毛发，耳灰白色，耳缘黑色。腹部灰白色。前后足背面白色。头骨形态上，门齿孔和腭孔合并为一个大孔，额骨上有卵圆孔。

地理分布：为中国特有种。仅分布于四川康定、理塘。

物种评述：属于 *Conothoa* 亚属。该种最早被 Thomas（1911）发表为灰鼠兔的亚种（*Ochotona roylei chinensis*）。发表后，再没有科学家采集和研究过该分类单元。俄罗斯科学家 Lissovsky（2013）在没有采集到标本的情况下，认为该分类单元属于大耳鼠兔（*Ochotona macrotis*）。时隔一百多年，刘少英等2017年再次采集到了该分类单元的地模标本。基因组水平的系统发育研究证实该分类单元为独立种（Wang et al., 2020），仅分布于四川。

四川甘孜康定 / 刘少英 廖锐

四川甘孜康定 / 刘少英 廖锐

贡嘎山自然保护区 / 周华明

贡嘎山自然保护区 / 周华明

川西鼠兔

Ochotona gloveri Thomas, 1922
Glover's Pika

兔形目 / Lagomorpha ＞ 鼠兔科 / Ochotonidae

形态特征：大型鼠兔。体长 160-250mm（平均 187mm）。耳大，平均 29mm。耳棕红色，鼻部也是棕红色。耳和鼻部特征为该种所特有。不同亚种的毛色有一定差异，最鲜艳的属于分布于青海三江源的（*O. gloveri brookei*），整个身体毛色呈鲜艳的红褐色，云南和四川的亚种身体背部灰褐色。腹面灰白色。前后足背面白色。耳前基部有一束白色的长毛。头骨特征是门齿孔和腭孔分开，额骨上有卵圆孔。

地理分布：为中国特有种。仅分布于四川、云南、西藏和青海。

物种评述：属于*Conothoa*亚属，分类上曾经被放入红耳鼠兔作为同物异名。在四川木里，曾经命名一个新亚种（*O. gloveri muliensis*），后来，很多人将其作为独立种。刘少英等（2016）通过分子系统学证实还是川西鼠兔的亚种。川西鼠兔是青藏高原特有种，主要分布于干旱河谷多石的灌丛环境。海拔高，最低海拔1700m（四川茂县），一般在2700-4200m之间，最高达到4500m。是干旱河谷灌丛生态系统的关键物种。

四川甘孜雅江 / 青娇

青海玉树 / 李锦昌

四川卧龙自然保护区 / 巫嘉伟

西藏昌都 / 张巍巍

灰颈鼠兔

Ochotona forresti Thomas, 1923
Forrest's Pika

兔形目 / Lagomorpha > 鼠兔科 / Ochotonidae

西藏林芝墨脱 / 王昌大

形态特征： 灰颈鼠兔在不同区域有不同的颜色。在模式产地的云南丽江和西藏察隅等地的灰颈鼠兔，身体背面以灰黑色为主，颈部有一个明显的灰白色项圈，腹部毛色灰白。在高黎贡山北段的灰颈鼠兔，体背红棕色，颈部有一个黄白色的项圈。在高黎贡山南部的灰颈鼠兔，以淡红棕色为主，也有一个黄白色的项圈，但有些个体身体全部为黑色，只是颈部略淡。头骨和藏鼠兔差不多，没有卵圆孔。

地理分布： 国内分布于云南和西藏。国外分布于缅甸、印度和不丹。

物种评述： 属于 *Conothoa* 亚属。该种分类较混乱，曾经把高黎贡山的红棕色灰颈鼠兔作为一个新种——高黎贡鼠兔（*Ochotona gaoligongensis*），分子生物学研究结果显示它就是灰颈鼠兔。高黎贡山南段的灰颈鼠兔曾经被命名为另外一个亚种（*O. forresti osgoodi*），其全身黑色的个体曾经被命名为一个新种——黑鼠兔（*Ochotona nigritia*）。分子生物学研究结果显示，这种黑鼠兔属于灰颈鼠兔。同时，一些科学家认为，鼠兔颜色变异很普遍。

西藏林芝 / 董磊

喜马拉雅鼠兔

Ochotona himalayana Feng, 1973

Haimalayan Pika

兔形目 / Lagomorpha > 鼠兔科 / Ochotonidae

西藏日喀则樟木 / 黄秦

形态特征：个体中等。体长 140-180mm。耳高 25-30mm。颜色相对鲜艳。体背面棕褐色或者灰褐色。颈部和肩部有黄褐色或棕褐色斑块。耳后有米黄色斑块，耳毛较少。头骨上，额骨没有卵圆孔，门齿孔和腭孔合并为一个大孔。与同域分布的灰鼠兔（*Ochotona roylei*）和大耳鼠兔（*Ochotona macrotis*）相比，喜马拉雅鼠兔颜色带棕色色调；大耳鼠兔颜色有时黄白色，有黑色斑块，灰鼠兔一般灰黑色。灰鼠兔和大耳鼠兔额骨上均有卵圆孔。

地理分布：为中国特有种。仅分布于西藏南部喜马拉雅地区。

物种评述：属于 *Conothoa* 亚属，该种为我国科学家冯祚建 1973 年发表，但分类地位存在争议。目前大多数研究认为，该种是灰鼠兔（*Ochotona roylii*）的同物异名，刘少英等（2016）通过 Cyt-*b* 基因的系统发育研究支持它属于灰鼠兔；但更深入的研究结果显示（文章待发表），它仍然是独立种。

西藏日喀则亚东 / 邢睿

伊犁鼠兔

Ochotona iliensis Li & Ma, 1986

Ili Pika

兔形目 / Lagomorpha > 鼠兔科 / Ochotonidae

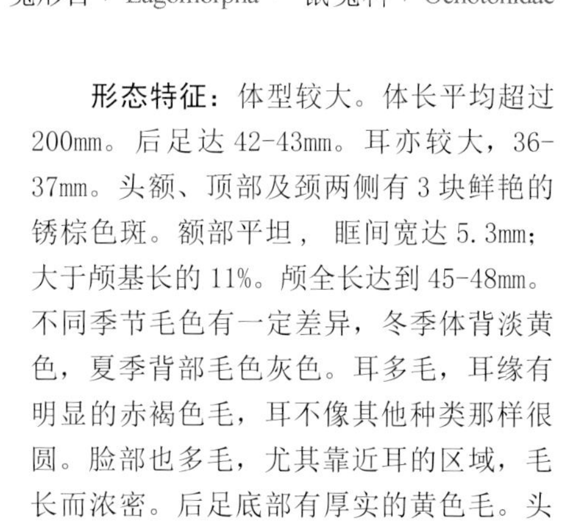

新疆博尔塔拉精河 / 李维东

形态特征：体型较大。体长平均超过200mm。后足达42-43mm。耳亦较大，36-37mm。头额、顶部及颈两侧有3块鲜艳的锈棕色斑。额部平坦，眶间宽达5.3mm；大于颅基长的11%。颅全长达到45-48mm。不同季节毛色有一定差异，冬季体背淡黄色，夏季背部毛色灰色。耳多毛，耳缘有明显的赤褐色毛，耳不像其他种类那样很圆。脸部也多毛，尤其靠近耳的区域，毛长而浓密。后足底部有厚实的黄色毛。头骨上，门齿孔和腭孔合并为一个大孔，额骨上没有卵圆孔。

地理分布：为中国特有种。仅分布于新疆天山山地，包括南天山和北天山海拔2800m以上的裸岩区。

物种评述：属于*Conothoa*亚属，该种是一个十分濒危、稀有的物种。发现很晚，1986年由李维东、马勇发表为新种。由于稀有及憨态懵懂的外形，受到人们的喜爱和科学界的强烈关注。被称为中国的泰迪鼠兔。据李维东（2004）研究，伊犁鼠兔分布区仅限于我国新疆的天山山区，主要分为两大部分，一是北天山分布区，面积约1.35万km²；另一处位于南天山，面积约0.58万km²。分布区内该种被分割在天山高海拔区的各个山头，呈典型的岛屿状分布。陡峭的山势、岩缝、岩洞是它的主要庇护所。由于特殊的生活习性，在剧烈的气候变化条件下，种群数量不断下降，趋于灭绝。因此，是值得高度关注和保护的物种。

保护级别：国家二级重点保护野生动物。

新疆博尔塔拉精河 / 李维东

柯氏鼠兔

Ochotona koslowi (Büchner, 1894)

Koslov's Pika

兔形目 / Lagomorpha > 鼠兔科 / Ochotonidae

新疆阿尔金山 / 刘洋

形态特征：个体较大。体长平均230mm。额骨高高隆起，比高原鼠兔还要隆突，因此又叫突颅鼠兔，这是该种的一个显著特征。被毛很厚，夏季淡棕灰色，冬季米黄色。腹面米黄色或灰白色。耳较短，不超过20mm，比外形相似的高原鼠兔耳短，多毛，有白边。唇周灰色，不同于高原鼠兔的黑色。头骨方面，门齿孔和腭孔合并为一个大孔，额骨没有卵圆小孔。

地理分布：为中国特有种。目前仅发现于新疆南部阿尔金山高海拔地区。

物种评述：属于 *Conothoa* 亚属，该种十分稀有。最早于1884年由一个沙俄军官从我国西藏翻越克里雅山口到塔里木盆地时所采集。1894年被另外一个沙俄科学家命名。但从此之后再没有任何记录。直到1984年，阿尔金山自然保护区综合科学考察队队员谷景和、向超群在昆仑山东段的阿其克库勒湖畔4260m的河滩地重新采集到，由郑昌琳（1984）报道，该种才重新被认识。据李维东等（2000）报道，柯氏鼠兔在阿尔金山阿其克库勒湖附近呈家族式群居分布，营昼间活动，其栖息地植被类型为以硬叶苔草、紫花针茅、羽柱针茅、镰形棘豆、帕米尔点地梅、萎陵菜及异叶青兰等植物组成的高寒草甸，在部分河滩、湖岸是由匍匐水柏枝群落组成的高寒灌丛植被，过渡地带为垫状驼绒藜组成的高寒荒漠草原。其中镰形棘豆、帕米尔点地梅、异叶青兰、匍匐水柏枝等是柯氏鼠兔的主要食物。该种在目前发现的栖息地内有一定数量，但波动大，分布区不连续，生存状况堪忧，值得深入研究和保护。

新疆阿尔金山 / 李维东

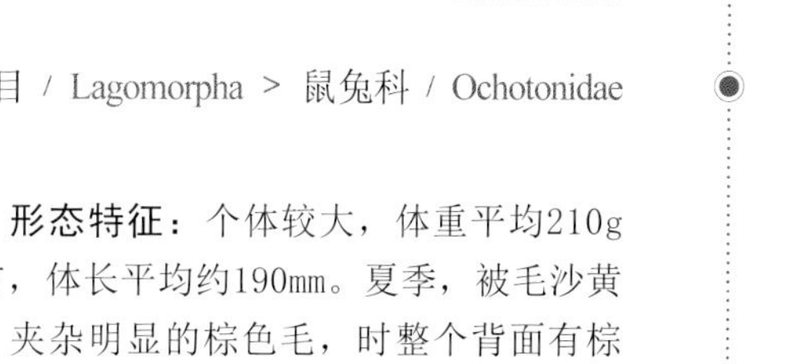

拉达克鼠兔

Ochotona ladacensis (Gunther, 1875)

Ladak Pika

兔形目 / Lagomorpha > 鼠兔科 / Ochotonidae

新疆阿尔金山 / 刘洋

形态特征：个体较大，体重平均210g左右，体长平均约190㎜。夏季，被毛沙黄色，夹杂明显的棕色毛，时整个背面有棕色色调。额部棕色，耳背面棕色，腹部灰白色，颈部颜色较淡。冬季，身体背面沙黄色，无棕色色调。额部、耳棕红色，腹部淡橘黄色。前后足足掌覆盖浓密的灰白色毛，爪灰黑色，几乎被长毛覆盖。额部较隆起。唇周乌黑色。头骨上，门齿孔和腭孔分开为2个孔；额骨上没有卵圆孔；眶间宽小。

地理分布：目前采集到标本的地方包括西藏西部葛尔县，新疆的阿尔金山自然保护区和青海的格尔木。3个采集点均是海拔4500m以上的青藏高原高原面，呈大跨度的不连续点状分布。是否在整个青藏高原的高原面上呈连续分布，有待深入研究。

物种评述：分类地位相对稳定。但由于标本数量少，研究很不深入，生态学研究几乎是空白。所以是知之甚少的物种。从分布生境看，其栖息地为海拔4500m以上的丘状起伏的高原面，植被非常稀疏，分布区只有一种非常低矮的小灌丛——报春花，高度不到10cm，盖度不到5%。冬季几乎看不到植被覆盖。但分布区内的种群数量较大，冬季活动高峰期为12:00-4:00。栖息地为相对紧实的沙质土壤，为典型的掘洞栖居型，洞穴较为密集，但不像高原鼠兔（*Ochotona curzoniae*）的洞穴呈聚集分布，大多情况下，拉达克鼠兔的洞穴为散布状。

新疆阿尔金山 / 刘洋

大耳鼠兔

Ochotona macrotis (Gunther, 1875)
Large-eared Pika

兔形目 / Lagomorpha > 鼠兔科 / Ochotonidae

形态特征：个体较大，体长 190mm 左右，耳大，27-36mm。身体颜色变异较大，褐色、灰色、灰黑色都有。身体腹部毛色较浅，毛基灰色，毛尖灰白色，有的标本腹部毛尖白色。西藏西部（日土）的大耳鼠兔个体最大，毛色整体灰色，头顶和背部有大块黄褐色斑块。大耳鼠兔不同于灰鼠兔的特点是耳上毛长、多而密实。头骨上，大耳鼠兔门齿孔和腭孔合并为 1 个大孔，额骨上有 2 个卵圆小孔；听泡相对较大，大于髁鼻长的 23%，腭长通常大于 17.5mm。听泡和鼻骨长大于灰鼠兔，是二者可靠的形态区别。

地理分布：国内分布于云南北部、新疆、西藏和青海。国外还发现于尼泊尔。

物种评述：该种种级地位稳定，没有争议。灰鼠兔（*Ochotona roylii*）曾经被放入大耳鼠兔作为同物异名，在外形上它们之间也比较相似。分布的区域为高海拔原始森林、高山灌丛、流石滩。

新疆喀什 / 阎旭光

灰鼠兔

Ochotona roylii (Ogilby, 1839)
Royle's Pika

兔形目 / Lagomorpha > 鼠兔科 / Ochotonidae

西藏林芝米林 / 王昌大

形态特征：个体中等偏大。体长180mm左右。耳较大，26-32mm。后足长28-32mm。颜色变异较大，夏季毛色从铁灰色、深灰色到棕黄色都有。以灰黑色为主要色调。鼻部、额部通常有铁锈色斑块。有时整个背面黑色色调很显著。腹面毛基灰色，毛尖灰白色。前后足背面白色。足毛较少，爪露出毛外。外形上最主要的特点是耳大且毛较少，头骨上的特点是额骨上有卵圆孔。听泡较小，不达颅全长的23%。鼻骨相对短小，不到15mm；腭长少于17.5mm。门齿孔和腭孔合并为一个大孔。

地理分布：国内仅分布于西藏南部，在林芝地区种群数量较大。国外分布于尼泊尔、印度等。

物种评述：属于*Conothoa*亚属，种级分类地位稳定。但鉴定上总是和大耳鼠兔（*Ochotona macrotis*）混淆，尤其是两个种的颜色变异均较大，耳上毛的多少也是相对概念。但二者头骨差别较大，听泡长、鼻骨长、腭长指标是主要鉴定依据，可以把它们准确分开。大耳鼠兔的鼻骨长大于15mm，腭长大于17.5mm；听泡长大于颅全长的23%。

草原鼠兔

Ochotona pusilla Pallas, 1768
Steppe Pika

兔形目 / Lagomorpha > 鼠兔科 / Ochotonidae

新疆克拉玛依 / 廖锐

形态特征：个体中等。成体体长160mm左右。没有尾。夏季毛粗糙。体背毛分三段，基部灰黑色，中段棕黄色，尖部黑色，总体色调以灰黑色为主。但有些个体的中段黄棕色较突出，则以黄棕色为主。点缀灰黑色。背腹毛色界限明显，腹毛黄白色，胸部黄色调显著。亚成体体背毛色灰黑色，腹部毛色也较深。一个最显著的特点是：耳有一个较宽，且非常明显的白边；白边下面有一带很窄的黑色毛，再往下是黄棕色毛。前后足均覆盖浓密的毛，几乎将爪遮盖。头骨没有卵圆孔，门齿孔和腭孔合并为一个大孔。

地理分布：国内分布于新疆西北部。国外分布于哈萨克斯坦和俄罗斯。

物种评述：属于*Pika*亚属。本种一直被认为不分布于我国，2008年9月，新疆维吾尔自治区治蝗灭鼠指挥部在新疆西北部的克拉玛依首次采集到标本；四川省林业科学院在2017年和2018年也采集到标本，并通过分子证实其分类地位。在我国新疆，其分布区域也很局限，被证实的分布区仅有塔城地区。据记载（Hoffmann, 2009），虽然叫草原鼠兔，但主要分布于半荒漠的灌丛区，几乎不生活于草原和荒漠。更新世分布很广，包括英伦三岛，法国、保加利亚、波兰和罗马尼亚。后逐渐缩小，到18世纪中期形成目前的分布格局。

高山鼠兔

Ochotona alpina (Pallas, 1773)
Alpine Pika

兔形目 / Lagomorpha > 鼠兔科 / Ochotonidae

形态特征：个体中等偏大。体长 150-240mm。夏季体背毛色深，整个身体背面毛色棕褐色，刷以黑色色调。身体侧面毛色棕黄色，或锈红色。腹面淡棕色，或米黄色。冬毛身体背面毛色淡褐色，侧面淡棕色，很多标本头顶或者背面有大块的灰黑色斑块。腹面淡黄色。耳有窄的白边。头骨上，额骨没有卵圆孔，门齿孔和腭孔清楚分开，几乎成为两个孔。

地理分布：国内仅分布于新疆阿勒泰地区。国外分布于俄罗斯。

物种评述：属于 *Pika* 亚属，本身的分类地位稳定，但和东北鼠兔（*Ochotona hyperborea*）容易混淆，东北鼠兔以前常常作为高山鼠兔的同物异名，且高山鼠兔亚种和同物异名很多，混乱。该种是我国分布最北的种类之一。主要生活于原始森林下或林间空地有很厚苔藓的巨大岩石之间。

新疆阿尔泰山 / 邢睿

新疆阿尔泰山 / 邢睿

新疆阿尔泰山 / 邢睿

宁夏鼠兔

Ochotona argentata Howell, 1928
Silver Pika, Helanshan Pika

兔形目 / Lagomorpha > 鼠兔科 / Ochotonidae

贺兰山国家级自然保护区 / 王旭明

形态特征：个体较大，体重平均220g，体长平均约200mm。夏季，宁夏鼠兔整个背面为一致的棕红色，腹面毛基灰色，毛尖白色。耳灰色，边缘灰白色。冬季，整个背面为灰色、灰黑色，有些个体臀部带黄白色。仅有头部，包括额部、顶部、颊部为棕红色，或者赭色；耳颜色和夏季同，略带黄棕色色调。腹面和夏毛一致。前后足毛灰白色，有时刷以淡黄色。足底裸露，不像高原鼠兔的足底，被浓密的毛覆盖。宁夏鼠兔的鼻端和唇周也是灰黑色。头骨上，腭孔和门齿孔期初的分为2个孔，眶间宽较大。颅面相对平直。

地理分布：仅分布于宁夏和内蒙古之间的贺兰山。分布区十分狭窄，位于针叶林上限和高山裸岩之间的狭长地带中。栖息于山脊上垮塌下的，位于森林内、或森林以上的巨大的乱石堆中或乱石堆砌形成的洞穴中。为典型的石栖型。

物种评述：该种分类地位争议很大，有时作为独立种，有时作为蒙古鼠兔（*Ochotona pallasii*）的亚种。线粒体细胞色素b基因构建的系统树中，宁夏鼠兔和蒙古鼠兔的序列聚在同一支，显示不是独立种。但由于宁夏鼠兔和蒙古鼠兔颜色相差很大，目前最新的著作（Wilson et al., 2016）仍然将其作为独立种看待。所以其地位有待深入研究。

保护级别：国家二级重点保护野生动物。

贺兰山国家级自然保护区 / 王旭明

满洲里鼠兔

Ochotona mantchurica Thomas, 1911
Manchuria Pika

兔形目 / Lagomorpha > 鼠兔科 / Ochotonidae

形态特征：个体中等。体长150-200mm。耳高17-22mm。夏季，身体背面毛色肉桂色。侧面颜色较浅，淡黄棕色。腹面淡赭色，或淡黄色。冬毛体背淡棕色。头和肩部有灰色斑块，有些个体没有斑块，头顶颜色相对较深。臀部土灰色。腹部颜色较淡，暗灰白色。耳沿有窄的白边。头骨形态上，门齿孔和腭孔完全分开，额骨没有卵圆孔。

黑龙江胜山自然保护区 / 郭亮

地理分布：为中国特有种。仅分布于东北地区，包括黑龙江和内蒙古东北部。

物种评述：属于*Pika*亚属，分类地位很乱，以前作为东北鼠兔的亚种，俄罗斯科学家（Lissovsky, 2012）将其作为独立种，但我们怀疑该分类的准确性，有待深入研究。

黑龙江胜山自然保护区 / 郭亮

蒙古鼠兔（帕氏鼠兔）

Ochotona pallasii (Gray, 1867)

Pallas's Pika

兔形目 / Lagomorpha > 鼠兔科 / Ochotonidae

新疆阿勒泰青河 / 黄亚慧

形态特征：个体中等偏大。平均体长 180㎜左右。内蒙古标本整体颜色灰色，有些个体背部毛尖染淡黄色。在头侧耳下方，一般有一条短的棕黄色带；新疆标本颜色更淡，整体色调为灰白色，略带暗黄白色色调。腹毛灰白，尖染淡黄色。耳和背面毛色一致；宁夏标本身体背面棕黄色调显著，尤其头顶，多为深棕色。耳显黑色调。腹部毛色灰白。胸部中央有时染黄色调。头骨上，额骨没有卵圆孔，门齿孔和腭孔清楚分开，几乎成为两个孔。头骨还有一个显著特点是眶间宽很狭窄。

地理分布：国内分布于内蒙古、宁夏、新疆。国外分布于蒙古、哈萨克斯坦和俄罗斯。

物种评述：属于 *Pika* 亚属，分类上很混乱，有时把宁夏产蒙古鼠兔作为独立种——宁夏鼠兔（*Ochotona argentata*），但分子系统学研究发现，宁夏鼠兔不是独立种，是蒙古鼠兔的亚种。蒙古鼠兔目前亚种和同物异名较多，争议也多。该种在我国分布区域较大，但不连续，呈断裂式分布，在分布区种群数量也不大。

新疆阿勒泰青河 / 黄亚慧

长白山鼠兔

Ochotona coreana Allen & Andrew, 1913
Korean Pika

兔形目 / Lagomorpha > 鼠兔科 / Ochotonidae

形态特征：个体较大。体长约 190mm（185-215mm）。身体背面黑褐色；腰背部毛色较深，黑色色调更显。鼻端至头顶中央有一颜色更深的黑褐色色区。腹面淡黄色，一些个体胸部中央有一深褐色带。耳整体颜色较深，背面灰黑色，前面靠边缘有短的白色毛覆盖，其余部分灰黑色。唇周和鼻部为黑色。前后足背面黄白色，一些个体刷以枯草黄色。前后足足底灰黑色，爪露出毛外。头骨上，额骨没有卵圆孔，门齿孔和腭孔清楚分开，几乎成为两个孔。

吉林长白山自然保护区 / 陈尽虫

地理分布：国内仅分布于和朝鲜交界的长白山。国外分布于朝鲜北部及俄罗斯靠近朝鲜的远东区域。

物种评述：属于 *Pika* 亚属。分布范围狭窄。最早发现于朝鲜北部，作为独立种。后来作为高山鼠兔的亚种。刘少英等（2016）经过分子系统学研究，发现是独立种，于是恢复其独立种地位。主要生活于暗针叶林内的枯倒木下及周边。

吉林长白山自然保护区 / 朴龙国

云南兔

Lepus comus Allen, 1927
Yunnan Hare

兔形目 / Lagomorpha > 兔科 / Leporidae

云南大理苍山 / 何鑫

形态特征：个体中等。体长平均420mm。耳相对较长，长于后足长。耳高平均达115mm，后足长平均接近110mm。背部毛长，柔软，不像高原兔毛浓密而卷曲。尾背面颜色棕黄色，没有条纹。身体侧面（从胸部外侧开始，向后经腹侧到臀侧，包括前后部的外侧）均有明显的棕黄色调。从吻部到耳基部通常有一条灰白色条纹。耳尖黑色。耳内淡灰色。腹部白色。头骨相对细长。其他特征和其他野兔相比并无特别处，都是上门齿2对，下门齿1对，没有犬齿，上前臼齿3对，下前臼齿2对，上下臼齿均为3对。牙齿28枚。

地理分布：国内分布于云南、贵州西部及四川西南部的云贵高原。国外分布于缅甸。

物种评述：以前，长期把云南兔作为高原兔（*Lepus oiostolus*）的亚种。我国著名兔类科学家罗泽洵先生（1981）最终将云南兔独立为种，后得到广泛承认。有3个亚种，是否都成立有待深入研究。

海南兔

Lepus hainanus Swinhoe, 1870
Hainan Hare

兔形目 / Lagomorpha > 兔科 / Leporidae

海南 / 唐万玲

形态特征：眼睛上部到鼻端灰白色。颌下被毛白色。耳部前沿有白色长毛。毛色红褐色或黄褐色。毛短，有针毛。胸前和前肢毛色枯黄，腹毛灰白色。尾黄褐色。

地理分布：中国特有物种。分布于海南南俸、海口、陵水、东方、白沙、儋州、乐东、昌江等地。

物种评述：独居，主要在夜间活动，黄昏或黎明时活动最频繁。栖息在灌丛和草地中。一年多次繁殖，怀孕期约30天，幼仔约1年性成熟，野生状态下寿命可达7-8年。

保护级别：国家二级重点保护野生动物。

东北兔

Lepus mandshuricus Radde, 1861

Manchurian Hare

兔形目 / Lagomorpha > 兔科 / Leporidae

形态特征：个体中等偏上。体长400-550mm。体重1300-2500g。显著特点是黑色色调显著。有些个体略带深锈棕色。耳也较短，不到100mm。胸部、腹侧和腿上部为肉桂色。腹部白色。耳红褐色。尾背面棕黑色。腹面暗白色。头骨和其他兔类差不多，只有一些细微差别。

地理分布：国内分布于内蒙古东北部、黑龙江和吉林东北部。国外分布于俄罗斯。

物种评述：该种分类上有争议，曾经认为是东北黑兔（*Ochotona melaninus*），也曾列入日本短尾兔（*Lepus brachyurus*）。主要栖息于森林内。草食性，有时啃食树皮。

辽宁锦州闾山 / 郭亮

黑龙江 / 冯利民

尼泊尔黑兔

Lepus nigricollis F. Cuvier, 1823

Indian Hare, Black-naped Hare

兔形目 / Lagomorpha > 兔科 / Leporidae

形态特征：体长40-70cm，体重1.35-7kg。颈后有黑毛。亦被称为黑颈兔。背部和面部被毛棕色。黑毛遍布全身。尾巴顶部被毛黑色，腹部被毛白色。

地理分布：国内分布于西藏。国外分布于孟加拉国、印度、印度尼西亚、尼泊尔、巴基斯坦、斯里兰卡。

物种评述：属热带和亚热带湿润阔叶林生物群系。除了红树林和高大的草原栖息地外，在矮草原、裸地、农田和森林道路等生境都可以看到。

斯里兰卡 / Ashish & Shanthi Chandola (naturepl. com)

青海玉树 / 巫嘉伟

高原兔

Lepus oiostolus Hodgson, 1840
Wooly Hare

兔形目 / Lagomorpha > 兔科 / Leporidae

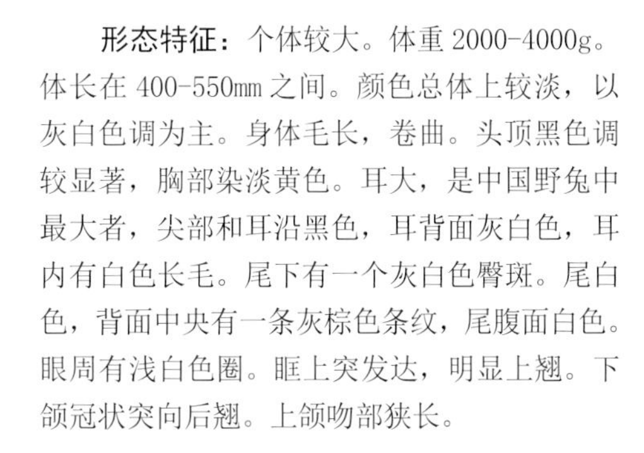

形态特征：个体较大。体重 2000-4000g。体长在 400-550mm 之间。颜色总体上较淡，以灰白色调为主。身体毛长，卷曲。头顶黑色调较显著，胸部染淡黄色。耳大，是中国野兔中最大者，尖部和耳沿黑色，耳背面灰白色，耳内有白色长毛。尾下有一个灰白色臀斑。尾白色，背面中央有一条灰棕色条纹，尾腹面白色。眼周有浅白色圈。眶上突发达，明显上翘。下颌冠状突向后翘。上颌吻部狭长。

地理分布：国内分布于青藏高原，包括四川西部、青海东部和东南部、西藏大部、甘肃祁连山地和新疆南部的昆仑山山地。国外分布于印度北部和尼泊尔。

物种评述：是适应高原生活的兔类。一般海拔在 3000m 以上，最高可达 5300m。高寒草甸、灌丛、荒漠、湿地是其主要分布区域。种级分类地位稳定，亚种多，比较混乱。

四川甘孜 / 张铭

华南兔

Lepus sinensis Gray, 1832
Chinese Hare

兔形目 / Lagomorpha > 兔科 / Leporidae

形态特征：个体较小。体重1000-1900g。显著特点是耳短，一般不超过80mm。尾短，一般不超过55mm。身体颜色很艳丽，红褐色或黄褐色。毛短，有针毛。尾黄褐色。身体腹面米黄色。耳尖部有明显的黑色斑块。眼周有环纹，冬毛较淡，浅黄色，杂有黑色。头骨眶上突很小。

地理分布：国内主要分布于南方沿海地区，包括江苏、浙江、广东、福建、广西、台湾。国外边缘性分布于越南北部。

物种评述：分类有一定争议，曾经把分布于朝鲜半岛的高丽兔（*Lepus coreanus*）包括在该种之内。但高丽兔尾相对长一些。主要分布于农田和森林、灌丛的交错带。

浙江杭州 / 吴志华

江西南昌 / 赵凯

藏兔

Lepus tibetanus Waterhouse, 1841

Desert Hare

兔形目 / Lagomorpha > 兔科 / Leporidae

内蒙古阿拉善盟腾格里沙漠 / 郭亮

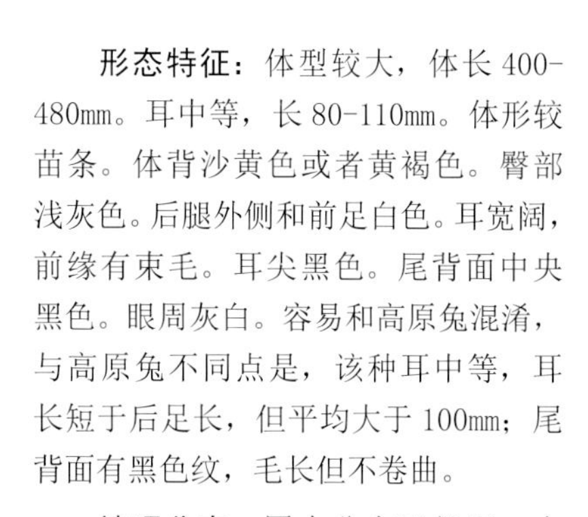

形态特征：体型较大，体长400-480mm。耳中等，长80-110mm。体形较苗条。体背沙黄色或者黄褐色。臀部浅灰色。后腿外侧和前足白色。耳宽阔，前缘有束毛。耳尖黑色。尾背面中央黑色。眼周灰白。容易和高原兔混淆，与高原兔不同点是，该种耳中等，耳长短于后足长，但平均大于100mm；尾背面有黑色纹，毛长但不卷曲。

地理分布：国内分布于新疆、内蒙古、甘肃北部。国外分布于巴基斯坦和阿富汗。

物种评述：分类地位很乱，1930年才被看作独立种，后又曾经被列入高原兔（*Lepus oiostolus*）作为亚种，也曾经被列入蒙古兔（*Lepus tolai*）或草兔（*Lepus capensis*）作为亚种。曲津皇（1989）通过模糊聚类的方法，发现藏兔的帕米尔亚种（*Lepus tibetanus pamirensis*）是不同于高原兔的独立一支，间接证明藏兔是独立种。栖息于荒漠、半荒漠和干草原。

内蒙古阿拉善盟 / 郭亮

雪兔

Lepus timidus Linnaeus, 1758
Mountain Hare

兔形目 / Lagomorpha > 兔科 / Leporidae

形态特征： 个体较大。体长一般在450-625mm（平均510mm）。体重可达2700g。显著特点是尾短，不达80mm，不到后足长的40%。足底毛长，呈刷状。冬季的毛全白，仅耳尖黑色。是我国唯一冬季全身变白的野兔。夏季棕褐色，但尾和腹部白色。头骨很大，颅全长平均超过90mm，和高原兔相当，但不同于高原兔的是下颌骨冠状突垂直向上。吻部粗短。

地理分布： 国内呈边缘性分布于黑龙江北部、新疆北部的阿勒泰地区。国外分布广，从挪威、瑞典、芬兰到俄罗斯西伯利亚东部。

物种评述： 是最早命名的兔类。种级分类地位稳定，但亚种较多，有些混乱。该种非常耐寒，栖息于北极圈或接近北极的泰加林内。

保护级别： 国家二级重点保护野生动物。

新疆塔城 / 高云江

黑龙江 / 冯利民

蒙古兔

Lepus tolai Pallas, 1778
Tolai Hare

兔形目 / Lagomorpha > 兔科 / Leporidae

形态特征：在兔属中体型中等。体长400-550mm（平均440mm）。体重1500-2500g。尾长，达到后足长的80%左右，是中国野兔尾最长者。耳较短，仅为后足长的83%。整体色调为草黄色，但不同区域个体毛色有变异。臀斑灰白色或淡黄色。尾背面中央有一条长而宽的黑色或棕黑色条纹，两边和腹面为白色。身体腹面白色。耳尖部黑色。头骨上，吻部粗短。

地理分布：国内分布较广，中东部各省均有分布，包括四川、重庆、陕西、山西、贵州、甘肃、湖北、青海、东北三省及华北地区各省。国外分布于伊朗、阿富汗、土库曼斯坦、乌兹别克斯坦、哈萨克斯坦、俄罗斯、蒙古。

物种评述：分类地位混乱，以前长期被认为是草兔（*Lepus capensis*）的亚种。也曾经列入欧兔（*Lepus europaeus*）或藏兔（*Lepus thibetanus*）作为亚种。大多数俄国科学家认为该种是独立种，现在得到承认。该种下亚种和同物异名多且乱，需要进一步厘清。是中国常见种，主要分布于草丛、灌丛、农田、林缘。

新疆乌鲁木齐永丰 / 张也

新疆喀什叶城 / 邢睿

北京 / 张瑜

塔里木兔

Lepus yarkandensis Gunther, 1875
Yarkand Hare

兔形目 / Lagomorpha > 兔科 / Leporidae

形态特征：个体小，是兔属中最小的。体长280-450mm。体重1000-2000g。耳长平均100mm，占后足长的98%左右，向前拉，超过鼻端。夏毛背部沙褐色，至体侧毛色逐渐变浅，呈沙黄色。眼周围毛色深，为深沙褐色。颊部毛色较浅。耳背毛色与背色同，耳边缘有白色长毛，无黑色尖。颏毛色全白，颈下部沙黄色。腹毛全白。前后腿外侧沙褐色，内侧白色。冬毛较浅，背毛变为浅沙棕色，由眼至耳前方呈黄白色。尾背面中央有一个与背色相同的大斑块，斑的周围及尾的腹面毛色纯白，直到毛的基部；其毛极软，没有较粗硬的针毛。头骨上，听泡大，平均14.2mm，占颅全长的16.6%，是中国野兔中比例最高者。

地理分布：为中国特有种。仅分布在新疆塔里木盆地。

物种评述：分类地位稳定，但属于哪个种组争议很大。塔里木兔数量稀少。适应气候干燥，少雨(年降雨量在100mm以下)，夏温高达39℃的小块绿洲中。是典型的荒漠动物，晨昏活动，活动时间有季节变化。

保护级别：国家二级重点保护野生动物。

新疆巴音郭楞轮台 / 邢睿

新疆和田 / 李锦昌

新疆巴音郭楞库尔勒 / 高正华

参考文献

ABRAMOV A V, BANNIKOVA A A, LEBEDEV V S, et al., 2018. A broadly distributed species instead of an insular endemic? A new find of the poorly known Hainan gymnure (Mammalia, Lipotyphla)[J]. Zookeys, (795): 77-81.

ABRAMOV A V, DANG NGOC C, BUI TUAN H, et al., 2013. An annotated checklist of the insectivores (Mammalia, Lipotyphla) of Vietnam[J]. Russian Journal of Theriology, 12(2): 57-70.

ABRAMOV A V, ROZHNOV V V, SHCHINOV A V, et al., 2007. New records of the Asiatic short-tailed shrew *Blarinella griselda* (Soricidae) from Vietnam[J]. Mammalia, 71(4): 181-182.

ABRAMSON N I, LEBEDEV V S, BANNIKOVA A A, et al., 2009. Radiation events in the subfamily Arvicolinae (Rodentia): evidence from nuclear genes[J]. Doklady Biological Science, 428(1): 458-461.

AGUILAR A, 2000. Population biology, conservation threats and status of mediterranean striped dolphins (*Stenella coeruleoalba*)[J]. Journal of Cetacean Research & Management, 2(1): 17-26.

AGUILAR A, LOCKYER C H, 1987. Growth, physical maturity andmortality of fn whales (*Balaenoptera physalus*) inhabiting the temperate waters of the northeast Atlantic[J]. Can. J. Zool, 65(2), 253-264.

AI H S, HE K, CHEN Z Z, et al., 2018. Taxonomic revision of the genus *Mesechinus* (Mammalia: Erinaceidae) with description of a new species[J]. Zoological Research, 39(5): 335-347.

ALLEN S, MORTENSON J, WEBB S, 2011. Field guide to marine mammals of the Pacific coast[M]. Berkeley: University of California Press.

ALONSO M K, PEDRAZA S N, SCHIAVINI A C, et al., 1999. Stomach contents of false killer whales (*Pseudorca crassidens*) stranded on the coasts of the Strait of Magellan, Tierra del Fuego[J]. Marine Mammal Science, 15(3): 712-724.

ALVES F, DINIS A, CASCAO I, et al., 2010. Bryde's whale (*Balaenoptera brydei*) stable associations and dive profiles: New insights into foraging behavior[J]. Marine Mammal Science, 26(1): 202-212.

AMIR O A, BERGGREN P, NDARO S G, et al., 2005. Feeding ecology of the Indo-Pacific bottlenose dolphin (*Tursiops aduncus*) incidentally caught in the gillnet fisheries off Zanzibar, Tanzania[J]. Estuarine, Coastal and Shelf Science, 63(3): 429-437.

ASHER R J, HELGEN K M, 2010. Nomenclature and placental mammal phylogeny[J]. BMC Evolutionary Biology, 10 (1):1-9.

BAIRD R W, 2009. False Killer Whale: *Pseudorca crassidens*[M]// Perrin W F, Würsig B, Thewissen J G M. Encyclopedia of marine mammals. New York: Academic Press: 405-406.

BAIRD R W, PERRIN W, WILLIAM F, et al., 2009. Encyclopedia of marine mammals[M]. 2nd ed. Burlington: Academic Press: 975.

BAIRD R W, WEBSTER D, MAHAFFY S, et al., 2008. Site fidelity and association patterns in a deep-water dolphin: rough-toothed dolphins (*Steno bredanensis*) in the Hawaiian Archipelago[J]. Marine Mammal Science, 24(3): 535-553.

BAIRD R W, WEBSTER D, MCSWEENEY D, et al., 2006. Diving behavior of Cuviers (*Ziphius cavirostris*) and Blainville's (*Mesoplodon densirostris*) beaked whales in Hawai'i[J]. Canadian Journal of Zoology, 84(8): 1120-1128.

BANNIKOVA A A, ABRAMOV A V, BORISENKO A V, et al., 2011. Mitochondrial diversity of the white-toothed shrews (Mammalia, Eulipotyphla, Crocidura) in Vietnam[J]. Zootaxa, 2812(1): 1-20.

BANNIKOVA A A, ABRAMOV A V, LEBEDEV V S, et al., 2017. Unexpectedly high genetic diversity of the Asiatic short-tailed shrews Blarinella (Mammalia, Lipotyphla, Soricidae)[J]. Doklady Biological Sciences, 474(1): 93-97.

BANNIKOVA A A, LEBEDEV V S, GOLENISHCHEV F N, 2009. Taxonomic position of Afghan vole (subgenus *Blanfordimys*) by the sequence of the mitochondrial cyt b gene[J]. Russian Journal of Genetics, 45(1): 91-97.

BEST P B, SHAUGHNESSY P D, 1981. First record of the melon-headed whale *Peponocephala electra* from South Africa[M]. Pretoria: Trustees of the South African Museum.

BICKHAM J, PATTON J, LOUGHLIN T, 1996. High Variability for Control-Region Sequences in a Marine Mammal: Implications for Conservation and Biogeography of Steller Sea Lions (*Eumetopias jubatus*)[J]. Journal of Mammalogy, 77(1): 95-108.

BURGESS E A, LANYON J M, KEELEY T, 2012. Testosterone and tusks: maturation and seasonal reproductive patterns of live, free-ranging male dugongs (*Dugong dugon*) in a subtropical population[J]. Reproduction, 143(5): 683-697.

BURNIE D, WILSON D E, 2005. Animal: The Definitive Visual Guide to the World's Wildlife[M]. London: Dorling Kindersley

BUŽAN E V, KRYSTUFEK B, HÄNFLING B, et al., 2009. Reply to Triant D and DeWoody J: Integrating numt pseudogenes into mitochondrial phylogenies: comment on Mitochondrial phylogeny of Arvicolinae using comprehensive taxonomic sampling yields new insights[J]. Biological Journal of the Linnean Society, 97(1):225-226.

CARTER T D, 1942. Three new mammals of the genera Crocidura, Callosciurus and Pteromys from northern Burma[R]. American Museum novitates, no. 1208: 1-2.

CARWARDINE M, 2007. The baiji: So long and thanks for all the fish[J]. New Scientist, 195(2621): 50-53.

CASTELLO J R, 2016. Bovids of the world[M]. Princeton: Princeton University Press.

CATANIA K C, 2000. Epidermal sensory organs of moles, shrew moles, and desmans: a study of the family talpidae with comments on the function and evolution of Eimer's organ[J]. Brain Behav Evol, 56(3): 146-174.

CHAN B P L, TAN X F, TAN W J, 2008. Rediscovery of the critically endangered eastern black—crested gibbon *Nomascus nasutus* (Hylobatidae) in China, with preliminary notes on population size, ecology and conservation status[J]. Asian Primates Journal, (1): 17-25.

CHEN B Y, 2007. A preliminary analysis on heavy metal concentrations in the Chinese white dolphins in Xiamen[J]. Chinese Journal of Zoology, 42(3):102-105.

CHEN B Y, ZHENG D M, ZHAI F F, et al., 2008. Abundance, distribution and conservation of Chinese White Dolphins (*Sousa chinensis*) in Xiamen, China[J]. Mammalian Biology-Zeitschrift fur Saugetierkunde, 73(2):156-164.

CHEN B, ZHU L, JEFFERSON T A, et al., 2019. Coastal Bryde's Whales'(*Balaenoptera edeni*) Foraging Area Near Weizhou Island in the Beibu Gulf[J]. Aquatic Mammals, 45(3): 274-280.

CHEN S D, LIU S Y, LIU Y, et al., 2012. Molecular phylogeny of Asiatic short-tailed shrews, genus *Blarinella* Thomas, 1911 (Mammalia: Soricomorpha: Soricidae) and its taxonomic implications[J]. Zootaxa, 3250(1): 43-53.

CHEN S D, LIU Y, SUN Z Y, et al., 2014. Morphometric and pelage color variation of two sibling species of shrew

(Mammalia: Soricomorpha)[J]. Acta Theriol, 59(3): 407-413.

CHEN S D, QING J, LIU Z, et al., 2020. Multilocus phylogeny and cryptic diversity of white-toothed shrews (Mammalia, Eulipotyphla, Crocidura) in China[J]. BMC Evol Biol, 20(1): 1-14.

CHEN S, SUN Z, HE K, et al., 2015. Molecular phylogenetics and phylogeographic structure of *Sorex bedfordiae* based on mitochondrial and nuclear DNA sequences[J]. Mol Phylogenet Evol, 84(3): 245-253.

CHEN Z Z, HE K, HUANG C, et al., 2017. Integrative systematic analyses of the genus *Chodsigoa* (Mammalia: Eulipotyphla: Soricidae), with descriptions of new species[J]. Zoological Journal of the Linnean Society, 180(3): 694-713.

CHEN Z Z, HE S W, HU W H, et al., 2021. Morphology and phylogeny of scalopine moles (Eulipotyphla: Talpidae: Scalopini) from the eastern Himalayas, with descriptions of a new genus and species[J]. Zoological Journal of the Linnean Society, 193(2): 432-444.

CHITTLEBOROUGH R G, 1958. The breeding cycle of the female humpback whale, *Megaptera nodosa* (Bonnaterre) [J]. Marine & Freshwater Research, 9(1):1-18.

CLARK C W, CLAPHAM P J, 2004. Acoustic monitoring on a humpback whale (*Megaptera novaeangliae*) feeding ground shows continual singing into late Spring[J]. Proc Biol Sci, 271(1543): 1051-1057.

CLEATOR H, STIRLING I, SMITH T G, 1989. Underwater vocalizations of the bearded seal (*Erignathus barbatus*)[J]. Canadian Journal of Zoology, 67(8): 1900-1910.

CLUA E E, MANIRE C A, GARRIGUE C, 2014. Biological data of pygmy killer whale (*Feresa attenuata*) from a mass stranding in New Caledonia (South Pacific) associated with hurricane Jim in 2006[J]. Aquatic Mammals, 40(2): 162-172.

COLE T B, 2009. Giant Indian fruit bat[J]. JAMA, 302(16): 1736.

CONROY C J, COOK J A, 1999. MtDNA evidence for repeated pulses of speciation within arvicoline and murid rodents[J]. Journal of Mammalian Evolution, 6 (3): 221-245.

CORBET G B, 1988. The family Erinaceidae: a synthesis of its taxonomy, phylogeny, ecology and zoogeography[J]. Mammal Rev, 18(3): 117-172.

CORBET G B, HILL J E, 1980. A world list of mammalian species[R]. London: British Museum (Nature History).

CORBET G B, HILL J E, 1992. Mammals of Indomalayan region: A systematic review[M]. Oxford: Oxford University Press.

CORBET GB, HILL J E, 1991. A world list of mammalian species[M]. 3rd ed. London: British Museum (Natural History).

COURTIN B, MILLON C, FEUNTEUN A, et al., 2022. Insights on the residency status and inter-island movement patterns of pantropical spotted dolphins *Stenella attenuata* in the Agoa Sanctuary, Eastern Caribbean[J]. Latin American Journal of Aquatic Mammals, 17(1): 22-34.

DEBRY R W, 2003. Identifying conflicting signal in a multigene analysis reveals a highly resolved tree: the phylogeny of Rodentia (Mammalia)[J]. Systematic Biology, 52(5): 604-617.

DEBRY R W, SAGEL R M, 2001. Phylogeny of Rodentia (Mammalia) inferred from the nuclear-encoded gene IRBP[J]. Molecular Phylogenetics and Evolution, 19(2): 290-301.

DEMÉRÉ T A, BERTA A, MCGOWEN M R, 2005. The taxonomic and evolutionary history of fossil and modern balaenopteroid mysticetes[J]. Journal of Mammalian Evolution, 12 (1): 99-143.

DEY S, ROY U, CHATTOPADHYAY S, 2013. Distribution and abundance of three populations of Indian flying fox (*Pteropus giganteus*) from Purulia district of West Bengal, India[J]. Taprobanica: The Journal of Asian Biodiversity, 5(1): 60-66.

DING C, LIU J, LI C, et al., 2022. Probable extirpation of the hog deer from China: Implications for conservation[J]. Oryx, 56(3): 360-366. doi:10.1017/S0030605321000016.

DOHL T, NORRIS K, KANG I, 1974. A porpoise hybrid: *Tursiops* × Steno[J]. Journal of Mammalogy, 55(1): 217-221.

DOUADY C J, DOUZERY E J P, 2003. Molecular estimation of eulipotyphlan divergence times and the evolution of "Insectivora"[J]. Molecular phylogenetics and evolution, 28(2): 285-296.

DUBEY S, SALAMIN N, OHDACHI S D, et al., 2007. Molecular phylogenetics of shrews (Mammalia: Soricidae) reveal timing of transcontinental colonizations[J]. Molecular phylogenetics and evolution, 44(1): 126-137.

DUIGNAN P J, HOUSE C, ODELL D K, et al., 1996. Morbillivirus infection in bottlenose dolphins: evidence for recurrent epizootics in the western atlantic and gulf of Mexico[J]. Marine Mammal Science, 12(4): 499-515.

EGER J L, LIM B K, 2011. Three new species of *Murina* from Southern China (Chiroptera: Vespertilionidae)[J]. Acta Chiropterologica, 13(2): 227-243.

ELLERMAN J R, MORRISON-SCOTT T C S, 1951. Checklist of Palaearctic and Indian Mammals[R]. London: British Museum (Natural History),1758-1946.

ESSELSTYN J A, OLIVEROS C H, 2010. Colonization of the Philippines from Taiwan: a multi-locus test of the biogeographic and phylogenetic relationships of isolated populations of shrews[J]. Journal of Biogeography, 37(8): 1504-1514.

FAN P F, HE K, CHEN X, et al., 2017. Description of a new species of Hoolock gibbon (Primates: Hylobatidae) based on integrative taxonomy[J]. American Journal of Primatology, 79(5): e22631.

FAN P F, LIU Y, ZHANG Z C, et al., 2017. Phylogenetic position of the white-cheeked macaque (*Macaca leucogenys*), a newly described primate from southeastern Tibet[J]. Molecular Phylogenetics and Evolution, 107(2): 80-89.

FANG Y P, LEE L L, YEW F H, et al., 1997. Systematics of white-toothed shrews (Crocidura) (Mammalia: Insectivora: Soricidae) of Taiwan: karyological and morphological studies[J]. Journal of Zoology, 242(1): 151-166.

FELDHAMER G A, DRICKAMER L C, VESSEY S H, et al., 2015. Mammalogy: adaptation, diversity, ecology[M]. 4th ed. Baltimore, Maryland: Johns Hopkins University Press.

FENG Q, JIANG X L, LI S, et al., 2006. A new record genus *Megaerops* and its two species of bat in China (Chiroptera, Pteropodidae)[J]. Acta Zootaxonomica Sinica, 31(1): 224-230.

FENG Q, LI S, WANG Y X, 2008. A new species of bamboo bat (Chiroptera: Vespertilionidae: *Tylonycteris*) from Southwestern China[J]. Zoological Science, 25(2): 225-234.

FERRERO R C, WALKER W A, 1996. Age, growth, and reproductive patterns of the Pacific white-sided dolphin (*Lagenorhynchus obliquidens*) taken in high seas drift nets in the central North Pacific Ocean[J]. Canadian Journal of Zoology, 74(9): 1673-1687.

FIEDLER P C, REILLY S B, HEWITT R P, et al., 1998. Blue whale habitat and prey in the California Channel Islands[J]. Deep Sea Research Part II: Topical Studies in Oceanography, 45(8/9): 1781-1801.

FINLEY K J, EVANS C R, 1983. Summer Diet of the Bearded Seal (*Erignathus barbatus*) in the Canadian High Arctic[J]. Arctic, 36(1): 82-89.

FOLKENS P A, REEVES R R, STEWART B S, et al., 2002. Guide to marine mammals of the world[M]. New York: AA

Knopf.

FORCADA J, AGUILAR A, HAMMOND P S, et al., 1994. Distribution and numbers of striped dolphins in the western Mediterranean Sea after the 1990 epizootic outbreak[J]. Marine Mammal Science, 10(2): 137-150.

FROST D R, WOZENCRAFT W C, HOFFMANN R S, 1991. Phylogenetic relationships of hedgehogs and gymnures (Mammalia, Insectivora, Erinaceidae)[J]. Archives of Medical Science Ams, 9(6): 961-967.

FUREY N M, THONG V D, BATES P J J, et al., 2009. Description of a New Species Belonging to the Murina 'suilla-group' (Chiroptera: Vespertilionidae: Murininae) from North Vietnam[J]. Acta Chiropterologica, 11(2): 225-236.

FURGAL C, KOVACS K, INNES S, 1996. Characteristic of ringed seal, *Phoca hispida*, subnivean structures and breeding habitat and their effects on predation[J]. Canadian Journal of Zoology, 74(5): 858-874.

GALEWSKI T, TILAK M, SANCHEZ S, et al., 2006. The evolutionary radiation of Arvicolinae rodents (voles and lemmings): relative contribution of nuclear and mitochondrial DNA phylogenies[J]. BMC Evolutionary Biology, 6(1): 1-17.

GANNIER A, WEST K, 2005. Distribution of the rough-toothed dolphin (*Steno bredanensis*) around the Windward Islands[J]. Pacific Science, 59(1): 17-24.

GOULD G C, 1995. Hedgehog phylogeny (Mammalia, Erinaceidae): The reciprocal illumination of the quick and the dead[R]. American Museum novitates, no. 3131: 1-45.

GREGORY S, SCHORR E, FALCONE A, et al., 2014. First long-term behavioral records from Cuvier's beaked whales (*Ziphius cavirostris*) reveal record-breaking dives[J]. PLOS ONE, 9(3): e92633.

GROVES C P, 2001. Primate taxonomy[M]. Washington DC: Smithsonian Institution Press: 268-270.

GROVES C, GRUBB P, 2011. Ungulate Taxonomy[M]. Baltimore, Maryland: Johns Hopkins University Press.

GUERRA M, HICKMOTT L, HOOP J V D, et al., 2017. Diverse foraging strategies by a marine top predator: sperm whales exploit pelagic and demersal habitats in the Kaikōura submarine canyon[J]. Deep Sea Research Part I Oceanographic Research, 128(10): 98-108.

GUO W, ZHANG M X, ZHOU L P, et al., 2017. The rediscovery of large-spotted civet *Viverra megaspila* in China[J]. Small Carnivore Conservation, 55(1): 88-90.

HARINGTON C R, 2008. The evolution of arctic marine mammals[J]. Ecological Applications, 18(sp2): 23-40.

HAUKSSON E, VÍKINGSSON G A, HALLDORSSON S D, et al., 2011. Preliminary report on biological parameters for NA minke whales in Icelandic waters[J]. Report of the International Whaling Commission, 63: 1-45.

HAZEN E L, PALACIOS D M, FORNEY K A, et al., 2016. WhaleWatch: a dynamic management tool for predicting blue whale density in the California Current[J]. Journal of Applied Ecology, 54(5): 1415-1428.

HE K, CHEN J H, GOULD G C, et al., 2012. An Estimation of Erinaceidae Phylogeny: A Combined Analysis Approach[J]. PLoS One, 7(6): e39304.

HE K, CHEN X, CHEN P, et al., 2018. A new genus of Asiatic short-tailed shrew (Soricidae, Eulipotyphla) based on molecular and morphological comparisons[J]. Zoological Research, 39(5): 321-334.

HE K, EASTMAN T G, CZOLACZ H, et al., 2021. Myoglobin primary structure reveals multiple convergent transitions to semi-aquatic life in the world's smallest mammalian divers[J]. eLife 10: e66797.

HE K, HU N Q, ORKIN J D, et al., 2012. Molecular phylogeny and divergence time of *Trachypithecus*: With implications for the taxonomy of *T. phayrei*[J]. Zoological Research, 33(5): 104-110.

HE K, LI Y J, BRANDLEY M C, et al., 2010. A multi-locus phylogeny of Nectogalini shrews and influences of the paleoclimate on speciation and evolution[J]. Mol Phylogenet Evol, 56(2): 734-746.

HE K, WANG J H, SU W T, et al., 2012. Karyotype of the gansu mole (*Scapanulus oweni*): further evidence for karyotypic stability in talpid[J]. Mamm Study, 37(4): 341-348.

HEANEY L R, TIMM R M, 1983. Systematics and distribution of shrews of the genus *Crocidura* (Mammalia: Insectivora) in Vietnam[J]. Proc Biol Soc Wash, 96(1): 115-120.

HEYNING J E, DAHLHEIM M E, 1988. Orcinus orca[J]. Mammalian Species, 304 (304): 1-9.

HOFFMANN R S, 1996. Noteworthy shrews and voles from the Xizang-Qinghai Plateau[R]//Genoways H H, Baker R J. Contributions in Mammalogy: A Memorial Volume Honoring Dr. J. Knox Jones, Jr, Lubbock. Texas: Museum of Texas Tech University: 155-168.

HOFFMANN R S, 1985. A review of the genus *Soriculus* (Mammalia: Insectivora)[J]. J Bombay Nat Hist Soc, 82(1): 459-481.

HOFFMANN R S, 1987. A review of the systematics and distribution of Chinese red-toothed shrews (Mammalia: Soricidae)[J]. Acta Theriologica Sinica, 7(2): 100-139.

HU Y M, ZHOU Z X, HUANG Z W, et al., 2017. A new record of the capped langur (*Trachypithecus pileatus*) in China[J]. Zoological Research, 38(4): 203-205.

HU Y, THAPA A, FAN H, et al., 2020. Genomic evidence for two phylogenetic species and long-term population bottlenecks in red pandas[J]. Science Advances, 6(9): eaax5751.

HUCHON D, CATZEFLIS F M, DOUZERY E J, 1999. Molecular evolution of the nuclear von Willebrand factor gene in mammals and the phylogeny of rodents[J]. Molecular Biology and Evolution, 16(5): 577-589.

HUCKE-GAETE R, OSMAN L P, MORENO C A, et al., 2004. Discovery of a blue whale feeding and nursing ground in southern Chile[J]. Proc Biol Sci, 271(Suppl 4): S170.

HUCKSTADT L A, ANTEZANA T, 2001. An observation of parturition in a stranded kogia breviceps[J]. Marine Mammal Science, 17(2): 362-365.

HUNTER J P, JERNVALL J, 1995. The hypocone as a key innovation in mammalian evolution[J]. Proceedings of the National Academy of Sciences of the United States of America, 92(23): 10718-10722.

HUNTER L, 2011. Carnivores of the world[M]. Princeton: Princeton University Press.

HUTTERER R, 1985. Anatomical adaptations of shrews[J]. Mammal Rev, 15(1): 43-55.

IRWIN L, 2005. Marine Toxins: adverse health effects and biomonitoring with resident coastal dolphins[J]. Aquatic Mammals, 31(2): 195-225.

JACKSON S M, LI Q, WAN T, et al., 2022. Across the great divide: revision of the genus *Eupetaurus* (Sciuridae, Pteromyini), the woolly flying squirrels of the Himalayan region, with the description of two new species[J]. Zoological Journal of the Linnean Society, 194(2): 502-526.

JEFFERSON T A, HUNG S K,2004a. A review of the status of the Indo-Pacific humpback dolphin (Sousa chinensis) in Chinese waters[J]. Aquatic Mammals, 30(1): 149-158.

JEFFERSON T A, HUNG S K, 2004b. *Neophocaena phocaenoides*[J]. Mammalian Species, 74:(6) 1-12.

JEFFERSON T A, LEATHERWOOD S, WEBBER M, 1993. Marine mammals of the world[M]. Rome: Food and Agriculture Organization.

JEFFERSON T A, WEBBER M, PITMAN R, 2008. Marine mammals of the world: a comprehensive guide to their identification[M]. London: Elsevier Publications.

JENKINS P D, 2013. An account of the Himalayan mountain soricid community, with the description of a new species of *Crocidura* (Mammalia: Soricomorpha: Soricidae)[J]. Raffles Bull Zool, 61 (11): 161-175.

JENKINS P D, ABRAMOV A V, BANNIKOVA A A, et al., 2013. Bones and genes: resolution problems in three Vietnamese species of *Crocidura* (Mammalia, Soricomorpha, Soricidae) and the description of an additional new species[J]. Zookeys, 2009(313): 61-79.

JENKINS P D, LUNDE D P, MONCRIEFF C B, 2009. Descriptions of New Species of *Crocidura* (Soricomorpha: Soricidae) from Mainland Southeast Asia, with Synopses of Previously Described Species and Remarks on Biogeography[J]. Bulletin of the American Museum of Natural History, 331: 356-405.

JERNVALL J, 1995. Mammalian molar cusp patterns: developmental mechanisms of diversity[J]. Acta Zoologica Fennica, 198(1): 1-61.

JIANG X L, HOFFMANN R S, 2001. A revision of the white-toothed shrews (*Crocidura*) of Southern China[J]. J Mammal, 82(4): 1059-1079.

JIANG X L, WANG Y X, HOFFMANN R S, 2003. A review of the systematics and distribution of Asiatic short-tailed shrews, genus *Blarinella* (Mammalia: Soricidae)[J]. Mamm Biol, 68(4): 193-204.

KANG H J, GU S H, COOK J A, et al., 2016. Dahonggou Creek virus, a divergent lineage of hantavirus harbored by the long-tailed mole (*Scaptonyx fusicaudus*)[J]. Tropical medicine and health, 44(1): 16.

KARCZMARSKI L, WÜRSIG B, GAILEY G, et al., 2005. Spinner dolphins in a remote Hawaiian atoll: social grouping and population structure[J]. Behavioral Ecology, 16(4):675-685.

KARIM K B, 1971. Foetal membranes and placentation in the Indian leaf-nosed bat, *Hipposideros fulvus fulvus* (Gray) [J]. Proc Indian Acad Sci, 76(2): 71-78.

KASUYA T, 1972. Some informations on the growth of the Ganges dolphin with a comment on the Indus dolphin[J]. Scientific Reports of the Whales Research Institute, 24(24): 87-108.

KATO H, 1992. Body length, reproduction and stock separation of minke whales of Northern Japan[J]. Report of the International Whaling Commission, 43: 443-456.

KATO H, PERRIN W F, 2009. Bryde's Whales: *Balaenoptera edeni/brydei*[M]//WADE P R. Encyclopedia of marine mammals. 2nd ed. New York: Academic Press: 158-163.

KAWADA S I, KURIHARA N, TOMINAGA N, et al., 2014. The first record of *Anourosorex* (insectivora, soricidae) from western Myanmar, with special reference to identification and karyological characters bulletin of the national museum of nature and science. Series A[J]. Zoology, 40(2): 105-109.

KAWADA S, KOBAYASHI S, ENDO H, et al., 2006. Karyological study on Kloss's mole *Euroscaptor klossi* (Insectivora, Talpidae) collected in Chiang Rai Province, Thailand[J]. Mamm Study, 31(2): 105-109.

KAWADA S, SHINOHARA A, KOBAYASHI S, et al., 2007. Revision of the mole genus *Mogera* (Mammalia: Lipotyphla: Talpidae) from Taiwan[J]. Systematics & Biodiversity, 5 (2): 223-240.

KELLY B, BADAJOS O, KUNNASRANTA M, et al., 2010. Seasonal home ranges and fidelity to breeding sites among ringed seals[J]. Polar Biology, 33(8): 1095-1109.

KEREM D, HADAR N, GOFFMAN O, et al., 2012. Update on the cetacean fauna of the Mediterranean Levantine basin[J]. The Open Marine Biology Journal, 6(1): 6-27.

KUCZAJ II S, YEATER D, 2007. Observations of rough-toothed dolphins (*Steno bredanensis*) off the coast of Utila, Honduras[J]. Journal of the arine Biological Association, 87(1): 141-148.

KUO H C, FANG Y P, CSORBA G, et al., 2009. Three new species of *Murina* (Chiroptera: Vespertilionidae) from Taiwan[J]. Journal of Mammalogy, 90(4): 980-991.

LABANSEN A C, LYDERSEN N, LEVERMANN T, et al., 2011. Diet of ringed seals (*Pusa hispida*) from northest Greenland[J]. Polar Biology, 34(2): 227-234.

LAMMERS M O, AU W W L, 2010. Directionality in the whistles of Hawaiian spinner dolphins (*Stenella longirostris*): a signal feature to cue direction of movement?[J]. Marine Mammal Science, 19(2): 249-264.

LI C, ZHAO C, FAN P F, 2015. White-cheeked macaque (*Macaca leucogenys*): A new macaque species from Medog, southeastern Tibet[J]. American Journal of Primatology, 77(7): 753-766.

LIEDIGK R, THINH V N, NADLER T, et al., 2009. Evolutionary history and phylogenetic position of the Indochinese gray langur (*Trachypithecus crepusculus*)[J]. Vietnamese Journal of Primatology, 1(3): 1-8.

LI F, ZHENG X, JIANG X, et al., 2017. Rediscovery of the sun bear (*Helarctos malayanus*) in Yingjiang County, Yunnan Province, China[J]. Zoological Research, 38(4): 206-207.

LI H, MO X, SUN H, et al., 2021. Karyotypic polymorphism of *Crocidura tanakae* (Eulipotyphla: Soricidae) and revision of the karyotype of *C. attenuata* in mainland China[J]. Mammal, 101(6): 1548-1560.

LIN L K, MOTOKAWA M, 2014. Mammals of Taiwan: Volume 1 Soricomorpha[R]. Taichung: Center for Tropical Ecology and Biodiversity,Tunghai University.

LI Q, CHENG F, JACKSON S M, et al., 2021. Phylogenetic and morphological significance of an overlooked flying squirrel (Pteromyini, Rodentia) from the eastern Himalayas with the description of a new genus[J]. Zoological Research, 42(4): 389-400.

LI Q, LI X Y, JACKSON S M, et al., 2019. Discovery and description of a mysterious Asian flying squirrel (Rodentia, Sciuridae, *Biswamoyopterus*) from Mount Gaoligong, southwest China [J]. ZooKeys, 864:147-160.

LI S, HE K, YU F H, et al., 2013. Molecular phylogeny and biogeography of *Petaurista* inferred from the cytochrome b gene, with implications for the taxonomic status of *P. caniceps*, *P. marica* and *P. sybilla*[J]. PloS one, 8(7): e70461.

LIU S Y, JIN W, LIU Y, et al., 2017. Taxonomic position of Chinese voles of the tribe Arvicolini and the description of two new species from Xizang, China[J]. Journal of Mammalogy, 98(1): 166-182.

LIU S Y, LIU Y, GUO P, et al., 2012. Phylogeny of oriental voles (Rodentia: Muridae: Arvicolinae): Molecular and Morphological Evidence[J]. Zoological Science, 29(9): 610-622.

LIU S Y, SUN Z Y, ZENG Z Y, et al., 2007. A new vole (Cricetidae: Arvicolinae: Proedromys) from the Liangshan Mountains of Sichuan Province, China[J]. Journal of Mammalogy, 88(5): 1170-1178.

LIU S Y, SUN Z Y, LIU Y, et al., 2012. A new vole from Xizang, China and the molecular phylogeny of the genus *Neodon* (Cricetidae: Arvicolinae)[J]. Zootaxa, 3235(1):1-22.

LIU Y C, SUN X, DRISCOLL C, et al., 2018. Genome-wide evolutionary analysis of natural history and adaptation in the world's tigers[J]. Current Biology, 28(23): 3840-3849.

LI Y, LI H, MOTOKAWA M, et al., 2019. A revision of the geographical distributions of the shrews *Crocidura tanakae* and *C. attenuata* based on genetic species identification in the mainland of China[J]. ZooKeys, 869: 147.

LODI L, 1992. Epimeletic behavior of free-ranging rough-toothed dolphins, *Steno bredanensis*, from Brazil[J]. Marine Mammal Science, 8(3): 284-287.

LOWRY L F, BURKANOV V N, FROST K J, et al., 2000. Habitat use and habitat selection by spotted seals (*Phoca largha*) in the Bering Sea[J]. Canadian Journal of Zoology, 78(11): 1959-1971.

LU Z C, TIAN J S, WANG Z H, et al., 2016. Using stable isotope technique to study feeding habits of the finless porpoise (*Neophocaena asiaeorientalis* ssp. *sunameri*)[J]. Acta Ecologica Sinica, 36(1): 69-76 .

LUNDE D P, MUSSER G G, SON N T, 2003. A survey of small mammals from Mt. Tay Con Linh II, Vietnam, with the description of a new species of *Chodsigoa* (Insectivora: Soricidae)[J]. Mamm Study, 28(1): 31-46.

LUSSEAU D, SCHNEIDER K, BOISSEAU O J, et al., 2003. The bottlenose dolphin community of doubtful sound features a large proportion of long-lasting associations: Can geographic isolation explain this unique trait?[J]. Behavioral Ecology & Sociobiology, 54(4): 396-405.

LYON M W JR, 1913. Tree shrew: An account of the mammalian family: Tupaiidae[M]. Washington DC: US Government Printing Office.

MA C, LUO Z H, LIU C M, et al., 2015. Population and conservation status of indochinese gray langurs (*Trachypithecus crepusculus*) in the Wuliang Mountains, Jingdong,Yunnan, China[J]. International Journal of Primatology, 36(4): 749-763.

MACLEOD C D, 1998. Intraspecific scarring in odontocete cetaceans: an indicator of male 'quality' in aggressive social interactions?[J]. Journal of Zoology, 244 (1): 71-77.

MACLEOD C D, SANTOS M B, PIERCE G J, 2014. Can habitat modelling for the octopus *Eledone cirrhosa* help identify key areas for Risso's dolphin in Scottish waters?[R]. Scottish Natural Heritage Commissioned Report, 530.

MACLEOD C, SANTOS M, PIERCE G, 2003. Review of data on diets of beaked whales: evidence of niche separation and geographic segregation[J]. Journal of the Marine Biological Association, 83: 651-665.

MADSEN O, SCALLY M, DOUADY C J, et al., 2001. Parallel adaptive radiations in two major clades of placental mammals[J]. Nature, 409(6820): 610-614.

MANDAL A K, DAS P K, 1969. Taxonomic notes on the Szechwan burrowing shrew, *Anourosorex squamipes* Milne-Edwards, from India[J]. J Bombay Nat Hist Soc, 66(3): 608-612.

MARTEN K, 2000. Ultrasonic analysis of pygmy sperm whale (*Kogia breviceps*) and Hubbs' beaked whale (*Mesoplodon carlhubbsi*) clicks[J]. Aquatic Mammals, 26 (1): 45-48.

MCKENNA M C, BELL S K, 1997. Classification of mammals above the species level[M]. New York: Columbia University Press: 1-631.

MCSHEA W J, LI S, SHEN X L, et al., 2018. Guide to the wildlife of Southwest China[M]. Washington DC: Smithsonian Institution Scholarly Press.

MCSWEENEY D J, CHU K C, DOLPHIN W F, et al., 2010. North Pacific Humpback whale songs: A comparison of Southeast Alaskan feeding ground songs with Hawaiian wintering ground songs[J]. Marine Mammal Science, 5(2): 139-148.

MITTERMEIER R A, RYLANDS A B, WILSON D E, 2013. Handbook of the mammals of the world, Vol. 3. Primates[M]. Barcelona: Lynx Edicions.

MITTERMEIER R A, WILSON D E, RYLANDS A B, 2018. Handbook of the mammals of the world: Insectivores, Sloths and Colugos[M]. Barcelona: Lynx Edicions.

MIYAZAKI N, FUJISE Y, IWATA K, 1998. Biological analysis of a mass stranding of melon-headed whales (*Peponocephala electra*) at Aoshima, Japan [J]. Bulletin of the National Science Museum Series A, Zoology/ National Science Museum, 24(1): 31-60.

MOTOKAWA M, 2003. *Soriculus minor* Dobson, 1890, senior synonym of *S. radulus* Thomas, 1922 (Insectivora,

Soricidae)[J]. Mamm Biol, 68(3): 178-180.

MOTOKAWA M, HARADA M, LIN L K, et al., 2004. Geographic differences in karyotypes of the mole-shrew *Anourosorex squamipes* (Insectivora, Soricidae)[J]. Mammalian Biology-Zeitschrift fur Saugetierkunde, 69(3): 197-201.

MOTOKAWA M, HARADA M, MEKADA K, et al., 2008. Karyotypes of three shrew species (*Soriculus nigrescens*, *Episoriculus caudatus* and *Episoriculus sacratus*) from Nepal[J]. Integrative Zoology, 3(3): 180-185.

MOTOKAWA M, HARADA M, WU Y, et al., 2001. Chromosomal polymorphism in the gray shrew *Crocidura attenuata* (Mammalia: Insectivora)[J]. Zoological Science,18(8): 1153-1160.

MOTOKAWA M, LIN L K, 2002. Geographic variation in the mole-shrew *Anourosorex squamipes*[J]. Mammal Study, 27(2): 113-120.

MOTOKAWA M, LIN L K, 2005. Taxonomic status of *Soriculus baileyi* (Insectivora, Soricidae)[J]. Mammal Study, 30(2): 117-124.

MOTOKAWA M, WU Y, HARADA M, 2009. Karyotypes of six soricomorpha species from Emei Shan, Sichuan Province, China[J]. Zoological Science, 26(11): 791-797.

MOTOKAWA M, YU H T, FANG Y P, et al., 1997. Re-evaluation of the status of *Chodsigoa sodalis* Thomas, 1913 (Mammalia: Insectivora: Soricidae)[J]. Zoological Studies, 36(1): 6.

MURASE H, TAMURA T, KIWADA H, et al., 2007. Prey selection of common minke (*Balaenoptera acutorostrata*) and Bryde's (*Balaenoptera edeni*) whales in the western North Pacific in 2000 and 2001[J]. Fisheries Oceanography, 16(2): 186-201.

MURPHY W J, EIZIRIK E, JOHNSON W E, et al., 2001. Molecular phylogenetics and the origins of placental mammals[J]. Nature, 409(6820): 614-618.

MURPHY W J, EIZIRIK E, O'BRIEN S J, et al., 2001. Resolution of the early placental mammal radiation using Bayesian phylogenetics[J]. Science, 294(5550): 2348-2351.

MURPHY W J, PRINGLE T H, CRIDER T A, et al., 2007. Using genomic data to unravel the root of the placental mammal phylogeny[J]. Genome Res, 17(4): 413-421.

NORRIS R W, ZHOU K Y, ZHOU C Q, et al., 2004. The phylogenetic position of the zokors (*Myospalacinae*) and comments on the families of muroids (*Rodentia*)[J]. Molecular and Phylogentics Evolution, 31(3): 972-978.

NOWACEK S M, WELLS R S, SOLOW A R, 2010. Short-term effects of boat traffic on bottlenose dolphins, *Tursiops truncatus*, in Sarasota Bay, Florida[J]. Marine Mammal Science, 17(4):673-688.

NOWAK R M, 1999. Walker's mammals of the world[M]. Baltimore, Maryland: Johns Hopkins University Press.

PAUDEL S, PAL P, COVE M V, et al., 2015. The endangered Ganges River dolphin *Platanista gangetica gangetica* in Nepal: abundance, habitat and conservation threats[J]. Endangered Species Research, 29(1): 59-68.

PERRYMAN W L, DANIL K, 2018. Melon-headed whale: *Peponocephala electra*. Encyclopedia of marine mammals [M]. New York: Academic Press: 593-595.

PERRIN W, 2002. Common dolphins[M]// Perrin W F, Würsig B, Thewissen J G M. Encyclopedia of marine mammals. New York: Academic Press: 245-248.

PETTER J J, DESBORDES F, 2010. Primates of the world[M]. Princeton: Princeton University Press.

PITMAN R, ENSOR L PAUL, 2003. Three forms of killer whales (*Orcinus orca*) in Antarctic waters[J]. Journal of Cetacean Research and Management, 5 (2): 131-139.

PREEN A R, 1995. Impacts of dugong foraging on seagrass habitats: observational and experimental evidence for cultivation grazing[J]. Marine Ecology Progress, 124(1-3): 201-213.

RISCH D, CLARK C W, CORKERON P J, et al., 2007. Vocalizations of male bearded seals, *Erignathus barbatus*: classification and geographical variation[J]. Animal Behaviour, 73(5): 747-762.

RITTER F, 2007. Behavioral responses of rough-toothed dolphins to a dead newborn calf[J]. Marine Mammal Science, 23(2): 429-433.

ROCA A L, BAR-GAL G K, EIZIRIK E, et al., 2004. Mesozoic origin for west Indian insectivores[J]. Nature, 429(6992): 649-651.

SAMARAN F, STAFFORD K M, BRANCH T A, et al., 2013. Seasonal and geographic variation of southern blue whale subspecies in the Indian Ocean[J]. PLoS One, 8(8): e71561.

SASAKI T, NIKAIDO M, WADA S, et al., 2006. *Balaenoptera omurai* is a newly discovered baleen whale that represents an ancient evolutionary lineage[J]. Molecular Phylogenetics and Evolution, 41(1):40-52.

SCOTT M D, CORDARO J G, 1987. Behavioral observations of the dwarf sperm whale, *Kogia simus*[J]. Marine Mammal Science, 3(4): 353-354.

SHANE S, WELLS R, WÜRSIG B, 2010. Ecology, behavior and social organization of the Bottlenose Dolphin: a review[J]. Marine Mammal Science, 2(1):34-63.

SHINOHARA A, KAWADA S I, SON N T, et al., 2015. Molecular phylogenetic relationships and intra-species diversities of three *Euroscaptor* spp. (Talpidae: Lipotyphla: Mammalia) from Vietnam[J]. The Raffles Bulletin of Zoology, 63(9): 366-375.

SHIRAKIHARA M, AND K S, TAKEMURA A, 1992. Records of the finless porpoise (*Neophocaena phoceanoides*) in the waters adjacent to Kanmon Pass, Japan [J]. Marine Mammal Science, 8 (1): 82-85.

SHIRIHAI H, JARRETT B, 2006. Whales, Dolphins, and other Marine Mammals of the World[M]. Princeton: Princeton University Press.

SIMPSON G G, 1945. The principals of classification and a classification of mammals[M]. New York: American Museum of Natural History.

SINCLAIR E, ZEPPELIN T, 2002. Seasonal and spatial differences in diet in the western Stock of steller sea lions (*Eumetopias jubatus*)[J]. Journal of Mammalogy, 83(4): 973-990.

SINHA A, DATTA A, MADHUSUDAN M D, et al., 2005. *Macaca munzala*: A new species from western Arunachal Pradesh, northeastern India[J]. International Journal of Primatology, 26(4): 977-989.

SMITH T A, XIE Y, 2008. A guide to the mammals of China[M]. Princeton: Princeton University Press.

SMITH T, LYDERSEN C, 1991. Availability of suitable land-fast ice and predation as factors limiting ringed seal population, *Pusa hispida* in Svalbard[J]. Polar Research, 10(2): 585-594.

SOUTHWELL C, BENGSTON J, BESTER M, et al., 2012. A review of data on abundance, trends in abundance, habitat use and diet of ice-breeding seals in the Southern Ocean[J]. Ccamlr Science, 19: 49-74.

SPRADLING T A, HAFNER M S, DEMASTES J W, 2001. Differences in Rate of Cytochrome-b evolution among species of rodents[J]. Journal of Mammalogy, 82(1): 65-80.

SREMBA A L, BRITTANY H H, BRANCH T A, et al., 2012. Circumpolar diversity and geographic differentiation of mtDNA in the critically endangered Antarctic blue whale (*Balaenoptera musculus intermedia)*[J]. PLoS One, 7(3): e32579.

TERSHY B, 1992. Body size, diet, habitat use, and social behavior of Balaenoptera whales in the gulf of California[J]. Journal of Mammalogy, 73(3): 477-486.

TØNNESSEN J N, JOHNSEN A O, 1982. The history of modern whaling[M]. London: Hurst C and Company.

TRUKHIN A M, KALINCHUK V V, 2018. Hair mercury concentrations in the spotted seal (*Phoca largha*) pups from the Sea of Japan[J]. Environmental Science & Pollution Research, 25(27): 1-8.

VAN B M, RAGA J A, GUARDO G D, et al., 2009. Emerging infectious diseases in cetaceans worldwide and the possible role of environmental stressors[J]. Diseases of Aquatic Organisms, 86(2): 143-157.

VAUGHAN T A, RYAN J M, CZAPLEWSKI N J, 2015. Mammalogy[M]. 6th ed. Burlington: Jones & Bartlett Learning, LLC.

VENDAN S E, 2003. Roost and diet selection in the Indian Flying Fox *Pteropus giganteus* (Megachiroptera)[J]. MSc, Madurai Kamaraj University, Madura, India.

WAN T, HE K, JIANG X L, 2013. Multilocus phylogeny and cryptic diversity in Asian shrew-like moles (Uropsilus, Talpidae): implications for taxonomy and conservation[J]. BMC Evolutionary Biology, 13(12): 232.

WAN T, HE K, JIN W, et al., 2018. Climate niche conservatism and complex topography illuminate the cryptic diversification of Asian shrew-like moles[J]. J Biogeogr, 45(10): 2400-2414.

WANG D, 2009. Population status, threats and conservation of the Yangtze finless porpoise[J]. Chinese Science Bulletin, 54(1): 3473-3484.

WANG P L, HAN J B, 2007. Present status of distribution and protection of Chinese white dolphins (*Sousa chinensis*) population in Chinese waters[J]. Marine Environmental Science, 26(5): 484-487.

WATKINS W A, DAHER M A, DIMARZIO N A, et al., 2010. Sperm whale dives tracked by radio tag telemetry[J]. Marine Mammal Science, 18(1): 55-68.

WELLS R, SCOTT M, 2002. Bottlenose dolphins[M]//Perrin W F, Würsig B, Thewissen J G M. Encyclopedia of marine mammals. New York: Academic Press: 122-127.

WEST K L, WALKER W A, BAIRD R W, et al., 2018. Stomach contents and diel diving behavior of melon-headed whales (*Peponocephala electra*) in Hawaiian waters [J]. Marine Mammal Science, 34(4): 1082-1096.

WILSON D E, MITTERMEIER R A, 2019. Handbook of the mammals of the world-Volume 9: bats [M]. Barcelona Spain: Lynx Ediciones.

WILSON D E, REEDER D M, 2005. Mammal species of the world: a taxonomic and geographic reference[M]. 3rd ed. Washington: Johns Hopkins University Press.

WINN H E, WINN L K, 1978. The song of the humpback whale *Megaptera novaeangliae* in the West Indies[J]. Marine Biology, 47(2): 97-114.

WISEMAN N, PARSONS S, STOCKIN K, et al., 2011. Seasonal occurrence and distribution of Bryde's whales in the Hauraki Gulf, New Zealand[J]. Marine Mammal Science, 27(4): 253-267.

WON C, YOO B H, 2004. Abundance, seasonal haul-out patterns and conservation of spotted seals *Phoca largha* along the coast of Bakryoung Island, South Korea[J]. Oryx, 38(1): 109 - 112.

WURSIG B, PERRIN W F, 2009. Encyclopedia of marine mammals [M]. New York: Academic Press.

WU S B, MA G Z, 2007. The status and conservation of pangolins in China[J]. TRAFFIC East Asia Newsetter, (4):1-5.

WU Y, LI Y C, LIN L K, et al., 2012. New records of *Kerivoula titania* (Chiroptera: Vespertilionidae) from Hainan Island and Taiwan[J]. Mammal Study, 37(1): 69-72.

WU Y, MOTOKAWA M, HARADA M, 2008. A new species of horseshoe bat of the genus *Rhinolophus* from China (Chiroptera: Rhinolophidae)[J]. Zoological Science, 25(4): 438-243.

WU Y, MOTOKAWA M, LI Y C, et al., 2010. Karyotype of Harrison's tube-nosed bat *Murina harrisoni* (Chiroptera: Vespertilionidae: Murininae) Based on the second specimen recorded from Hainan Island, China[J]. Mammal Study, 35(4), 277-279.

WU Y, THONG V D, 2011. A new species of *Rhinolophus* (Chiroptera: Rhinolophidae) from China[J]. Zoological Science, 28(3): 235-241.

XU S, JU J, ZHOU X, et al., 2012. Considerable MHC diversity suggests that the functional extinction of Baiji is not related to population genetic collapse[J]. PLoS One, 7(1): e30423.

XU X R, CHEN B Y, 2013. Some advance in the study on biology of Chinese white dolphin (*Sousa chinensis*)[J]. Journal of Nanjing Normal University, 36(4): 126-133.

YANG G, SHAN L, REN W H, et al., 2003. Mitochondrial control region variability of baiji and the Yangtze finless porpoises, two sympatric small cetaceans in the Yangtze river[J]. Acta Theriologica, 48(4): 469-483.

YOUNG T Z, 1981. The life of vertebrates[R]. London: British Museum (Natural History).

YU H T, 1993. Natural-history of small mammals of subtropical montane areas in central Taiwan[J]. J Zool, 231(3): 403-422.

YU H T, CHENG T W, CHOU W H, 2001. Seasonal activity and reproduction of two syntopic white-toothed shrews (*Crocidura attenuata* and *C. kurodai*) from a subtropical montane forest in central Taiwan[J]. Zoological Studies, 40(2): 163-169.

YU H, XING Y T, MENG H, et al., 2021. Genomic evidence for the Chinese mountain cat as a wildcat conspecific (*Felis silvestris bieti*) and its introgression to domestic cats[J]. Science Advances, 7(26): eabg0221.

YU W H, CSORBA G, LI Y N, et al., 2021. First record of disk-footed bat *Eudiscopus denticulus* (Chiroptera, Vespertilionidae) from China and resolution of phylogenetic position of the genus[J]. Zoological Research, 42(1): 94-99.

YU W, LIN C, HUANG Z, et al., 2022. Discovery of *Kerivoula kachinensis* and a validity of *K. titania* (Chiroptera: Vespertilionidae) in China[J]. Mammalia, 86(3): 303-308.

ZAESCHMAR J R, 2014. False killer whales (*Pseudorca crassidens*) in New Zealand waters: a thesis presented in partial fulfillment of the requirements for the degree of Master of Science in Conservation Biology at Massey University, Albany, New Zealand [D]. Massey University.

ZHANG L, WANG Q Y, YANG L, et al., 2018. The neglected otters in China: distribution change in the past 400 years and current conservation status[J]. Biological Conservation, 228: 259-267.

IUCN 猫科动物专家组 , 2013. 中国猫科动物 [M]. 北京 : 中国林业出版社 .

VAUGHAN T A, RYAN J M, CZAPLEWSKI N J, 2017. 哺乳动物学 (原书第六版)[M]. 刘志霄 , 译 . 北京 : 科学出版社 .

常勇斌 , 贾陈喜 , 宋刚 , 等 , 2018. 西藏错那县发现藏南猕猴 [J]. 动物学杂志 , 53(2): 243-248.

陈辈乐 , 毕争 , 2016. 高黎贡山腾冲生物多样性 [R]. 香港 : 嘉道理农场暨植物园 , 嘉道理中国保育 .

陈明勇 , 吴兆录 , 董永华 , 等 , 2006. 中国亚洲象研究 [M]. 北京 : 科学出版社 .

陈佩薰 , 林克杰 , 华元渝 , 1985. 白鱀豚生物学特征的初步研究 [J]. 水生生物学报 , (2): 176-185.

陈佩薰 , 张先锋 , 魏卓 , 等 , 1993. 白鱀豚的现状和三峡工程对白鱀豚的影响评价及保护对策 [J]. 水生生物学报 ,

(2): 3-13.
陈志锐 , 2015. 长江江豚研究报告 [J]. 环球人文地理 , (16): 224.
陈中正 , 唐宏谊 , 唐肖凡 , 等 , 2019. 安徽黄山和宣城发现台湾灰麝鼩 [J]. 动物学杂志 , (6): 815-819.
陈中正 , 唐肖凡 , 唐宏谊 , 等 , 2020. 安徽省兽类一属、种新纪录 —— 侯氏猬 [J]. 兽类学报 , 40(1): 96-99.
程峰 , 万韬 , 陈中正 , 等 , 2017. 云南兽类鼩鼱科一新纪录 —— 台湾灰麝鼩 [J]. 动物学杂志 , 52(5): 865-869.
白加德 , 张渊媛 , 钟震宇 , 等 , 2021. 中国麋鹿种群重建 35 年 : 历程、成就与挑战 [J]. 生物多样性 , 29(2): 160-166.
范朋飞 , 2012. 中国长臂猿科动物的分类和保护现状 [J]. 兽类学报 , 32(3): 248.
范朋飞 , 2015. 西藏墨脱发现猕猴属一新种 —— 白颊猕猴 [J]. 兽类学报 , 35(3): 296-296.
范荣辉 , 李靖 , 彭步青 , 等 , 2022. 四川和重庆兽类新纪录 —— 霍氏缺齿鼩 [J]. 兽类学报 ,42(2): 219-222.
方引平 , 林雅玲 , 郑锡奇 , 2007. 拉拉溪台湾水鼩食性初探 [J]. 特有生物研究 , 9(2): 1-6.
冯祚建 , 1973. 珠穆朗玛峰地区哺乳类鼠兔属一新种的记述 [J]. 动物学报 , 19(1): 69-75.
冯祚建 , 蔡桂全 , 郑昌琳 , 1986. 西藏哺乳类 [M]. 北京 : 科学出版社 .
韩思成 , 陆道炜 , 蒙皓 , 等 , 2021. 华北京津冀地区兽类新纪录 —— 香鼬 [J]. 兽类学报 , 41(3): 361-364.
高安利 , 周开亚 , 1995. 中国水域江豚外形的地理变异和江豚的三亚种 [J]. 兽类学报 , 15(2): 81-92.
龚正达 , 王应祥 , 李章鸿 , 等 , 2000. 中国鼠兔一新种 —— 片马黑鼠兔 [J]. 动物学研究 , 21(3): 204-209.
国家林业局 , 2009. 中国重点陆生野生动物资源调查 [M]. 北京 : 中国林业出版社 .
何锴 , 白明 , 万韬 , 等 , 2013. 白尾鼹 (鼹科 : 哺乳纲) 下颌骨几何形态测量分析及地理分化研究 [J]. 兽类学报 , 33(1): 7-17.
赫崇波 , 高祥刚 , 孙凡越 , 等 , 2008. 辽东湾斑海豹遗传多样性的 AFLP 分析 [J]. 生物技术通报 , (S1): 347-351.
贺如川 , 王林 , 权瑞昌 , 2020. 中国滇南 - 东南亚跨境动物多样性监测平台 [J]. 生物多样性 , 28(9): 1097-1103.
华元渝 , 张建 , 章贤 , 等 , 1995. 白鱀豚种群现状、致危因素及保护策略的研究 [J]. 长江流域资源与环境 , (1): 45-51.
黄乘明 , 李友邦 , 周岐海 , 2016. 白头叶猴对喀斯特石山生境的适应 [J]. 生物学通报 , 51(1): 1-5.
黄宗国 , 2000. 厦门海域发现抹香鲸初步报告 [J]. 厦门科技 , (2): 7-8.
蒋志刚 , 江建平 , 王跃招 , 等 , 2016. 中国脊椎动物红色名录 [J]. 生物多样性 , 24(5): 500-551.
蒋志刚 , 刘少英 , 吴毅 , 等 , 2017. 中国哺乳动物多样性 (第 2 版)[J]. 生物多样性 , 25(8): 886-895.
蒋志刚 , 马勇 , 吴毅 , 等 , 2015. 中国哺乳动物多样性及地理分布 [M]. 北京 : 科学出版社 .
蒋志刚 , 吴毅 , 刘少英 , 等 , 2021. 中国生物多样性红色名录 —— 脊椎动物卷 [M]. 北京 : 科学出版社 .
孔玥峤 , 李晟 , 刘宝权 , 等 , 2021. 2010-2020 中华穿山甲在中国的发现记录及保护现状 [J]. 生物多样性 . 29(7): 910-917.
雷博宇 , 崔继法 , 岳阳 , 等 , 2019. 湖北兴山发现霍氏缺齿鼩 [J]. 动物学杂志 , 54(6): 820-824.
李国松 , 杨显明 , 张宏雨 , 等 , 2011. 云南新平哀牢山西黑冠长臂猿分布与群体数量 [J]. 动物学研究 , 32(6) : 675-683.
李明 , 2016. 灵长类在中国的分布 [J]. 森林与人类 , (7): 10-11.
李维东 , 2003. 十年间伊犁鼠兔生存状况的变化 [J]. 动物学杂志 , 38(6): 64-68.
李维东 , 李洪春 , 哈米提 , 等 , 1991. 伊犁鼠兔分布区与栖息地初步调查 [J]. 动物学杂志 , 26(3): 28-30.
李维东 , 马勇 , 1986. 鼠兔属一新种 [J]. 动物学报 , 32(4): 375-379.
李维东 , 张会斌 , 刘志虎 , 2000. 科氏鼠兔在东昆仑山的生存状况 [J]. 动物学杂志 , 35(6): 28-31.
刘铸 , 赵婧瑜 , 赵鑫旭 , 等 , 2022. 贵州六盘水发现褐腹长尾鼩鼱滇西亚种 (*Episoriculus caudatus umbrinus*)[J]. 动

物学杂志, 58(4)(在印).
刘建康, 刘仁俊, 1993. 长江白鱀豚的保护 [J]. 长江流域资源与环境, (2): 103-110.
刘少英, 靳伟, 廖锐, 等, 2017. 基于 Cty b 基因和形态学的鼠兔属系统发育研究及鼠兔属 1 新亚属 5 新种描述 [J]. 兽类学报, 37 (1): 1-43.
刘洋, 刘少英, 孙治宇, 等, 2011. 山西省兽类一新记录 —— 川西缺齿鼩鼱 [J]. 四川动物, 30(6): 967-968.
罗泽洵, 陈卫, 高武, 2000. 中国动物志: 兽纲第六卷啮齿目下册仓鼠科 [M]. 北京: 科学出版社.
罗忠华, 2011. 云南无量山国家级自然保护区西部黑冠长臂猿景东亚种的群体数量与分布调查 [J]. 四川动物, 30(2): 283-287.
马世来, 马晓峰, 石文英, 2001. 中国兽类踪迹指南 [M]. 北京: 中国林业出版社.
马勇, 1964. 山西短棘猬属的一个新种 [J]. 动物分类学报, 1(1): 31-36.
马勇, 姜建清, 1996. 绒鼩属 (*Caryomys*) 地位的恢复 [J]. 动物分类学报, 21(4): 493-497.
母华强, 张泽钧, 张明春, 等, 2011. 四川宝兴中国鼩猬的一些生物学资料 [J]. 四川动物, 30(1): 94-96.
潘清华, 王应祥, 岩崑, 2007. 中国哺乳动物彩色图鉴 [M]. 北京: 中国林业出版社.
普缨婷, 蒋海军, 王旭明, 等, 2020. 宁夏兽类一属、种新记录 —— 淡灰豹鼩 (*Pantherina griselda* Thomas, 1912) [J]. 兽类学报, 40(3): 302-306.
祁伟廉, 2008. 台湾哺乳动物 [M]. 台北: 远见天下文化出版股份有限公司.
裘聿皇, 1989. 中国草兔的聚类研究 [J]. 兽类学报, 9(3): 168-172.
盛和林, 刘志霄, 2007. 中国麝类动物 [M]. 上海: 上海科学技术出版社.
寿振黄, 1963. 中国经济动物志 • 兽类 [M]. 北京: 科学出版社.
寿振黄, 汪松, 1959. 海南食虫目 (Insectivora) 之一新属新种 —— 海南新毛猬 (*Neohylomys hainanensis* gen. et sp. nov.)[J]. 动物学报, 11(3): 422-426.
寿仲灿, 冯祚建, 1984. 中国藏鼠兔一新亚种 [J]. 兽类学报, 4(2): 151-154.
汪巧云, 肖皓云, 刘少英, 等, 2020. 利安德水鼩在中国地理分布范围的讨论与修订 [J]. 兽类学报, 40(3): 231-238.
汪松, 解焱, 2009. 中国物种红色名录 [M]. 北京: 高等教育出版社.
王丕烈, 1985. 西太平洋斑海豹在黄渤海的分布、生态和资源保护 [J]. 海洋学报 (中文版), 7(2): 205-211.
王丕烈, 1993. 渤海斑海豹资源现状和保护 [J]. 水产科学, (1): 4-7.
王丕烈, 2012. 中国鲸类 [M]. 北京: 化学工业出版社.
王丕烈, 韩家波, 马志超, 等, 2008. 江苏吕泗渔场发现的柯氏喙鲸 [J]. 水产科学, 29(08): 478-484.
王丕烈, 李树青, 1990. 抹香鲸在中国近海的分布 [J]. 水产科学, (3): 28-32.
王思博, 杨赣源, 1983. 新疆啮齿动物志 [M]. 乌鲁木齐: 新疆人民出版社.
王应祥, 2003. 中国哺乳动物物种与亚种分类名录与分布大全 [M]. 北京: 中国林业出版社.
王应祥, 龚正达, 段兴德, 1988. 高黎贡山鼠兔一新种 [J]. 动物学研究, 9(2): 201-207.
王渊, 刘务林, 刘锋, 等, 2019. 西藏墨脱县孟加拉虎种群数量调查 [J]. 兽类学报, 39(5): 504-513.
王酉之, 张中干, 1997. 四川省食虫目研究: Ⅰ. 猬科、鼹科 [J]. 四川动物, 16(2): 78-82.
魏辅文, 杨奇森, 吴毅, 等, 2021. 中国兽类名录 (2021 版)[J]. 兽类学报, 41(5): 487-501.
韦绍干, 马长勇, 谭武靖, 等, 2017. 广西邦亮东黑冠长臂猿新群体的发现及种群数量现状 [J]. 兽类学报, 37(33): 233-240.
吴家严, 高耀亭, 1991. 中国兽类新种记录 —— 缺齿伶鼬 *Mustela aistoodonnivalis* sp. nov.[J]. 西北大学学报, 2: 87-94.

吴诗宝 , 马广智 , 廖庆祥 , 等 , 2005. 中国穿山甲保护生物学研究 [M]. 北京 : 中国林业出版社 .

吴诗宝 , 王应祥 , 冯庆 , 2005. 中国兽类新纪录 —— 爪哇穿山甲 [J]. 动物分类学报 , 30(2): 440-443.

吴毅 , 本川雅治 , 李玉春 , 等 , 2011. 广东省二种兽类新纪录 — 鼩猬 (*Neotetracus sinensis*) 和短尾鼩 (*Anourosorex squamipes*)[J]. 兽类学报 , 31(3): 317-319.

徐信荣 , 陈炳耀 , 王炼 , 等 , 2012. 北部湾沙田水域中华白海豚和江豚的同域分布格局及时空变化 [J]. 兽类学报 , 32(4): 325-329.

杨健 , 肖文 , 匡新安 , 等 , 2000. 洞庭湖、鄱阳湖白鱀豚和长江江豚的生态学研究 [J]. 长江流域资源与环境 , 9(4): 444-450.

影像生物调查所 , 北京大学自然保护与社会发展研究中心 , 山水自然保护中心 , 等 , 2015. 三江源自然观测手册 [M]. 北京 : 中国大百科全书出版社 .

于道平 , 董明利 , 王江 , 等 , 2001. 湖口至南京段长江江豚种群现状评估 [J]. 兽类学报 , 21(3): 174-179.

于宁 , 郑昌琳 , 1992. 努布拉鼠兔 (*Ochotona nubrica* Thomas, 1922) 的分类订正 [J]. 兽类学报 , 12(2): 132-138.

余文华 , 何铠 , 范鹏飞 , 等 , 2021. 中国兽类分类与系统演化研究进展 [J]. 兽类学报 , 41(5): 502-524.

张成富 , 1980. 小鰛鲸的剥制 [J]. 大自然 , (02): 87.

张荣祖 , 1997. 中国哺乳动物分布 [M]. 北京 : 中国林业出版社 .

张荣祖 , 1999. 中国动物地理 [M]. 北京 : 科学出版社 .

张先锋 , 刘仁俊 , 赵庆中 , 等 , 1993. 长江中下游江豚种群现状评价 [J]. 兽类学报 , 13(4): 260-270.

张先锋 , 王克雄 , 1999. 长江江豚种群生存力分析 [J]. 生态学报 , 19(4): 529-533.

赵纳勋 , 张希明 , 董伟 , 等 , 2014. 秦岭自然观察手册 [M]. 北京 : 中国大百科全书出版社 .

郑昌琳 , 1986. 科氏鼠兔在昆仑山重新发现 [J]. 兽类学报 , 6(4): 285.

郑昌琳 , 1986. 中国兽类之种数 [J]. 兽类学报 , 6(1), 78-80.

郑生武 , 宋世英 , 2010. 秦岭兽类志 [M]. 北京 : 中国林业出版社 .

郑作新 , 1952. 脊椎动物分类学 [M]. 北京 : 中国农业出版社 .

中国科学院中国动物志委员会 , 2004. 中国动物志 : 第九卷 , 兽纲 [M]. 北京 : 科学出版社 .

中国野生动物保护协会 , 2010. 中国哺乳动物图鉴 [M]. 郑州 : 河南科学技术出版社 .

钟韦凌 , 张欣 , 吴毅 , 等 , 2021. 金毛管鼻蝠在我国模式产地外的再发现 —— 广东、云南和四川新记录 [J]. 四川动物 , 40(6): 702-709.

周开亚 , 1982. 关于白鱀豚的保护 [J]. 南京师大学报 (自然科学版), (4): 71-74.

周开亚 , 钱伟娟 , 李悦民 , 1977. 白鱀豚的分布调查 [J]. 动物学报 , 23(1): 72-79.

周言言 , 柯金钊 , 苏龙飞 , 等 , 2020. 河南食虫动物分布新纪录 —— 川西缺齿鼩 (*Chodsigoa hypsibia* de Winton, 1899)[J]. 兽类学报 , 40(6): 646-650.

中文名笔画索引

三画

四画

五画

六画

七画

八画

九画

十画

十一画

十二画

十三画

十四画

十五画

十六画

十七画

十八画及以上

英文名索引

A

B

C

D

E

F

G

H

I

J

K

L

M

N

O

P

Q

R

S

T

U

W

Y

拉丁文名索引

A

B

C

D

E

I

K

L

M

N

O

P

R

S

T

U

V

Z

海峡书局小程序

线上书店-微店

线上书店-淘宝